公共建筑节水精细化控制管理技术手册

高　峰　张　哲　李云贺　张　磊　赵珍仪　主编
赵　锂　主审

中国建筑工业出版社

图书在版编目(CIP)数据

公共建筑节水精细化控制管理技术手册／高峰等主编. — 北京：中国建筑工业出版社，2022.5
ISBN 978-7-112-27179-5

Ⅰ.①公… Ⅱ.①高… Ⅲ.①公共建筑－节约用水－建筑设计－技术手册 Ⅳ.①TU242－62

中国版本图书馆 CIP 数据核字（2022）第 042918 号

责任编辑：于　莉
责任校对：芦欣甜

公共建筑节水精细化控制管理技术手册
高　峰　张　哲　李云贺　张　磊　赵珍仪　主编
赵　锂　主审
*
中国建筑工业出版社出版、发行（北京海淀三里河路 9 号）
各地新华书店、建筑书店经销
北京红光制版公司制版
天津翔远印刷有限公司印刷
*
开本：787 毫米×1092 毫米　1/16　印张：21　字数：483 千字
2022 年 5 月第一版　　2022 年 5 月第一次印刷
定价：**90.00** 元
ISBN 978-7-112-27179-5
（38974）

序

为了更好地建设"十四五"节水型社会,国家发展和改革委员会、水利部、住房和城乡建设部、工业和信息化部、农业农村部等部委联合印发了《"十四五"节水型社会建设规划》(发改环资〔2021〕1516号,以下简称《规划》)。《规划》在总结"十三五"节水成效、分析存在问题和研判形势要求基础上,提出了我国节水型社会建设的总体要求、主要任务、重点领域和保障措施,是"十四五"时期我国节水型社会建设的重要依据。"治国先治水",持续开展节约用水工作是推进治水的关键,也可以解决用水安全问题,牢固树立绿水青山就是金山银山的理念,在经济社会发展的全过程各领域贯彻节约用水,加快构建节水型生产和生活方式,最终实现人与自然和谐共生。

《公共建筑节水精细化控制管理技术手册》一书正是以《规划》的总体要求为指引,通过梳理凝练"十三五"国家重点研发计划项目——"公共建筑节水精细化控制技术及应用"的研究成果,着眼于城镇公共建筑,以精细化的控制管理为切入点,针对公共建筑具有种类多样、功能复杂、体量巨大、耗水量高的特点,分别从公共建筑的用水动态特性、供用水系统设计优化、精细化与智慧化控制管理、节水标准化体系、节水政策与管理等多方面,深入阐述了公共建筑节水的精细化控制与管理技术,构建"节水技术建立与节水效能评价—节水设备与产品研发—节水监管与平台搭建"的技术体系。《公共建筑节水精细化控制管理技术手册》的出版,可以更好地将研究成果推广和应用于公共建筑的节水规划、设计、管理、维护全过程中,将会产生显著的经济、环境与社会效益。

节水是一种生活方式,也是一种人生态度、价值取向和价值观念,节水习惯更是一个地区、单位和个人文明程度的体现。我希望《公共建筑节水精细化控制管理技术手册》的出版,能在建设节水型社会、推行节水型生活方式的过程中,对公共建筑的设计者、建设者、管理者、使用者有所启发和帮助。

刘志峰

住房和城乡建设部原副部长、党组副书记

前　言

水是事关国计民生的基础性自然资源和战略性经济资源，是生态环境的控制性要素，是生存之本、文明之源。我国是世界人口第一大国，人多水少、水资源时空分布严重不均，导致供需矛盾突出。由于全社会的节水意识不强、用水粗放、浪费严重，因此水资源利用效率与国际先进水平存在较大差距。

用水的安全与卫生事关我国经济社会发展稳定和人民健康福祉，党的十八大以来，习近平总书记多次针对居民用水的相关问题发表重要讲话，明确提出了"节水优先、空间均衡、系统治理、两手发力"的治水方针，突出强调要从改变自然、征服自然转向调整人的行为、纠正人的错误行为。党的十九大作出了我国社会主要矛盾已经转化为人民日益增长的美好生活需要和不平衡不充分的发展之间的矛盾的重大论断，为此国务院也对实施国家节水行动等提出了明确要求，把节约用水作为水资源开发利用的前提，实施国家节水行动，全面提升水资源利用效率和效益。通过在全社会和各行业深入贯彻"节水优先"方针，并以实施国家节水行动为抓手，完善节水制度标准，加强节水宣传教育，强化节水监督管理，使节约用水真正成为水资源开发、利用、保护、配置、调度的前提。

原水利部部长鄂竟平在2019年全国水利工作会议上的讲话中指出：推进节水工作的开展，主要是抓好四个"一"：打好一个基础，制定完善节水标准定额体系；建立一项机制，建立节水评价机制；打造一个亮点，实施高校合同节水；树立一个标杆，开展水利行业节水机关建设。建成一批节水标准先进的节水单位，带动全社会节水。

从2000年到2020年，全国城市节水量累计达到972亿m^3，相当于9个南水北调中线工程的年调水量。目前全国共有十批共计130个城市创建成为节水型城市，这些城市用水总量占全国城市用水总量的58.5％。城市人均综合用水量也从2000年的518L/d降低到2020年的323L/d，降低了1/3。建筑节水也正在从以往的粗放型逐步向精细化转变，特别是近年来，各大城市在公共建筑的精细化节水方面也都开展了大量的工作。北京市组织各区节水管理部门主推水效二级及以上的节水型生活用水器具近100万套。同时，将坐便器和淋浴器纳入补贴产品目录，并在城镇居民家庭基本普及节水型生活用水器具，在高校、医院、饭店等公共机构积极推广高效节水技术。上海市通过开展节水将万元GDP用水量降至19m^3。新创建了一系列不同类型的节约用水示范（标杆）单位机构。同时通过加强计划与定额管理，不断完善节水政策和标准体系，实施"智慧节水"，共建"智慧城市"，强化各领域节水措施，提高用水效率，丰富节水宣传教育形式，为深入推进上海市节水型城市建设营造了良好氛围。

城市节水是一个系统性的工程，要全面推进节水型城市建设，应该将节水落实到城市规划、建设、管理各环节，实现优水优用、循环循序利用。作为城市建设的重要组成部分，实现公共建筑的节水在节水型城市建设的过程中意义重大。通过对公共建筑供水系统进行节水诊断及水平衡测试，推广应用节水新技术、新工艺、新产品，普及节水型卫生器具。对于洗浴、洗车、高尔夫球场、人工滑雪场、洗涤、宾馆等高耗水服务行业实施更加严格的控制措施，积极推广循环用水技术、设备与工艺，优先利用再生水、雨水等非常规水源，特别是在缺水地区要加强公共建筑内的再生水、海水、雨水、矿井水和苦咸水等非常规水多元、梯级和安全利用。在实现节水技术与工艺创新的同时，加强大数据、人工智能、区块链等新一代信息技术与节水技术、管理及产品的深度融合。通过实现用水的精准计量、水资源高效循环利用、建筑供水管网漏损监测智能化、非常规水利用等先进技术及适用设备研发，进一步深挖公共建筑的节水潜力。

随着国家标准化改革的逐步深入，已经制定或修订了相当数量与节水相关的国家、行业、地方、团体标准规范，节水的标准化体系正逐步完善，节水标准实时跟踪、评估和监督机制也逐渐建立起来。根据国家的规划，节水的标准将基本覆盖取水定额、节水型公共机构、节水型企业、产品水效、水利用与处理设备、非常规水利用、水回用等各方面。通过对节水潜力大、适用面广的用水产品施行水效标识管理，开展产品水效检测，确定水效等级，分批发布产品水效标识实施规则，强化市场监督管理，建立生活用水产品水效标识制度，持续推动节水认证工作，促进节水产品认证逐步向绿色产品认证过渡，完善相关认证结果采信机制。

除了从技术层面着手支持公共建筑节水外，政策和管理层面也同步跟进。强化经济杠杆的调节作用，全面深化水价改革，建立健全充分反映供水成本、激励提升供水质量、促进节约用水的城镇供水价格形成机制和动态调整机制，适时完善阶梯水价制度，进一步拉大特种用水与非居民用水的价差。加强用水计量统计，提高用水计量率，完善节水统计调查和基层用水统计管理制度，严格实行计划用水监督管理。不断创新节水服务模式，建立节水装备及产品的质量评级和市场准入制度，完善集中建筑再生水设施委托运营服务机制。在公共机构、公共建筑、高耗水行业、供水系统管网漏损控制等领域，引导和推动合同节水管理。开展节水设计、改造、计量和咨询等服务，提供整体解决方案。拓展投融资渠道，整合市场资源要素，为节水改造和管理提供服务。通过加强教育，向全民普及节水知识，开展形式多样的主题宣传活动，提高全民节水意识。通过建立交流合作机制，推进国家间、城市间、企业和社团间节水合作与交流。对标国际节水先进水平，加强从政策、管理、产品设备、技术研发、水效标准标识及节水认证结果互认等方面的合作，开展节水项目国际合作示范。

本手册通过对"十三五"国家重点研发计划"公共建筑节水精细化控制技术及应用"项目研究的成果进行梳理凝练，从政策、技术、产品、管理等多维度出发，结合国内外的公共建筑用水现状分析，从用水规划入手，梳理节水技术指标，给出了公共建筑开展水平衡测试及系统设计的技术方法，筛选了可应用于工程项目中的节水设备、材料、器具等。此外，还针对公共建筑节水在实际运行管理中遇到的种种问题，从精细化角度出发，提出了节水的管理指标，从而实现节水的精细化控制、运维管理及节水效能的评价和后评估。希望能为给水排水行业的教学、工程设计、施工、运维管理、评价认证等方面的人员在公共建筑的精细化节水管控方面提供技术支持与参考。

本书前言、第9章、第12章由中国建筑设计研究院有限公司高峰、张哲、张磊、赵珍仪、邢雯雯执笔；第1章由厦门合立道工程设计集团股份有限公司杨培云执笔；第2章由洛阳理工学院土木工程学院王新文执笔；第3章由长安大学杨利伟执笔；第4章由哈尔滨工业大学建筑设计研究院有限公司米长虹、长安大学杨利伟执笔；第5章由华东建筑设计研究院有限公司李云贺、张亮、李洋执笔；第6章由广东省建筑设计研究院有限公司黎洁执笔；第7章由中国建筑西北设计研究院有限公司周旭辉执笔；第8章由湖南大学吴若希执笔；第10章由重庆大学建筑规划设计研究总院有限公司颜强执笔；第11章由西安建筑科技大学环境与市政工程学院王旭东执笔；附录由郑州大学综合设计研究院有限公司程继延执笔。全书由高峰、张哲、李云贺、张磊、赵珍仪主编，赵锂任主审。

本书在编制过程中引用了部分产品公司的技术资料及图片，特此说明，并向这些资料所属的产品公司表示感谢！

本书在编制的过程中，得到了童新宇、王天怡、李昊、程舜媛、王岩松、刘永祥、崔雅雯等同学的协助，在此一并表示感谢！

由于作者水平有限，望广大读者批评指正。

目　　录

第1章　公共建筑用水现状

建筑节水在绿色建筑建设中具有非常突出的地位。它的意义不仅在于节约水资源本身，同时还具有节能、节材、减污和保护环境的多重功能。建筑节水的内涵和外延十分丰富，一是通过法规、技术、经济、行政等管理手段加强全社会的用水管理，约束人们的用水行为；二是通过规划的指导作用和标准的限定作用来促进用水结构的调整、用水工艺的改进，实行定额用水、杜绝用水浪费；三是运用先进的科学技术建立科学的用水体系、开辟新的水源，充分考虑再生水、雨水、低质水和海水的开发利用，鼓励节水行为，使有限的水资源得到高效利用、有效保护和充分再生，以满足经济社会长远健康发展的需要。

1.1　典　型　国　家

世界各国对建筑节水普遍给予了高度重视。由于各国的地理位置、气候环境、人口情况、经济状况和用水习惯等存在一定的差异，各国的节水政策也体现出一些不同的特色。通过学习借鉴典型国家的节水措施，有助于发展完善适合我国国情水情的节水体系。

1.1.1　新加坡

新加坡陆地面积狭小，是世界上最缺水的国家之一，民众日常生活和工业生产用水主要依靠进口马来西亚柔佛州的淡水和收集储存的雨水。依赖马来西亚提供原水的新加坡从国家战略利益上意识到水资源已是关乎国家存亡的问题，为此新加坡制定了令世界瞩目的国家战略规划，还实施了多项高效率的水资源供求管理措施。

新加坡的水务管理机构是公共事业局（Public Utilities Board，简称 PUB），成立于1963年，初始的职能是负责水源的收集、净化、供应及用后水回收处理。后来还负责管理电力和煤气。从 2001 年 4 月 1 日起，PUB 又从环境部手中接过管理废水和排水系统的任务。这项任务的转移让 PUB 能够规划并实行全盘政策，包括保护和扩大水资源、雨水管理、淡化海水、用水需求管理、社区性计划、集水区管理、对某些非核心任务的特定活动外包给私人企业以及举办公共教育及增强节水意识活动。

面对水资源匮乏这一严峻挑战，PUB 确立开源与节流并举的可持续水务管理思路。在开源方面，提出了四大"国家水喉"概念，即国内集水区、外来供水、新生水和淡化海水。目前，新加坡全国集水区面积超过三分之二。在节流方面，提出"节省、珍惜、享用"的供水需求管理理念，推行的节水措施包括：颁布节水法律法规及标准、建立供水申请许可制度、强制安装节水设备、阶梯式水费制度、实施水效标签计划、用水审计、开展节水宣传教育。

新加坡政府制定了有效的节水措施和宣传教育计划。PUB每年花费几百万新加坡元进行节水宣传活动，呼吁全体新加坡人各尽其责节约用水，保持集水区和水道的干净，并建立与水的感情与责任感，善用与享用水源。这样，国家方能确保拥有足够的水源以满足现在与未来人们日常生活及工商业所需。通过各种形式的节水宣传，增强市民的节水意识和水务管理参与意识。

新加坡政府一直非常重视水科技领域的研发和创新，不断探索更完善的水源管理模式。2006年新加坡政府把水领域指定为政府重点发展的三大领域之一，并成立新加坡环境与水业发展局，设立国立研究基金会，预计5年内投资3.3亿新元以加强水科技领域的研发工作。在此基础上，新加坡通过先进的技术手段开创了开源节流新模式，建成了良性循环运行机制，从而实现了水资源的高效利用持续的研发投资使新加坡通过先进的技术手段，达到了开源节流的目的，建成了良性循环的运行机制，以较少的水资源量实现了水的高效利用。

新加坡是一个高度城市化的国家，建筑节水的潜力巨大。在建筑节水方面，节水建筑设计指南引入了3Rs的节水策略，即减少（Reduce）、替代（Replace）和再利用（Reuse）。"减少"意为减少水的消耗量，楼宇管理者应该建立用水监控系统和低压供水系统，使用节水的冷却及浇灌设备、选择高效节水标签产品。除了减少水的使用，楼宇管理者在设计建筑时应考虑在浇灌、冲洗和冷却用水方面积极使用新生水、海水和雨水来代替自来水。随着节水技术的发展，越来越多的行业实现了使用回收水，目前已有些单位的用水回收率能够达到75%。与此同时，为了鼓励制造业提高水的回收利用率，PUB于2007年成立了节水基金。设计节水建筑的具体措施包括：在建设时引入水回收系统、建立低压供水系统、选择节水装置/产品、使用节水的冷却系统、设计节水浇灌系统、设计节水游泳池、防止管道系统渗漏等。

新加坡的水务策略涉及从邻国购买原水、雨水贮存、海水淡化以及运用先进技术使废水再生。其水资源在质量、供求管理、公共与私人机构参与、效率与公平考核、国家战略利益与经济效益等多方面都成功地获得了平衡。如今，新加坡是世界上水务管理最先进的国家之一，以较少的水资源支撑国家经济快速发展和社会高效率运行，形成了先进、成熟的水务管理理念，权威、可持续的发展规划和科学、完善的节水评价体系。

1.1.2　德国

德国位于欧洲中部，属于温带气候，是一个水资源时空分配均匀且较为充沛的国家。虽然德国不存在缺水问题，却十分重视节水工作。推行节水的目的主要是从保护环境出发、避免地下水位下降破坏和谐、湿润的生态环境。

德国实行水资源统一管理制度，即由水务局统一管理与水事有关的全部事务，包括雨水、地表水、地下水、供水和污水处理等水循环的各个环节，并以市场经济的模式运作，接受社会的监督。这既保证了水务管理者对水资源的统一调配并谨慎地管理好水循环的每个环节，又促使用水者合理、有效地利用好每一滴水，使水资源和水务管理始终处在良性发展之中。

从20世纪80年代至今，德国的雨水利用理念经历了两个阶段的变化，1986年德国颁布的《联邦水法》以供水的技术可靠性和卫生安全性为重点，其在第一章中就提出了预防性的观点"每位用户有义务节水，保证水供应的总量平衡"。而到了1996年，德国重新修订了《联邦水法》对其补充条款中提出了"水的可持续利用"理念，及"为了保证水的利用效率，要避免排水量增长"的概念，即"排水量零增长"。这一条款的颁布减少了进入城市合流制排水系统的雨水量，减轻了城市排水负担，保持了城市水循环的生态平衡。

德国以《联邦水法》、《废水收费法》和《联邦自然保护法》等相关法律条文形式要求加强自然环境的保护和水资源的可持续利用。《联邦水法》为各州有关雨水利用法规的建设提供了政策导向，以此为基础制订了一系列有关雨水利用的法律法规。如德国规定大型公用建筑等新建或改建时，必须采取雨水利用措施，否则不予立项。其理论依据是，占用公共绿地建设，就有义务恢复所占土地资源的雨水循环功能。

德国还通过征收雨水排放费来促进用户积极采用雨水利用措施。对于采用雨水利用技术的业主，可不征收雨水排放费，甚至发放一定的雨水利用补贴。雨水排放费一般约为自来水价格的1.5倍，不会比污水排放费低。雨水排放费用的征收有力地促进了德国家庭安装雨水利用装置，对雨水利用的贯彻实施有着重要意义。同时，政府要求对于未设置雨水利用装置的新建工程收取2%的雨水排放费，对于采取雨水利用技术进行雨水资源处理回用的用户免征雨水排放费，并对主动应用雨水利用设施的用户给予每年1500欧元的"雨水利用补贴"奖励。

此外，德国还对污水的处理及中水的回用也给予高度重视。由于供水价格昂贵，德国也将中水作为重要的替代水源之一。目前德国主要对来自浴室和洗手池的中水进行处理利用。

德国的节水政策及措施总体上与我国相差不大，但是德国节水的动机与我国有一定的区别，且政策完善，措施得力，执行坚决。不仅考虑了资源利用方面的因素，还将资源利用与景观和环境改善融为一体。德国在节水方面中展现的境界和细致程度，对于我国全面实现高质量发展具有很好的示范作用。

1.1.3 日本

日本是水资源比较丰富的国家，虽然年用水量只占其水资源总量的很小一部分，但是，日本政府仍然非常重视水资源的有序开发与利用。各种水资源调节设施非常完善，同时，日本政府制定了一系列完备的水资源开发与利用及水环境保护相关的法律法规，并提出了建设良性水循环体系的目标。

日本非常重视水资源的利用和管理，从国家层面对水资源的利用及相关技术研发进行综合规划，尤其在雨水及都市排水管理、都市及家庭节水、探索性水处理技术、水的安全管理等方面积累了先进的经验，对水资源的管理和利用达到了高度精细化的程度。

1998 年，日本政府联合了环境省、国土交通省、厚生劳动省、农林水产省及经济产业省 5 个省厅，成立了"关于构建良性水循环体系的省厅联络会议"。该会议不定期在各省厅轮流举行，主要议事内容包括：与良性水循环体系构建相关的政府预算讨论、政策的制定与修改、环境整备资源的管理与开发、灾害应对等。2012 年 5 月，日本正式将水资源管理及利用技术作为未来国家发展的 7 个重点优势领域之一。

日本全国年平均降雨量 1850mm，大大超出世界的平均水平，雨水资源十分丰富，但有时暴雨会引发都市灾害。为了有效利用雨水资源并且防止灾害的发生，制定以雨水管理补贴申领体制完善为特色的日本雨水管理制度。日本的雨水管理政策以东京为代表，设立了一套完善的奖补政策。如东京墨田区从 1996 年开始实行雨水管理补助金制度，通过政府财政补贴单位及民众建设储雨装置。日本高校在大型建筑物地下建设雨水储蓄池，然后回用于绿化浇灌。高校总体上是通过采用传感器感应节水便器、低流量花洒等节水卫生器具，并进行中水、雨水回用等措施来降低新鲜水用水量。

日本根据用途的不同采用不同方法进行水处理，还更加精细地按照不同原水类别（水质类型）使用不同的净化设备和净化方法进行相应的处理。通过精细的水处理，不但可以实现都市排水的稳定再利用以节约水资源，还可以减少污水对环境的破坏，节约远距离送水的能源消耗等，真正实现健康、可持续的循环型水利用机制。

节水器具在节水的同时要考虑用水的舒适性。日本提出舒适流量的概念，即在一定的水压下，用水器具的出流量能满足使用者的需求并不产生冲击、溅水的最佳流量。洗脸的舒适流量为 8.5L/min(0.14L/s)，手洗衣物的舒适流量为 10.5L/min(0.18L/s)，洗发的舒适流量为 8.0L/min(0.13L/s)，淋浴喷头的舒适流量为 8.5L/min(0.14L/s)，这个限定流量兼顾了节水与用水的舒适性，超出限定值，浪费水资源还降低用水的舒适性。

水资源的安全关系到人类生存，随着经济发展、人口增长以及都市化程度加快，城镇用水需求强度也越来越大，水资源的管理面临严峻的挑战。无序过度的水资源开发将对水资源和水环境造成破坏，影响经济发展，更会危害国民的健康，甚至对国家安全也造成严重影响。日本通过近半个世纪的努力形成了一套完整的水资源精细管理办法，其对水资源的管理利用方法及相关技术的研发经验值得借鉴。

1.1.4 美国

美国是节水研究最多的国家之一。起初，节水只是应对干旱和意外缺水的应急措施。20 世纪 70 年代受电力部门节约用电的影响，节水在硬件设备和公众教育等方面得到很大发展并成为水管理的基本措施。20 世纪 80 年代各州纷纷开展节水运动。1990 年召开的"CONSERV90"节水会议，对节水涉及的诸多问题进行了研究和讨论，节水由此成为供水管理的永久组成部分。美国各地已经普遍将节水和用水管理视为水资源总体规划的组成部分，再生水利用也达到相当高的水平。

美国的雨水利用以提高天然入渗能力为目的，通过工程和非工程措施相结合的方法，进行雨水的收集和处理，强调非工程的生态技术开发和应用，强调与植物、绿地、水体等自然条件和景观结合的生态设计，使得雨水利用与生态环境、景观完美结合。美国推行的雨水生态处置技术理念的发展主要分为两个阶段：第一阶段是最佳管理措施（BMPs），第二阶段是更为严格的低影响开发（LID）。

1972 年的《联邦水污染控制法》（FWPCA）、1987 年的《水质法案》（WQA）和 1997 年的《清洁水法》（CWA）均重点提到了对雨水初期径流污染和暴雨洪峰洪量的控制及其处置，还强调雨水资源的循环利用。具体表现为，联邦法律要求所有新开发区的暴雨洪峰流量不能比开发前的水平高，新开发区必须实行强制的"就地滞洪蓄水"。在联邦法律基础上，为了实现雨水的综合利用，《雨水利用条例》在各州如佛罗里达州、科罗拉多州等相继制定。

美国在经济制度上和德国的雨水排放收费制度不一样的地方在于，通过联邦和州给予补助金、总税收控制、发行债券等经济杠杆来促进雨水的综合利用。由于美国的政治体制，雨水管理政策多以州为单位执行，大多数州均以有效单元法按照当地的经济水平对居住用户进行雨水排放收费；同时实行政府补贴、税收抵免、政府拨款等政策，以对雨水管理用户进行激励。

由于每个国家的水资源条件及生活习惯、技术水平、施工方式均有所不同，因此对绿色建筑的节水要求也存在较大差别。以美国 LEED 体系（国际性绿色建筑认证系统）为例，其对水资源与节水部分的主要规定包括：建筑设计遵循保护水资源的原则，采用中水回收系统、雨雪水回收、现场处理污水等方案，并尽量使用低流量节水设备、无水小便槽等高效卫生设备和干燥装置，以求达到建筑内部的节水最大化，从而减轻市政供水和废水处理系统的负担；灌溉系统的供水由收集到的雨水、经过处理的中水优先提供，市政供水系统作为后备水源；消防系统用水也将由经过处理的中水和雨水优先提供，市政供水则作为备用水源。此外，在其他几项目标中也包含了节水的要求，例如在场地可持续性发展方面，要求设计透水铺路系统，场地收集到的雨水将通过人工湿地、湖面以及排水道排出场地。

1.1.5 澳大利亚

澳大利亚是世界上水资源十分有限的国家之一，加之早期对水资源的粗放利用，造成了诸如地表水质恶化、藻类泛滥等一系列生态环境问题。为此，澳大利亚政府从 1994 年起逐步启动了以控制水需求为主的水改革，制定了一系列行之有效的法律、政策等，大大缓解了国内的水资源水环境危机。经过这些努力，澳大利亚成为当今世界上环境保护工作最富有成效的国家之一。

澳大利亚水资源属国家所有，实行区域管理和流域管理相结合的管理体系，管理机构分联邦、州和地方政府三级，其中以州的管理为主。澳大利亚政府委员会（COAG）负责全国范围内水资源研究和规划，对水资源开发利用进行协调，并提供政策指导，确保环境用水安全。水资源管理的日常工作由农业渔业林业部和环境部承担。州政府对水资源实施权属管理，根据联邦政府确定的各州水资源总量，对本州的用户按 5～15a 期限发放取水许可证，通过立法来规范取水行为。各州政府设有水主管部门，代表政府掌握水资源管理、开发建设和供水的实权，在联邦确定各州水量配额之后，制定相应的水政策，对州内用水户按一定年限确定水权并收取有关费用，组织实施州内水工程建设和供水等方面的宏观管理。各地方政府的水管理机构，主要负责执行州政府有关水的政策，承担具体事项。澳大利亚从联邦政府到州、地方水资源管理机构的职责明确，实现了水资源的统一管理。

澳大利亚的供水分为政府控股、政府管理基础设施兼经营、私营3种，东南部水资源管理采取了政府指导下的企业化管理模式，自负盈亏。首先是政府机构。政府在流域水资源和水环境综合管理的机构分联邦、州和地方3级。联邦政府级主要提供水资源、水环境信息和管理的政策指导，并通过流域机构对其流域内的各州水资源利用进行协调。州政府实施水管理、开发建设和供水分配，并根据联邦政府确定的各州水资源分配额，对州内用户按一定年限发放取水许可证，同时收取费用。地方政府是执行机构，主要执行州政府颁布的水法律、法规，地方水务部门具体负责供水、排水及水环境保护。各级政府分工明确，分级管理取得了较好的效果。其次是非政府组织在环保中的重要作用。澳政府通过制定详细的环境保护规划等目标和计划促进全社会环境保护事业发展，受政府政策鼓励，各州非政府组织，包括非政府环保组织、各类企业联合组织、民间组织及行业协会等，成为环保计划的主要实施者。

另外，澳大利亚政府提出要实行多种技术措施的综合应用。一是水环境信息管理系统。完善的水环境信息监测管理系统能可靠地预测年内、年际水资源、水环境状态和可分配总量，增加了管理的可操作性和有效性。同时，完善的用水计量系统也给水权定量管理提供了基础和便利。二是水环境监测。澳大利亚政府重视水质监测工作，监测点布设很多，设备先进且数据处理快。对不同的排水用户，制定不同的化验标准，根据监测结果确立整改措施。三是污水处理和节水。澳大利亚联邦和州的环保部门制定了严格的污水排放标准，这些标准除了考虑污染物指标，同时也考虑了排放水域的纳污能力。目前污水处理和节水是澳大利亚水资源水环境管理的重点，这方面的技术和设备都比较先进。四是雨污分流技术。澳大利亚已大范围建立了雨污分流管网，对溢污进行收集、储存，并通过立法、教育等形式，引导居民正确使用雨水管网。通过这些措施，一方面减少了污水处理量和处理难度，另一方面强化了节水和雨水的综合利用。

1.1.6 中国

我国既是一个水资源贫乏的国家，又是一个水污染严重的国家。我国人均水资源总量占世界人均的1/4，在世界银行连续统计的153个国家中位于第88位。我国669个城市中400个城市供水不足，110个城市严重缺水。江河湖泊普遍受到不同程度的污染，全国75%的湖泊出现不同程度富营养化，90%的城市水域污染严重；即使在南方丰水区，污染性缺水占总缺水量的60%～70%。对我国118个大中城市地下水的调查结果显示，115个城市的地下水受到污染，其中重度污染占40%。水污染降低了水体的使用功能，加剧了水资源短缺。水资源短缺已经影响了我国的可持续发展进程。随着国民经济的快速发展，用水需求将不断增加，如不采取强有力的节水措施，按照目前的用水增长速度，供水量与需水量将继续扩大。节约用水是破解我国复杂水问题的关键举措。

水资源是事关国计民生的基础性自然资源和战略性经济资源，是生态环境的控制性要素。从实现中华民族永续发展和加快生态文明建设的战略高度，国务院陆续出台的政策文件有：城市节约用水管理规定（经国务院国函〔1988〕137 号文件批准，1988 年 12 月 20 日建设部令第 1 号公布）；《国务院关于加强城市供水节水和水污染防治工作的通知》（国发〔2000〕36 号）；《国务院关于加强城市基础设施建设的意见》（国发〔2013〕36 号）；《水污染防治行动计划》（国发〔2015〕17 号）；《国务院关于深入推进新型城镇化建设的若干意见》（国发〔2016〕8 号）；《中共中央　国务院关于进一步加强城市规划建设管理工作的若干意见》（2016 年 2 月 6 日）；《中共中央　国务院关于全面加强生态环境保护坚决打好污染防治攻坚战的意见》（2018 年 6 月 16 日）。

我国节水行动的基本原则包括加强党和政府对节水工作的领导，建立水资源督察和责任追究制度，加大节水宣传教育力度，全面建设节水型社会。建立健全节水政策法规体系，完善市场机制，使市场在资源配置中起决定性作用和更好发挥政府作用，激发全社会节水内生动力。优化用水结构，多措并举，在各领域、各地区全面推进水资源高效利用，在地下水超采地区、缺水地区、沿海地区率先实现突破。强化科技支撑，推广先进适用节水技术与工艺，加快成果转化，推进节水技术装备产品研发及产业化，大力培育节水产业。

我国节水行动的主要目标是：到 2020 年，节水政策法规、市场机制、标准体系趋于完善，技术支撑能力不断增强，管理机制逐步健全，节水效果初步显现。到 2022 年，节水型生产和生活方式初步建立，节水产业初具规模，非常规水利用占比进一步增大，用水效率和效益显著提高，全社会节水意识明显增强。到 2035 年，形成健全的节水政策法规体系和标准体系、完善的市场调节机制、先进的技术支撑体系，节水、护水、惜水成为全社会自觉行动，全国用水总量控制在 7000 亿 m^3 以内，水资源节约和循环利用达到世界先进水平，形成水资源利用与发展规模、产业结构和空间布局等协调发展的现代化新格局。

推进城市节约用水是建设绿色城市、改善人居环境质量的具体行动，是建设共建共治共享节水型社区及不断增强群众获得感、幸福感、安全感的有力抓手。在当前的各领域用水中，建筑生活用水约占城市总用水量的 60%，随着城市建设的不断发展和建筑设施的不断完善，其值还将逐步增大。解决建筑生活用水的节水问题，是推进全国节水工作的重要组成部分。

2006 年教育部下发了《教育部关于建设节约型学校的通知》（教发〔2006〕3 号），明确要求各地各学校开展节约型学校建设，通过文件的下发，我国节约型校园的建设拉开了序幕。紧接着 2008 年又下发了节约型校园建设的意见和建设管理导则，对我国节约型校园建设工作有了明确的指引，至此我国节约型校园建设工作全面铺开。2009～2012 年，校园节能监管体系示范建设开始在全国推广，在国家专项资金和财政部、住房和城乡建设部、教育部等的指导下，2012年已有200多所示范高校获批建设。2010年后我国陆续成立了相关联盟和组织，共同向建设节约型校园的目标努力，如2010年成立的"全国高校节能联盟"、2011年成立的"中国绿色大学联盟"，以及2012年成立的"国际环境可持续大学联盟"。节约型校园建设以校园设施节能、节水为抓手，全国高校都积极响应节约型校园的建设，开展了节水工作，取得了显著的经济、环境和社会效益。目前我国全部部属院校都已建设为节约型校园，并带动了众多地方院校的节约型校园建设。

住房和城乡建设部办公厅印发的《关于做好2019年全国城市节约用水宣传周工作的通知》中明确要求，要开展公共建筑节水专题活动，引导政府与企事业单位办公楼、商场等各类公共建筑推进节约用水工作。目前，我国一些公共建筑在中水回用等方面采取了先进技术和有效措施，形成了可复制可推广的经验，成为公共建筑节水"领跑者"。

1.2 公共建筑用水特性

公共建筑是指供人们进行各种公共活动的建筑。一般包括教育建筑、医疗建筑、宾馆建筑、办公建筑和商业建筑等。不同类型的公共建筑具有不同的供用水模式、用水特性和用水量变化规律。针对公共建筑的用水特性选择适合的节水措施、评价方法及指标体系是精细化节水的基础要求。

1.2.1 教育建筑

教育建筑是指供人们开展教学活动所使用的建筑物，包括托儿所、幼儿园、中小学校、职业技术学校和高等院校等。典型用水建筑包括图书馆、教学楼、食堂、学生宿舍等。

从自然年全年逐日用水趋势分析，教育建筑上半年总用水量略小于下半年，主要原因是春季学生毕业离校，部分学生外出实习，而下半年新生入学后在校生人数会略多于上半年；从学校的校历安排与用水量之间的关系分析，寒假和法定节假日期间的用水量会明显减少；部分建筑如教学大楼、图书馆的用水量还呈现周期变化特征，一般周一至周五用水量较大，周末用水量会减少；带独立卫生间的学生宿舍日人均用水量普遍小于单元式卫生间的日人均用水量。

教育建筑用水量与用水人数紧密相关，大多数的建筑最高日用水量都没有发生在最高月用水量的月份，日变化系数大于月变化系数。随着学生作息时间和卫生习惯的变化，学生宿舍的用水时段在不断延长，且时段内的不均匀度增加，时变化系数增大的趋势较为明显。

目前，校园的实测用水量普遍低于现行规范用水定额的下限值。以图书馆建筑为例，图书馆的传统借阅功能正在逐渐萎缩，更多地被自修、讨论和交流功能替代。电子存储正在逐步取代纸质藏书，故图书馆用水量呈现明显下降趋势。

我国教育办学的规模和在校学生已经居世界第一，教育建筑已成为各城市的用水大户。由于学校数量多、人员密集以及公共场所用水特点等因素，普遍存在自来水用量大、浪费水现象较为严重、水资源利用效率低等问题。近年来，大部分学校都比较重视节水工作，很多学校针对用水量大、用水浪费等问题，从多个方面制定和实施了一系列切实可行的节水措施，校园节水取得了很大成就，但也存在一些问题。据调查及统计分析，主要体现在：

（1）节水宣传教育力度不够，节水积极性不高，师生节水意识不强，节水知识掌握度不够。

（2）用水方式和技术落后，先进的节水技术和节水设备、器具使用率较低，计量设备缺乏。节水龙头普及度不高，实际上，较多的高校还没有主动更换节水器具的意识。高校的园林景观绿化面积大，绿化用水量多，不少高校仍在使用传统的地面灌溉，还没有采用喷灌、微灌等技术。

（3）缺乏节水管理规章制度，没有形成有效的制约和激励机制。用水管理不善，设备设施使用粗放，师生用水没有定量化，监管、奖罚力度不够。

（4）基础设施陈旧、供水管网漏失率较高，节水改造任务紧迫，且存在节水改造和维修资金投入问题。尤其是一些建校历史较悠久的高校，用水管路、设施设备老化严重，老旧供水管网改造缓慢，"跑、冒、滴、漏"现象较为普遍。

（5）中水、雨水等非常规水利用在很多高校中都没有引起应有重视，学生洗浴用水、洗漱等大量的生活废水基本上没有收集回用，雨水也没有收集存储加以利用，都是直接排入了城市排水管网。

教育建筑具有宣传教育和示范作用，有助于培养全民节水意识。用水者用水量的多少对于节水也至关重要。用水者对使用水量的把控随意性很大，所以可以压缩的用水空间就很大，用水量主要是靠用水者的意识来控制，用水者在意识上能够自觉减少用水量就必然会降低用水量。节水管理人员平时应注意对学生的节水意识进行培养，除采取经济手段外还要采取行政教育手段。所有的管理措施应以学生为中心，让学生亲身参与其中感受节水的重要性，让用水者从意识上主动控制用水量，可以开展一些有关节约用水的讲座、课程、比赛、活动，督促学生积极参与，同时在宿舍各个用水点张贴节水标语来警醒学生不要浪费用水。师生的节水意识、用水习惯及节水行为不仅直接影响着节约用水效果，还辐射周边人群乃至整个社会。

1.2.2　医疗建筑

医疗建筑是指对疾病进行诊断、治疗与护理，承担公共卫生的预防与保健，从事医学教学与科学研究的建筑设施及其辅助用房的总称，包括综合医院、专科医院、疗养院、康复中心、急救中心等。综合医院的用水构成大致可分为主体部分、辅助部分和附属部分。主体部分用水包括门诊、住院部和办公楼的用水，约占医院总用水量的40%；辅助部分用水包括锅炉、实验室、药剂室、制剂室和洗衣房的用水及空调补水，约占医院总用水量的40%；附属部分用水包括食堂、浴室、宿舍、绿化和后勤部门的用水，约占医院总用水量的 20%。其中住院部、洗衣房和浴室是医院三大主要用水区域。

医院在级别、规模、建筑面积、配备人员和就诊人数方面的不同，造成了不同医院在用水上的差异。同一级别的医院规模比较相近，但因医院等级不同，用水结构和用水量也存在差异。建筑面积是影响医院用水的主要因素，医院等级越高，单位建筑面积用水量越大。医院单位建筑面积用水量能综合反映医院的基本用水水平，而各级医院单位建筑面积用水量的平均值可大致代表该级别医院的总体用水水平。

不同等级的医院，节水设施的完善程度不同；在等级相同时社会经济的发展程度直接影响着医院的建筑面积和规模；气候影响着人们的用水习惯，习惯的不同又决定了住院部、洗衣房和浴室这三大主要用水部分的用水量；水资源占有量的多少是决定人们用水多少的先决条件。综上，气候、人均水资源占有量、供水设施完善程度和社会经济因素是医院用水的四个主要影响因素。

医院用水呈现一定的规律性，总体表现为以一天为一个周期做周期性的波动，这也和人们以一天为一个周期的生活习惯相同。用水高峰出现的时间为 5:30~8:30 及 14:00~15:00，中峰出现的时间段为 8:30~14:00 和 15:00~0:00，低谷时间段为 0:00~5:30，其中早高峰出现的时间为 5:30~8:30，与人们在这一时间段起床盥洗的生活习惯相符合。午高峰出现的时间为 14:00~15:00，出现的主要原因主要是医院病人午休起床进行盥洗。而晚上并没有出现高峰，这主要是由于病人入睡较早，并且入睡时间比较分散造成的。周六、周日的用水量要略高于周一至周五，周日的最大瞬时流量也高于周一到周五。

医院排放的污水含有大量病原体，为保障医院工作人员与病人的健康，医疗污水不得作为中水水源。

1.2.3 宾馆建筑

宾馆建筑是指为宾客提供住宿服务的建筑。宾馆除了为顾客提供住宿以外，还提供游泳、休闲、商务等其他服务，因餐饮、洗衣、空调、SPA 桑拿、游泳等附属功能会导致其单位用水量大增。各级宾馆在经营定位、保洁程度、环境设施、餐厅档次等方面的差异，造成宾馆的用水行为有所区别，其用水结构也不同。宾馆建筑是公共建筑中的重要组成部分，且是耗水大户，总体来说有较大节水潜力。

宾馆建筑日逐时用水差异较大，用水高峰时段主要集中在 10:00~22:00，而夜间小时用水占比持续低于日平均小时用水量。在宾馆建筑给水系统设计中应充分考虑该类建筑水耗较高的特点，切实采取节水措施降低水耗。适当减少每个供水分区包含的楼层数量，合理控制配水点水压；采用高性能节水器具，不仅可以降低建筑水耗，还能避免超压导致的用水喷溅，提高入住客人用水的舒适性。

集中热水系统应保证用水点处冷、热水压力的平衡，带有混合阀的淋浴器、洗脸盆、洗手盆等冷、热水供水压力应尽量相近，减少调温时浪费的水量，同时还可减少热水烫伤人的事故，使用舒适、安全。同时，应保证集中热水供应系统的循环效果，减少开启热水时浪费的冷水。设回水管道保证干、立管或干、立、支管中热水的循环，尽量适当减少热水管线的长度，并进行管道保温，加强系统维护管理，减少水量浪费。

客房用水在宾馆建筑用水总量中的比例最高，并且以旅客洗浴用水为主。客房用水区域相对集中便于收集且为优质杂排水，回用客观条件良好。宾馆建筑建议安装中水系统，对于控制用水总量的上升较为有效。据统计，有中水设施的宾馆综合床位用水量比无中水设施的宾馆综合床位用水量少 16.5％。

1.2.4　办公建筑

办公建筑是指办理行政事务和从事业务活动的建筑。办公建筑（含政府机关的办公楼）的用水量在城市公共建筑生活用水总量中所占比重一般最大，但其用水类型较为简单，用水部位主要分布在办公楼的卫生间、食堂、浴室以及供冷或供暖使用的空调或锅炉处，以及少量绿化和浇洒用水。

办公建筑用水特性与其他建筑有较大差异。一般在早晨 7:00～7:30 突然出现用水高峰，接着瞬时流量突然降低，紧接着在早晨 8:00～11:00 出现了集中用水。出现这种情况的原因可能是早晨刚上班时期厕所的使用频率较高，所以突然出现了一个用水的集中高峰。随着时间推移厕所使用频率慢慢增加。总体划分一下，用水高峰时段为 7:00～7:30、9:00～11:00，用水中峰时间段为 7:30～9:00、11:00～18:00，用水低谷时段为 18:00～次日 7:00。分析其用水规律可以发现低谷和高峰出现的时间段与大楼中人们的作息规律相吻合，用水高峰出现的时间段都是人们刚上班的时候，而用水低谷正好处于人们下班的时间段。晚间有人加班但并非所有人都加班，所以出现了有用水但用水量不高的现象。对办公楼类建筑来说，夜间可能只有值班保安人员待在建筑内，所以夜间用水量变化不大。

与其他类型建筑最大瞬时流量出现的情况不同，办公楼最大瞬时流量出现的比较突然，也与其他时段用水流量的差别比较大。工作日最大瞬时流量出现在中午 11:00 的可能性最大，而在周末最大瞬时流量出现在早晨 7:00 的可能性较大。

1.2.5　商业建筑

现代城市的发展速度依赖于商品经济的高度发达，而城市中商业建筑的存在早已不是早期单纯的"交换场所"，而是城市中公共生活的重要组成部分，承担着现代城市中开放、多样、丰富的公共交往与社会活动功能。在现代城市中，多元化与复合化逐渐成为现代商业建筑的发展趋势，而现代商业建筑的多功能复合化趋势催生了城市商业综合体的诞生。现代商业综合体组合了多种功能的集成化，如商业、居住、办公、旅店、餐饮、会议、娱乐、展览等。

商业综合体，从服务范围可以分为社区型、区域型和超区域商业综合体；从规模可以分为小型、中型、大型和超大型四种类型；从主题特色可以分为地域风情、高档型、商业型等；从经营方式可以分为直销型、折扣型、低廉型。从空间与环境上，大空间商业融入了更多的环境因素，同时功能上趋于复合化、多元化，购物、餐饮、休闲娱乐、办公、居住等功能在商业建筑中均有所体现。为了缓解工作中带来的压力，以商业为代表的城市公共场所成为最好的去处。为了迎合此种需求同时增加经济效益，现代的商业综合体在位置上尽可能选择交通便捷的区域。因此，从某种意义上来讲，商业综合体周边交通组织的好坏直接影响了对消费人群吸引力的强弱，进而影响商业经营效益。随着生产力的机械化向智能化转变以及私人财产的可支配数量增加，一定程度上导致人们将更多的时间用于休闲、娱乐和消费。而这种变化也为商业的迅速发展提供了更好机遇，为了更好地迎合消费者的需要，商业的大众化逐渐使商业建筑出现聚集消费的形态。民族化、地域化和主题价值逐渐在现代商业建筑中得到人们的认可。现代综合商业建筑不仅注重某种特色主题文化的塑造，还加入了时代脉络特征。商业综合体的生态节能化发展体现在建筑的使用过程中，运用绿色设计、节能设计的方法，尽可能地将商业综合体在能源、资源、环境方面对社会、经济产生的不利影响降到最低。同时，从商业综合体可持续发展的角度考虑，采用积极方式组织空间、绿化、功能等，营造商业综合体的"绿岛效应"。

商业建筑的规模各异，功能繁多，用水定额取值对节水效果影响较大。以餐饮为例，不同类型餐厅的单位面积用水量不同，同类型餐厅在不同地区的用水量指标差异也很大，不同地区的综合平均用水量差别也比较大。设计用水量不仅与餐饮类型有关，还与餐厅所在区域、人气和客流量有关。在设计阶段中，往往难以准确预估这些因素，常以放大用水量的方式来避免出现不可预见的用水不足。而现行的设计标准、评估标准与管理标准中的节水定额单位不一致，设计标准中多采用 L/(人·d) 或 L/(人·次)，管理标准采用 L/(人·次)、L/(人·餐) 或 m^3/万元营业额，而水利部规定的用水定额则以 $m^3/(m^2·a)$ 为单位，反映出当前商业建筑用水节水标准的复杂性和不一致性。从利于全过程的节水管理的角度出发，改进设计标准、评估标准和管理标准在用水单元选择、标准值设定上的承接性和延续性，使三类标准相互借鉴和促进，特别是提高管理标准的科学性和规范性，是重要的改进方向。

用水定额管理相比于计划用水管理，所采用的标准或方法更具有科学依据，也大大减少了水行政管理人员"权力寻租"的可能。用水定额管理本身存在诸多问题，如用水计量问题、制度建设、定额标准化问题、缺乏系统科学的定额管理技术体系，以及实际管理方面的问题等。只有解决好这些问题，用水定额才能够真正取代计划用水管理，在水资源管理中发挥重要作用。

商业综合体由于建筑功能多、变化频繁、建筑密度大、客流量大、运行周期长、用水设备的数量和使用量大，与其他类型公共建筑相比，节水潜力巨大。

1.3 公共建筑节水措施

公共建筑节水措施可分为规划措施、工程措施和管理措施。各个阶段既有各自的侧重点，又相辅相成、协调统一。将节水措施渗透到公共建筑全生命周期的每一个环节是精细化节水的总体目标。

1.3.1 规划措施

在《绿色建筑评价标准》中,节水规划属于资源节约篇章的控制项,强调规划的引领作用。在进行绿色建筑设计前,应充分了解项目所在区域的市政给水排水条件、水资源状况、气候特点等实际情况,通过全面的分析研究,制定水资源利用方案,提高水资源循环利用率,减少市政供水量和污水排放量。水资源利用方案包含项目所在地气候情况、市政条件及节水政策,项目概况、水量计算及水平衡分析,给排水系统设计方案介绍,节水器具及设备说明,非传统水源利用方案等内容。

1.3.2 工程措施

系统性节水。严格按节水标准选取用水定额;通过给水系统合理分区并采用支管减压方式避免用水点压力偏高;确保供水稳定和冷热水系统的压力平衡;设置完善的热水系统循环系统;空调冷却循环水和游泳池等采用循环给水系统,并设置水质处理设施,减少水量的排放;水池分格减少维修、清洗对使用的影响,并设置超高水位报警;选用耐腐蚀、耐久性能、密闭性能好的阀门、设备、管材避免管网漏损。

提高水计量率。根据水平衡测试的要求安装分级计量水表,下级水表的设置应覆盖上一级水表的所有出流量,不出现无计量支路。按照使用用途,对公共厨房、公共卫生间、餐饮、绿化景观、空调、游泳池、集中热水、消防等用水分别设置水表;按照独立核算的管理单元分别设置水表。健全项目用水三级计量仪表设置,既能保证水平衡测试量化指标的准确性,又为后续的用水计量和考核提供技术保障。

普及节水器具和设备。选用节水型生活用水器具;绿化灌溉采用喷灌、微灌、低压管灌等节水灌溉技术,并设置土壤湿度感应器和雨天关闭装置;选用无蒸发耗水或冷效高、飘水少、噪声低的冷却塔;车库和道路冲洗采用节水高压水枪洗衣房;厨房应选用高效、节水的设备;洗车场采用无水洗车、微水洗车等节水技术。

非常规水源利用。根据项目所在地的气候等自然条件,就地回用雨水、再生水或其他经处理后回用的非饮用水。雨水回用方案优先利用建筑的屋面雨水,并根据空调系统的类型收集凝结水进入雨水收集系统,处理后的雨水用于景观、绿化、道路浇洒、车辆冲洗、空调冷却水补水等。位于城市基础设施薄弱地区的建筑,自身配套建设污水处理设施时,需考虑污水处理设施的深度处理并制定合理的回用方案,可获得节水和减排的双重功效。空调冷却水和游泳池等水循环的排水在有条件时考虑重复利用。

1.3.3 管理措施

(1)落实节水"三同时"制度。指生产经营单位新建、改建、扩建工程项目的安全设施,必须与主体工程同时设计、同时施工、同时投入生产和使用,安全设施投资应当纳入建设项目概算。尽管《中华人民共和国水法》(1988 年版)就有要求,但缺少细则,上位法不明确,流于形式。

（2）健全规章制度。建立计量、统计、巡查、维修等节水管理规章和制度；编写用水计划实施方案，落实下达的用水计划；完成当年度单位内部节水指标；明确节水主管部门和节水管理人员；制定节水目标责任制和考核制度。

（3）加强管理维护。定期巡护和维修用水设施设备，记录完整；不擅自停用节水设施；绘制完整的给水排水管网图；绘制完整的用水计量网络图，按分户、功能分区配备用水计量器具，主要设备实现三级计量，编制原始用水记录和统计台账；按水平衡测试要求进行运行管理，发现管道漏损时，应及时采取整改措施。

（4）普及节水文化。编制节水宣传材料，并发放到每一个用水单元；开展节水宣传主题活动、专题培训、讲座等；在主要用水场所和器具的显著位置张贴节水标识。

1.4 公共建筑节水标准化体系

节水标准是实施国家节水行动、实现水资源消耗总量和强度双控目标的重要技术基础，是落实生态文明建设战略部署的重要措施。节水标准在为节水工作提供技术依据的同时，也是促进产业结构调整和优化升级、提升经济发展质量效益和自主创新能力、有效参与国际竞争、形成绿色循环发展新方式的重要手段。

我国节水标准化工作始于 20 世纪 80 年代末，在节水主管部门和国家标准化主管部门的领导下，已取得一定成绩，促进了我国节水管理水平的提高及节水技术的进步。特别是2000 年以后，为适应我国水资源和水污染的新形势，我国加强了节水标准化的工作力度，节水标准取得了长足发展。

1.4.1 我国节水标准化现状

党中央、国务院高度重视节水标准化工作。2011 年 1 月，《中共中央 国务院关于加快水利改革发展的决定》（中发〔2011〕1 号）提出"抓紧制定节水强制性标准，尽快淘汰不符合节水标准的用水工艺、设备和产品"。2012 年 2 月，《国务院关于实行最严格水资源管理制度的意见》（国发〔2012〕3 号）提出"加快制定高耗水工业和服务业用水定额国家标准。制定节水强制性标准，逐步实行用水产品用水效率标识管理，禁止生产和销售不符合节水强制性标准的产品。"《国民经济和社会发展第十三个五年规划纲要》提出"健全节水标准体系"。2017 年 1 月，《节水型社会建设"十三五"规划》（发改环资〔2017〕128 号）明确提出"完善节水标准体系。完善各省级行政区农业、工业、服务业和城镇生活行业用水定额标准，加快制修订高耗水工业、服务业取水定额国家标准，推行取水定额强制性标准。定期组织开展用水定额评估，指导和推动各地适时修订行业用水定额。抓紧制定节水基础管理、节水评价等国家标准，健全节水标准体系。到 2020 年完成节水国家标准制修订 112 项。"2019 年 1 月，《国家节水行动方案》（发改环资规〔2019〕695 号）提出"健全节水标准体系。加快农业、工业、城镇以及非常规水利用等各方面节水标准制修订工作。建立健全国家和省级用水定额标准体系。逐步建立节水标准实时跟踪、评估和监督机制。到 2022 年，节水标准达到 200 项以上，基本覆盖取水定额、节水型公共机构、节水型企业、产品水效、水利用与处理设备、非常规水利用、中水回用等方面。"

按照节水过程环节将节水标准进行分类，构建我国节水标准体系框架（如图 1-1 所示），主要包括基础共性、目标控制、设计验收、评价及优化 5 个标准子体系。基础共性标准子体系是制定其他节水标准的基础和依据，规范了术语、节水计算等内容。目标控制标准子体系是整个标准体系的重点，包括用水定额、节水产品和产品水效 3 个部分，规定了各类建筑的用水定额以及生活用水设备和器具的用水效率。设计验收标准子体系包括建筑节水设计标准、绿色改造规程以及验收规程。评价标准子体系包括绿色建筑评价、用水单位水效评价和产品评价。优化标准子体系包括节水管理和供需优化等标准。

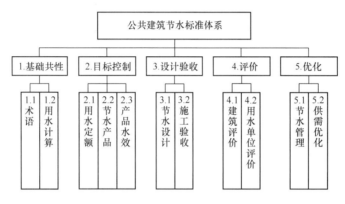

图 1-1 公共建筑节水标准体系框架

我国节水标准化工作经过近 40 年的发展，截至目前，我国现行有效的公共建筑节水标准 120 余项，这些标准的制定和实施对于支撑计划用水管理、水效标识制度、水效领跑者引领行动等政策发挥了巨大的作用。

1.4.2 存在的问题

标准体系亟需完善。已经发布的节水标准中，基础共性和优化标准的占比远低于其他子体系，分布十分不均。一些基础性的标准，尽管十分重要，但由于编制难度大、公益性等原因，往往无人问津。

标准缺乏有效实施。节水标准宣贯的范围和力度有待加强，标准缺乏有效的实施。同时对节水标准的实施效果评价缺乏科学合理的评价指标、评价方法和评价机制，难以掌握标准实施情况和效果，对标准的实施和信息反馈造成了一定的阻碍。

标准化科研工作亟待深入。目前节水的标准化工作总体还比较薄弱，很多领域的节水标准化工作还未开展或是刚刚起步，取水定额、产品水效、节水设计和评价等标准还不完善，标准化科研工作亟待深入展开。

1.4.3 建议

完善节水标准体系。应加强重点领域节水标准编制修订工作。进一步完善用水计量统计、节水评价指标和计算方法等基础共性标准，改善取水计量统计边界不统一、实施评估方法不健全等问题；进一步完善取水定额标准的产品覆盖范围，形成覆盖整个建筑业的取水定额标准体系；推进用水设备及生活用水器具的水效标准制修订工作，完善水效标准体系；加快进行节水型企业、节水型社区等评价标准的制订修订工作，为贯彻落实国家节水行动、全面建设节水型社会提供保障；完善城镇再生水、海水等非常规水利用相关标准，为提高企业和用水单位的用水效率提供技术支撑。

加大标准宣贯力度，强化标准实施。应加大节水标准的宣传与贯彻力度，通过新闻发布、平面媒体、新媒体等多种方式，普及节水标准化知识，增强政府部门、用水单位和消费者的节水标准化意识。将标准内容准确、完整、及时地传达到生产者、管理者和使用者之中，让社会全面了解、认识和掌握标准。充分发挥学会、协会等社会团体的作用，开展节水标准宣传贯彻、信息咨询等服务，推动用水定额、水效评估、节水型企业评价、企业水平衡测试等节水标准的应用。积极开展节水标准实施评估工作，推动相关标准的落地实施。

加大经费投入，强化标准基础研究。标准的基础研究是标准质量的保证。针对目前节水标准化科研工作总体还较薄弱的问题，在国家公益性标准项目立项时，应优先重点领域标准的研制，夯实标准编制研究基础；加大节水标准制修订经费投入力度，保障各级相关部门工作经费，支持节水标准的制修订、实施评估、宣贯等工作。

加强标准信息化平台建设。应充分运用信息化手段，建立节水标准制修订全过程信息公开和服务平台，强化信息共享、社会监督、自查自纠。及时发布节水标准制定修订计划、起草单位征集、征求意见、宣贯培训等信息，方便查询节水标准信息、反馈实施情况、提出标准需求，提升节水标准化信息平台服务能力。

1.4.4 公共建筑节水标准体系表

公共建筑节水标准体系见表1-1。

公共建筑节水标准体系表 表1-1

序号	分类序号	标准中文名称	标准编号	施行状态	备注
1	1.1	节水灌溉设备　词汇	GB/T 24670—2009	现行	
2	1.1	建筑节水产品术语	GB/T 35577—2017	现行	
3	1.1	低影响开发雨水控制利用　设施分类	GB/T 38906—2020	现行	
4	1.2	项目节水量计算导则	GB/T 34148—2017	现行	
5	1.2	民用建筑绿色性能计算标准	JGJ/T 449—2018	现行	
6	1.2	城市居民生活用水量标准	GB/T 50331—2002	现行	

序号	分类序号	标准中文名称	标准编号	施行状态	备注
7	1.2	建筑碳排放计算标准	GB/T 51366—2019	现行	
8	1.2	建筑碳排放计量标准	CECS 374—2014	现行	
9	2.1	用水定额编制技术导则	GB/T 32716—2016	现行	
10	2.1	服务业用水定额：综合医院	水节约〔2021〕107号	现行	
11	2.1	服务业用水定额：洗浴场所	水节约〔2021〕107号	现行	
12	2.1	服务业用水定额：洗车场所	水节约〔2021〕107号	现行	
13	2.1	服务业用水定额：高尔夫球场	水节约〔2021〕107号	现行	
14	2.1	服务业用水定额：室外人工滑雪场	水节约〔2021〕107号	现行	
15	2.1	服务业用水定额：综合性体育场馆	水节约〔2021〕107号	现行	
16	2.1	服务业用水定额：零售	水节约〔2021〕107号	现行	
17	2.1	服务业用水定额：洗染	水节约〔2021〕107号	现行	
18	2.1	服务业用水定额：游泳场馆	水节约〔2021〕107号	现行	
19	2.1	服务业用水定额：餐饮	水节约〔2021〕107号	现行	
20	2.1	服务业用水定额：绿化管理	水节约〔2021〕107号	现行	
21	2.2	节水型产品通用技术条件	GB/T 18870—2011	现行	
22	2.2	节水型卫生洁具	GB/T 31436—2015	现行	
23	2.2	节水型生活用水器具	CJ/T 164—2014	现行	
24	2.2	卫生陶瓷	GB/T 6952—2015	现行	
25	2.2	IC卡节水计时计费器	JJG 1065—2011	现行	
26	2.2	便携式节水洗车器	CAB 1023—2014	现行	
27	2.2	旋转式喷头节水评价技术要求	GB/T 39924—2021	现行	
28	2.2	混凝土节水保湿养护膜	JG/T 188—2010	现行	
29	2.2	节水产品认证规范	SL 476—2010	现行	
30	2.2	便器冲洗阀节水产品认证技术要求 第1部分：机械式便器冲洗阀	CSC/T 32.1—2006	现行	
31	2.2	便器冲洗阀节水产品认证技术要求 第2部分：非接触式便器冲洗阀	CSC/T 32.2—2006	现行	
32	2.2	便器冲洗阀节水产品认证技术要求 第3部分：压力式便器冲洗阀	CSC/T 32.3—2006	现行	
33	2.2	淋浴器节水产品认证技术要求 第1部分：机械式淋浴器	CSC/T 36.1—2006	现行	
34	2.2	淋浴器节水产品认证技术要求 第2部分：非接触式淋浴器	CSC/T 36.2—2006	现行	
35	2.2	淋浴房节水产品认证技术要求	CSC/T 38—2006	现行	
36	2.2	塑料节水灌溉器材 第1部分：单翼迷宫式滴灌带	GB/T 19812.1—2017	现行	

序号	分类序号	标准中文名称	标准编号	施行状态	备注
37	2.2	塑料节水灌溉器材　第 2 部分：压力补偿式滴头及滴灌管	GB/T 19812.2—2017	现行	
38	2.2	塑料节水灌溉器材　第 3 部分：内镶式滴灌管及滴灌带	GB/T 19812.3—2017	现行	
39	2.2	塑料节水灌溉器材　第 4 部分：聚乙烯（PE）软管	GB/T 19812.4—2018	现行	
40	2.2	塑料节水灌溉器材　第 5 部分：地埋式滴灌管	GB/T 19812.5—2019	现行	
41	2.2	阶梯水价水表	CJ/T 484—2016	现行	
42	2.2	节水灌溉设备水力基本参数测试方法	SL 571—2013	现行	
43	2.3	水嘴水效限定值及水效等级	GB 25501—2019	现行	
44	2.3	坐便器水效限定值及水效等级	GB 25502—2017	现行	
45	2.3	小便器水效限定值及水效等级	GB 28377—2019	现行	
46	2.3	淋浴器水效限定值及水效等级	GB 28378—2019	现行	
47	2.3	便器冲洗阀用水效率限定值及用水效率等级	GB 28379—2012	现行	
48	2.3	蹲便器水效限定值及水效等级	GB 30717—2019	现行	
49	2.3	电动洗衣机能效水效限定值及等级	GB 12021.4—2013	现行	
50	2.3	洗碗机能效水效限定值及等级	GB 38383—2019	现行	
51	2.3	智能坐便器能效水效限定值及等级	GB 38448—2019	现行	
52	3.1	建筑给水排水设计标准	GB 50015—2019	现行	
53	3.1	民用建筑节水设计标准	GB 50555—2010	现行	
54	3.1	民用建筑绿色设计规范	JGJ/T 229—2010	现行	
55	3.1	城镇污水再生利用工程设计规范	GB 50335—2016	现行	
56	3.1	雨水集蓄利用工程技术规范	GB/T 50596—2010	现行	
57	3.1	循环冷却水节水技术规范	GB/T 31329—2014	现行	
58	3.1	公共建筑节能设计标准	GB 50189—2015	现行	
59	3.1	建筑中水设计标准	GB 50336—2018	现行	
60	3.1	游泳池给水排水工程技术规程	CJJ 122—2017	现行	
61	3.1	中小学校设计规范	GB 50099—2011	现行	
62	3.1	综合医院建筑设计规范	GB 51039—2014	现行	
63	3.1	体育建筑设计规范	JGJ 31—2003	现行	
64	3.1	商店建筑设计规范	JGJ 48—2014	现行	
65	3.1	旅馆建筑设计规范	JGJ 62—2014	现行	
66	3.1	饮食建筑设计标准	JGJ 64—2017	现行	
67	3.1	办公建筑设计标准	JGJ/T 67—2019	现行	
68	3.1	绿色建筑被动式设计导则	T/CECS 870—2021	现行	
69	3.1	雨水集蓄利用工程技术规范	GB/T 50596—2010	现行	
70	3.1	绿色商场	GB/T 38849—2020	现行	
71	3.1	化学工程节水设计规范	GB/T 50977—2014	现行	

序号	分类序号	标准中文名称	标准编号	施行状态	备注
72	3.1	洗车场所节水技术规范	GB/T 30681—2014	现行	
73	3.1	洗浴场所节水技术规范	GB/T 30682—2014	现行	
74	3.1	室外人工滑雪场节水技术规范	GB/T 30683—2014	现行	
75	3.1	高尔夫球场节水技术规范	GB/T 30684—2014	现行	
76	3.1	循环冷却水节水技术规范	GB/T 31329—2014	现行	
77	3.1	沐浴企业节水技术要求	SB/T 11014—2013	现行	
78	3.1	节水灌溉工程技术标准	GB/T 50363—2018	现行	
79	3.1	既有建筑绿色改造技术规程	T/CECS 465—2017	现行	
80	3.1	医院建筑绿色改造技术规程	T/CECS 609—2019	现行	
81	3.2	节水灌溉工程验收规范	GB/T 50769—2012	现行	
82	3.2	节水灌溉设备现场验收规程	SL 372—2006	现行	
83	3.2	节水灌溉设备现场验收规程	GB/T 21031—2007	现行	
84	3.2	城市供水管网漏损控制及评定标准	CJJ92—2016	现行	
85	3.2	埋地钢质管道防腐保温层技术标准	GB/T 50538—2010	现行	
86	3.2	设备及管道绝热技术通则	GB/T 4272—2008	现行	
87	4.1	城市节水评价标准	GB/T 51083—2015	现行	
88	4.1	绿色建筑评价标准	GB/T 50378—2019	现行	
89	4.1	绿色档案馆建筑评价标准	DA/T 76—2019	现行	
90	4.1	绿色办公建筑评价标准	GB/T 50908—2013	现行	
91	4.1	绿色商店建筑评价标准	GB/T 51100—2015	现行	
92	4.1	既有建筑绿色改造评价标准	GB/T 51141—2015	现行	
93	4.1	绿色博览建筑评价标准	GB/T 51148—2016	现行	
94	4.1	绿色医院建筑评价标准	GB/T 51153—2015	现行	
95	4.1	绿色饭店建筑评价标准	GB/T 51165—2016	现行	
96	4.1	海绵城市建设评价标准	GB/T 51345—2018	现行	
97	4.1	绿色校园评价标准	GB/T 51356—2019	现行	
98	4.1	绿色城市轨道交通车站评价标准	T/CAMET 02001—2019	现行	
99	4.1	绿色养老建筑评价标准	T/CECS 584—2019	现行	
100	4.1	绿色城市轨道交通建筑评价标准	T/CECS 724—2020	现行	
101	4.1	绿色超高层建筑评价标准	T/CECS 727—2020	现行	
102	4.1	绿色智慧产业园区评价标准	T/CECS 774—2020	现行	
103	4.1	绿色港口客运站建筑评价标准	T/CECS 829—2021	现行	
104	4.1	绿色科技馆评价标准	T/CECS 851—2021	现行	
105	4.1	绿色学校评价标准	T/CGDF 00002—2019	现行	
106	4.1	节水型高校评价标准	T/CHES 32—2019	现行	
107	4.1	绿色铁路客站评价标准	TB/T 10429—2014	现行	

序号	分类序号	标准中文名称	标准编号	施行状态	备注
108	4.2	企业水平衡测试通则	GB/T 12452—2008	现行	
109	4.2	节水型企业评价导则	GB/T 7119—2018	现行	
110	4.2	服务业节水型单位评价导则	GB/T 26922—2011	现行	
111	4.2	节水型社区评价导则	GB/T 26928—2011	现行	
112	4.2	项目节水评估技术导则	GB/T 34147—2017	现行	
113	4.2	节水型社会评价指标体系和评价方法	GB/T 28284—2012	现行	
114	4.2	节水灌溉项目后评价规范	GB/T 30949—2014	现行	
115	5.1	城镇供水服务	GB/T 32063—2015	现行	
116	5.1	宾馆节水管理规范	GB/T 39634—2020	现行	
117	5.1	公共机构节水管理规范	GB/T 37813—2019	现行	
118	5.1	游泳场所节水管理规范	GB/T 38802—2020	现行	
119	5.1	合同节水管理技术通则	GB/T 34149—2017	现行	
120	5.1	用水单位水计量器具配备和管理通则	GB 24789—2009	现行	
121	5.1	公共机构合同节水管理项目实施导则	T/CHES 20—2018	现行	
122	5.1	高校合同节水项目实施导则	T/CHES 33—2019	现行	
123	5.2	绿色建筑运营后评估标准	T/CECS 608—2019	现行	
124	5.2	绿色建筑运行维护技术规范	JGJ/T 391—2016	现行	

第2章 公共建筑节水用水规划

根据水利部发布的《2015～2019年中国水资源公报》统计可知2015～2019年我国城镇人均生活用水量（含公共用水）为221.6L/d，农村居民人均生活用水量86.6L/d。可见城镇人均生活用水量远高于农村居民人均生活用水量，究其原因除了与农村卫生设施不齐全、生活习惯不同等因素有关外，农村公共建筑少，也是农村居民人均生活用水量远低于城镇人均生活用水量的主要原因之一，我国城市公共建筑种类多样、功能复杂、体量巨大、耗水量高，水资源浪费严重。为了贯彻执行习近平总书记提出的"节水优先、空间均衡、系统治理、两手发力"的治水方针，落实《国务院关于印发水污染防治行动计划的通知》（国发〔2015〕17号），《住房城乡建设部　国家发展改革委关于印发城镇节水工作指南的通知》（建城函〔2016〕251号），《国家发展改革委　水利部关于印发〈国家节水行动方案〉的通知》（发改环资规〔2019〕695号）、国家发展和改革委员会等9部门关于印发《全民节水行动计划》的通知（发改环资〔2016〕2259号）等通知要求，近年来公共建筑的节水从设计到运行管理都采取了一些措施，但节水效率不高，需进一步提升。深入分析公共建筑节水现状、主要存在问题及节水潜力，明确奋斗目标、理清发展思路，全面规划公共建筑的节水工作，对于指导和推进我国城市节水事业的发展，实现水资源可持续利用，保障经济社会可持续发展，具有重要的意义和作用。

2.1 公共建筑节水规划的总体思路、基本原则和目标

为了做好公共建筑的节水规划工作，需要明确公共建筑节水用水规划总体思路，制定公共建筑节水用水规划基本原则，确立公共建筑节水目标。

2.1.1 公共建筑节水用水规划总体思路

根据《国家节水行动方案》和《全民节水行动计划》等要求，结合中国建筑设计研究院有限公司牵头承担的国家重点研发计划"水资源高效开发利用"重点专项"公共建筑节水精细化控制技术及应用"项目（项目编号：2018YFC0406200）研究成果，确定公共建筑节水用水规划总体思路为：以精细化节水技术为手段，以智能化控制为依托，以新型节水设备和器具为抓手，构建和完善公共建筑供用水系统的节水效能评价方法及指标体系，搭建公共建筑精细化控制及节水监管平台，完善制度保障机制，促进公共建筑节水效率进一步提升。

在该总体思路下，开展公共建筑节水精细化控制管理技术研究，有利于从设计到运行

管理全过程对公共建筑的用水进行精细化控制，以期降低城镇人均生活用水量，节约宝贵的水资源。

2.1.2 公共建筑节水用水规划基本原则

公共建筑节水用水规划应以"节水优先"为基本原则，多措并举推进水资源高效利用，减少公共建筑的用水量和外排水量。对于水资源缺乏地区要通过雨水利用、中水回用、甚至海水和苦咸水利用（针对水资源严重缺乏的海岛、西北苦咸水地区）等方式进行开源。

2.1.3 公共建筑节水目标

根据住房和城乡建设部、国家发展和改革委员会发布的《城镇节水工作指南》，确定公共建筑的节水目标为基于节水技术和节水产品的普及使用，以及节水智能化、精细化控制平台的搭建，构建全面的节水监督评价体系，完善的节水制度保障，进而实现公共建筑节水的精细化控制。

2.2 公共建筑节水体系规划

公共建筑的节水体系应包括全面的节水基础设施、完善的节水管理制度，以及确保前两项落地的基础保障措施。具体内容如图2-1所示。

2.2.1 公共建筑节水基础设施的改造和建设

为了满足公共建筑节水精细化控制，要求其应具有完整的节水基础设施，要从节流、开源及循环和循序多方面筑牢公共建筑的节水基础设施。现有公共建筑的给水排水系统面临着提质升级和转型的需求，应加强以下三方面的基础工程建设：一是节流工程，针对供水管网和末端设施，开展节流工程建设，重点是供水管网漏损控制和节水器具的普及推广；二是开源工程，加强开源工程建设，重点是雨水回用、污水处理后回用；对于沿海缺水城市和海岛地区要考虑海水利用，对于资源型缺水的特殊地区可就近选择矿井水、苦咸水等非常规水资源的开发利用；三是循环与循序利用工程，尤其是配套有中央空调冷却循环水、水景补水、游泳池用水循环水、集中生活热水循环、锅炉用水循环等系统的公共建筑需建设水资源循环与循序利用工程。

2.2.2 公共建筑节水管理制度的完善和建设

为了进一步提升公共建筑的节水能力，需要完善和建设节水管理制度，主要包括以下几个方面：一是通过大力宣传，调动全社会参与积极性，推进节水型社会建设；二是做好新建、改建和扩建项目的节水措施"三同时"管理、阶梯水价制度（包括计划用水与定额管理、阶梯水价等）、节水统计等基础管理工作，同时要求用水户积极开展水平衡测试；

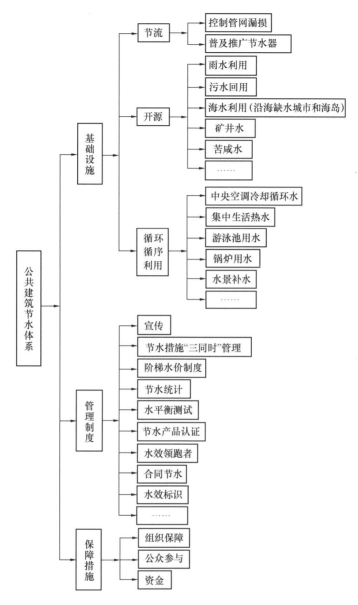

图 2-1　公共建筑节水体系

三是推进水效领跑者、节水产品认证、合同节水管理、水效标识等制度建设和深化。

2.2.3　公共建筑节水保障措施

　　为保证公共建筑节水基础设施的改造和建设以及节水管理制度的完善，需要保障措施到位。其中组织保障是基础，资金保障是关键，公众参与是根本。要充分认识水的内涵和价值，更新投融资理念，改变以往节水工作单纯依靠政府投资的模式，引入金融资本、民间资本、创业与私募股权基金等社会资本，拓宽投融资渠道，探索建立政府与社会资本有机融合的合作机制。

2.3　公共建筑节水规划方法

公共建筑的节水规划应坚持规划引领、精准发力、因地制宜、"建、管、评"并重的原则，实现水资源消耗总量和强度双控目标，满足绿色低碳高质量发展的要求。

公共建筑的节水规划应满足下列要求：

（1）规划应以当地水资源承载力为约束条件，并应符合当地经济、社会和技术发展要求。

（2）规划的目标应具有前瞻性、可达性，且应与国家法律法规及相关政策相一致。

（3）规划应根据目标要求，因地制宜构建公共建筑节水指标体系。指标选取应遵循典型性、科学性、系统性、可行性、可考核的原则；并与《城市节水评价标准》GB/T 51083—2015 和《国家节水型城市考核标准》（建城〔2018〕25号）等指标体系保持一致；同时要强化指标的刚性约束。

（4）规划要从节水载体创建、计量管理、强化水系统合理设计、节水器具普及推广、循环循序水利用、再生水利用、控制高耗水服务业等方面入手，制定具体任务，严控用水全过程管理。

（5）规划应强化节水监督考核。

（6）规划方法应根据水源不同而适当调整。

公共建筑节水规划要从基础设施建设入手，同时要制定与之相适应的管理手段。基础设施的规划根据水源不同采用不同的方式方法。

2.3.1　常规水源供水系统节水规划

常规水源供水系统节水规划以节流为核心，主要包括以下几个方面：

（1）严格控制用水量，尤其是高耗水服务业的用水量。例如洗浴、宾馆等行业。要通过制定合理的用水定额与用水指标、普及节水型器具、强化水系统合理设计等方式严格控制公共建筑的用水量。

（2）严格控制漏损量，做好水平衡测试工作，找准漏损原因，并宜根据节水量由大到小、投资成本由低到高、实施难度由易到难等原则对漏损控制措施进行逐步推进。公共建筑的漏损控制措施应以内部管网漏损检查与修复、水表三级或二级计量改造等为主。公共建筑三级计量是国际通行的节水策略之一，在规划时，计量在符合《用水单位水计量器具配备和管理通则》GB 24789—2009 规定的同时，应充分考虑节水和用水管理，尽量实现三级计量全覆盖。在计量方式选择方面，随着科技的发展，计量仪器越来越发达，也越来越精准。随着智慧城市建设的不断提速，节水管理体系和控制现代化的要求，水表的智能化需求也不断加大，智能水表除了可对用水量进行记录和电子显示外，还可以按照约定对用水量进行控制，自动完成阶梯水价的水费计算，同时实现用水数据存储。规划中宜建议水表采用远传水表、智能水表，流量计采用远传式流量计。

（3）强化水系统合理设计，应提出优化建筑给排水系统设计的工程、管理及保障措施，并宜将其纳入节水"三同时"管理。通过优化建筑给水排水设计，不仅可以节约大量的水资源，还能够提升用户用水舒适感和满意度。如设计时选用优质卫生的管材及管件阀门；根据不同建筑物使用功能、用水性质合理设置水表；合理分区，减少超压出流；热水系统合理设置回水循环，减少冷水排放量；使用节水型配水器具和卫生器具等。基于此，在规划中应强调"三同时"管理，并给出推荐措施，促进建筑给水系统和热水系统合理设计，实现系统节水。

（4）普及节水型器具，应提出既有建筑节水型器具换装或改造、新改扩建项目节水器具安装的要求和任务。具体要求如下：城市建成区内公共建筑应当在全面调查摸底基础上，按实际情况制定换装计划；新建公共建筑应明确要求用水产品必须全部使用节水产品，严禁使用国家明令淘汰的用水产品。节水器具包括节水型灌溉设备、节水型生活用水器具、节水型冷却塔、节水型管材和管件、节水型管道控制部件、节水型量水设备等，以上产品均应符合《节水型产品通用技术条件》GB/T 18870—2011，卫生洁具还应符合《节水型卫生洁具》GB/T 31436—2015 以及国家对用水产品的水效限定值及水效等级相关规定的要求。

（5）对于水效领跑者等节水型公共建筑的创建不能一劳永逸，对于已创建成功的节水型公共建筑，为保证其节水可持续性，需定期进行复审复查。复查不合格的，撤销其"节水型公共建筑"称号。

（6）对空调冷却循环水系统、水景补水系统、游泳池用水循环水系统、集中生活热水循环系统、锅炉用水循环系统等应提出具体节流改造目标、提高重复利用率。

2.3.2　非常规水源供水系统节水规划

非常规水源供水系统应以提高利用率为核心，进行多方面开源，并与再生水利用、海绵城市建设、海水利用等其他非常规水专项规划相结合，充分结合国家最新方针政策，制订符合当地实际的非常规水源利用对策、措施及具体任务。

单体建筑面积超过一定规模的新建公共建筑应当安装中水设施，这一规定取决于当地的气象气候因素及经济技术等因素，例如北京市《关于印发〈进一步规范公共建筑安装建筑中水设施工作的意见〉的通知》（京建发〔2018〕473 号）规定，北京市单体建筑面积超过 2 万 m² 的新建公共建筑，应安装建筑中水设施，在规划条件中，应明确公共建筑使用建筑中水设施的规范和标准。建筑中水工程设施的设计和建设应按《建筑中水设计标准》GB 50336—2018 执行，水质要求应符合《城市污水再生利用》系列水质标准。

对于污水再生利用，应在规划中确定重点区域，优化布局，并强化再生水水质监管。主要任务包括：（1）合理规划布局污水再生利用设施，并提出回用规模和回用方向；（2）确定主要用水点，合理规划再生水输配水管网。

对于雨水利用，应在规划中充分体现海绵城市建设的理念，通过"渗、滞、蓄、净、用、排"等措施，因地制宜提出回用量和回用方式，重点针对易涝点提出规划任务。

规划中应将污水和雨水视为新水源，构建"用水—排水—再生处理—回用水"闭式水循环系统。

对于海水利用，应按照直接利用和淡化利用两方面进行规划，提出其回用量、回用方向，规划主要用水点以及输配送管道，海水淡化宜提出适宜的淡化方法。

对于矿井水及苦咸水利用，应规划其回用量、回用方向、处理设施、取用及输配管网。

对于具有其他非常规水源有利用可能的，在规划中应予以分析并提出使用方向和用水节水策略。比如在南方部分城市，采用河水用于绿化灌溉，此时河水就属于非常规水源；再比如空中水资源利用，目前我国很多地区都进行了空中水资源研究，空中水资源研究开发主要用于人工增雨、有利于改善环境、减少园林灌溉水量。

2.3.3 节水管理规划

节水管理规划方案应遵循"政策制度"和"市场机制"两手发力原则，制订符合当地实际的节水管理策略及具体任务。建立健全节水政策法规体系，完善市场机制，使市场在资源配置中起决定性作用；同时，更好发挥政府作用，激发全社会节水内生动力。对公共建筑从设计到运行进行全过程的节水管理规划，要特别注意以下几方面：

（1）节水管理规划制度全面

节水管理规划应遵守国家和地方规范性文件的要求，当文件指导性不强或缺失时，应进行修编或重新编制。

（2）计划用水与定额管理执行到位

建立计划用水和节约用水的具体管理制度及计量管理制度；实行指标分解或定额管理；完成节水指标和年度节水计划。

（3）用水设施管理到位

具有近期完整的管网图和计量网络图；用水设备、管道、器具有定期检修制度，已使用的节水设备管理完好且运行正常。

（4）用水管理到位

原始记录和统计台账完整规范，并按时完成统计报表及分析，定期开展巡检，按规定进行水平衡测试或评估。水平衡测试管理方面，应提出水平衡测试的对象、周期，并对测试机构提出要求。

（5）制定合理水价

应全面分析当前阶梯水价、各行业水价、超定额累进加价、再生水水价，根据分析结果，提出存在问题和改革措施；此外，水定价部门可以通过修订各阶梯规定用水量和各阶梯单位水价等参数，调节用户的耗水量，使水价与用水成本、水资源短缺程度等相适应。健全定价机制。出台分行业具体定价办法，建立合理反映不同用户成本的价格机制。

以服务基本生活以外的消费为目的且耗水量较大的行业，如高档洗浴、高尔夫球场等，应结合行业自身特点，确定特种行业名录，并科学制定不同行业水价，以促进节水管理。

超定额累进加价方面，严格用水定额管理，实施超计划、超定额加价收费方式，缺水城市要实行高额累进加价制度。

再生水价格的制定原则，鼓励按市场化方式经营中水。建立有利于再生水利用的价格政策。按照与自来水保持竞争优势的原则确定再生水价格，推动绿化灌溉、道路清扫、消防等领域使用再生水。具备条件的可协商定价，探索实行累退价格机制。

（6）明确节水"三同时"的落实程序

《中华人民共和国水法》第五十三条规定，新建、扩建、改建建设项目，应当制订节水措施方案，配套建设节水设施。节水设施应当与主体工程同时设计、同时施工、同时投产。节水"三同时"管理是落实设施源头建设、遏制新建项目环节浪费、提高用水效率的重要措施之一，也是国家以立法形式确立的一项节水管理工作制度。对违反"三同时"制度的，由县级以上地方人民政府有关部门或流域管理机构责令停止取用水并限期整改。为有效促进节水"三同时"工作的开展，需制定节水"三同时"管理文件和实施程序。节水主管部门要主动配合有关部门，在城市规划、施工图设计审查、建设项目施工、监理、竣工验收备案等管理环节强化"三同时"制度的落实。政府明确落实程序，建立联动机制，加强信息沟通共享，强化节水设施建设的事中、事后监管。

（7）建立公共建筑节水数字化管理平台

节水管理过程中会产生大量的数据和信息，这些信息分散在用水户、供水企业以及节水管理部门，通过建设信息化平台，实现信息共享，提高管理水平和管理效率。也可以加强计划用水管理、节水三同时监督、用水大户监控、节水统计分析等基本管理功能。

（8）建立公共建筑水效领跑者制度

根据规划目标确定水效领跑者的创建数量和创建要求，对已创建成功的水效领跑者应提出复审要求以及复审计划。

（9）节水产品认证和水效标识管理方面，应提出认证管理要求和流程、管理策略、监管手段、具体措施等。

（10）合同节水管理方面，应根据当地用水结构组成和节水潜力，提出当地合同节水管理主要适用行业、社会资本收益取得方式，并出台相关配套制度政策。

（11）加大公众参与方面，应提出加大节水宣传教育、促进公众参与的法律权利、拓宽公众参与渠道、完善节水激励机制、促进用水者组织参与、建立制度化表达机制和参与机制等策略和建议。

2.4　节　水　措　施　规　划

节水措施包括工程节水措施和非工程节水措施。工程节水措施包括控制管网漏损率、普及推广节水器具、循环循序利用水资源、污水再生利用、雨水利用、海水利用、矿井水利用、苦咸水利用等；非工程节水措施包括当地与节水相关的法律法规、管理机制和制度、技术政策和标准规范等。

2.4.1 控制管网漏损率

首先需要对公共建筑进行水平衡测试，然后根据测试结果，找出漏损原因，有针对性地进行内部管网漏损检查与修复；并应同步建设供水管网信息系统，实施供水管网分区计量管理，通过二级或三级计量水表，建立流量计量传递体系，构建管网漏损管控体系，提高管网信息化、精细化管理水平，降低管网漏损率。

供水管网漏损控制应以管网已知漏损改造、管网巡检、管网独立分区计量管理（DMA）为主，并应同步建设公共供水管网信息系统。对使用年限超过国家规定年限的老旧管道进行更换修复，建立定期管网检测和漏损控制工作机制。大力推广先进有效的检漏技术，如听音检测法、相关位置检测法、夜间最小流量检测法等，变被动为主动，提高检漏补漏水平。采取简单快速的漏水修复技术以及不开挖路面、施工时间短、一次性投入成本较低的修复方法，尽量减少对市民生活、交通和环境等的影响。分区计量管理是提高供水管网漏损控制效率的先进技术与管理手段。通过分区计量管理，建立流量计量传递体系，评估各区域内管网漏损状况，有效识别管网漏损严重区域和漏损构成，科学指导开展管网漏损控制作业，实现精准控漏。常规管网漏水检测、管网维护更新等漏损控制措施，在推进分区计量管理的同时，应同步开展。需要注意的是，DMA 的关键是持续监控DMA 中的流量变化，然后分析夜间流量，确定是否存在用户用水量之外的额外流量，因此要避免将分区计量管理简单等同于装表工程。分区计量管理是一个系统工程，其成效与实施路线、仪表安装、数据分析、运行维护、管理措施等密切相关。要避免重装表、土建等工程，轻数据分析、运维和管理等的现象。所以在规划中应明确，工程和管理措施同步推进或在现有平台基础上开展。以供水管网分区计量管理为抓手，统筹水量计量与水压调控、水质安全与设施管理、供水管网运行与营业收费管理，构建管网漏损管控体系，提高管网信息化、精细化管理水平，降低管网漏损率，提升供水安全保障能力。

计量水表在符合《用水单位水计量器具配备和管理通则》GB 24789—2009 要求的同时，尽可能选用远传水表、智能水表，流量计采用远传式流量计。智能水表不仅能对用水量进行记录、实现电子显示，还可以按照约定对用水量进行控制，并且自动完成阶梯水价的水费计算，进行用水数据的存储。

2.4.2 普及推广节水器具

1. 既有建筑换装节水型器具

城市建成区内公共建筑的用水器具，应当在全面调查摸底基础上，按实际情况制定并实施换装计划。实施高效节水产品"以旧换新"。制定和实施坐便器、水嘴、洗衣机等用水产品"以旧换新"政策，结合水效标识管理办法和水效国家强制性标准，推动非节水型产品换装改造。鼓励生产厂家开展"以旧换新"活动，鼓励地方政府投入专项资金，激励用水户和生产企业广泛参与。

2. 新建、改建、扩建项目节水器具普及安装

新建建筑必须全部使用节水型器具，严禁使用国家明令淘汰的用水器具，强制或优先采购列入政府采购清单的节水产品。按照节水"三同时"管理的要求，在新改扩项目建设时，做到节水型器具与主体工程同时设计、同时施工、同时投入使用。

2.4.3 循环及循序用水

按照"优水优用、劣水劣用、水尽其用"的原则，提高水的循环利用效率，最大限度地减少公共建筑的取水量和外排水量，促进节水减污、城市水环境保护和水生态修复。

公共机构和公共建筑内部水的循环与循序利用主要包括中水利用、空调冷却循环水系统、水景补水系统、游泳池用水循环水系统、集中生活热水循环系统、锅炉用水循环系统等。应当在科学评估用水效率基础上，对照现行国家标准《建筑给水排水与节水通用规范》GB 55020、《建筑给水排水设计标准》GB 50015、《民用建筑节水设计标准》GB 50555、《工业循环水冷却设计规范》GB/T 50102、《游泳场所卫生标准》GB 9667、《游泳池给水排水工程技术规程》CJJ 122、《游泳池水质标准》CJ/T 244 等，提出循环与循序利用系统改造要求。

2.4.4 污水再生利用

《城镇节水工作指南》明确要求单体建筑面积超过一定规模的新建公共建筑应当安装中水设施。以公共建筑的优质杂排水、杂排水或生活排水为水源，经集中或分散处理设施处理后，通过管道输送到回用部位。建筑中水工程设施的设计和建设要执行《建筑中水设计标准》GB 50336—2018，水质要求要执行《城市污水再生利用》系列水质标准。提高污水再生水利用，不仅能降低新水使用量，而且还能减少环境污染，兼具经济效益和环境效益。

在规划阶段应对潜在用水户进行调查，"以需定供"，合理规划布局污水再生利用设施，并提出回用规模和回用方向，确定重点区域和领域，优化布局，确定主要用水点，合理规划再生水输配水管网，并强化再生水水质监管。

2.4.5 雨水利用

对于雨水利用，应采用生态或人工设施调蓄储存雨水，公共建筑中的景观用水、绿化用水、循环冷却系统补水、路面地面冲洗用水、冲厕、消防等用水在满足水量、水质的前提下优先采用雨水，多余的雨水可以下渗补给地下水。

2.4.6 海水、矿井水及苦咸水等其他非常规水源水利用

对于海水、矿井水及苦咸水等其他非常规水源水利用，应结合当地水资源情况以及经济、技术等因素确定适合的方式方法。

在有条件的沿海缺水城市和海岛，可将海水淡化作为水资源的重要补充和战略储备。

加快推进海水淡化水作为生活用水补充水源，鼓励地方政府支持海水淡化项目，实施海岛海水淡化示范工程。

在资源型缺水城镇，主要是陕西洛河（吴旗段）、甘肃环江河（庆阳段）、新疆塔里木河、宁夏苦水河等流域应开展河水淡化工程应用。在甘肃陇东地区、河西地区，新疆和田地区、若羌地区，内蒙古北部高原等区域开展地下苦咸水淡化、高氟水处理工程建设。应加快推进矿井水及苦咸水利用设施建设。

2.4.7 建立健全完善的制度体系和保障措施

结合当地水资源实际情况完善公共建筑节水法律法规、节水制度、办法和具体标准，规范用水行为。落实计划用水与定额管理、节水"三同时"、节水统计、水平衡测试、合同节水管理等节水制度和措施以及节水规划任务。

完善财税政策。积极发挥财政职能作用，完善助力节水产业发展的价格、投资等政策，落实节水税收优惠政策，充分发挥相关税收优惠政策对节水技术研发、水资源保护和再利用等方面的支持作用。

拓展融资模式。完善金融和社会资本进入节水领域的相关政策，积极发挥银行等金融机构作用，依法依规支持节水工程建设、节水技术改造、非常规水源利用等项目。采用直接投资、投资补助、运营补贴等方式，规范支持政府和社会资本合作项目，鼓励和引导社会资本参与有一定收益的节水项目建设和运营。鼓励金融机构对符合贷款条件的节水项目优先给予支持。

提升节水意识。树立"节水洁水，人人有责"的行为准则。加强国情水情教育，逐步将节水纳入国家宣传、国民素质教育和中小学教育活动，向全民普及节水知识。加强高校节水相关专业人才培养。开展世界水日、中国水周、全国城市节水宣传周等形式多样的主题宣传活动，倡导简约适度的消费模式，提高全民节水意识。鼓励各相关领域开展节水型创建活动。

开展国际合作。建立交流合作机制，推进国家、城市、企业和社团之间的节水合作与交流。对标国际节水先进水平，加强节水政策、管理、装备和产品制造、技术研发应用、水效标准标识及节水认证结果互认等方面的合作，开展节水项目国际合作示范。

完善资金保障机制。政府应加大投入，发挥当地财政的杠杆作用，采取以奖代补、直接补贴等形式，撬动节水资金投入，促进用水转型升级。

2.5 节水政策与激励措施

为了落实公共建筑的节水规划措施，需制定与之相匹配的节水政策与激励措施。

2.5.1 强化规划引领

坚持规划引领，强化政府统筹。城市总体规划、控制性详细规划以及相关专项规划要加强对公共建筑节水工作的统筹，抓好公共建筑节水专项规划引领。政府相关职能部门要加强组织领导，完善保障制度和措施，确保公共建筑节水改造工作顺利开展。

2.5.2　落实水效领跑者引领行动

开展水效领跑者引领行动，制定水效领跑者指标，发布水效领跑者名单，树立节水先进标杆，鼓励开展水效对标达标活动。持续推动节水认证工作，推动节水产品认证逐步向绿色产品认证过渡，完善相关认证结果采信机制。

2.5.3　推广节水产品认证管理制度

按照国家经贸委、建设部《关于开展节水产品认证工作的通知》（节水器管字〔2002〕001 号）要求，依据现行行业标准《节水型生活用水器具》CJ/T 164，推广和实施节水产品认证管理制度。认证机构、认证培训机构、认证咨询机构应当经国务院认证认可的监督管理部门批准，并依法取得法人资格。从事节水产品认证活动的认证机构，应具备与其从事节水产品认证活动相匹配的检测、检查等技术能力，相关检查机构、实验室，应当依法认定。加强节水评价标准与认证技术规范的研究，扩大节水产品认证覆盖范围。加大节水产品认证的管理与采信力度，扩大政府采购清单中节水产品的类别。选择部分节水效果显著、性能比较成熟的获证产品予以优先或强制采购。

开展节水产品认证活动应当遵守以下基本程序：产品认证申请→样品检验→初始认证工厂现场检查→认证结果评定与批准→获证后的监督→认证变更→认证复评。各地应积极培育节水产品认证机构，强化认证管理。采取经济激励等措施，鼓励水嘴、便器、便器冲洗阀、淋浴器、洗衣机、洗碗机等用水产品的生产企业依法取得节水产品认证。

2.5.4　落实水效标识管理制度

2017 年国家发展和改革委员会、水利部和国家质量监督检验检疫总局联合组织制定的《水效标识管理办法》对实施、监督管理和罚则做出了规定。水效标识管理是国家节水行动的重要内容。国家对节水潜力大、使用数量多的用水产品实行水效标识制度，制定并公布产品目录，确定统一适用的产品水效标准、实施规则、水效标识样式和规格。研究出台用水效率标识管理办法，对节水潜力大、适用面广的用水产品实行水效标识制度。依据水效强制性国家标准，开展水效检测，确定水效等级。制定并公布水效标识产品目录和水效标识实施规则，强制列入目录的产品标注统一的水效标识。结合新建、改建和扩建项目节水"三同时"制度落实，鼓励和指导公共建筑选用水效高的用水产品。

2.5.5　强化节水关键制度落实

公共建筑应遵守有关用水节水的法律法规、政策、标准和其他要求，并制定适宜的节水方针和可量化的节水目标。

新建、改建和扩建公共建筑节水设施必须与主体工程同时设计、同时施工、同时投入使用。城市建设（城市节水）主管部门要主动配合相关部门，在规划、施工图设计审查、建设项目施工、监理、竣工验收备案等管理环节强化"三同时"制度的落实。政府明确落实程序，建立联动机制，加强信息沟通共享，强化节水设施建设的事中、事后监管。

应严格执行国家或者行业主管部门已实施的用水定额标准，或者省级部门制定的严于国家用水定额标准的地方用水定额标准。要特别加强对双水源（多水源）用水户的计划管理。要与供水单位建立用水量信息共享机制，加强用水监控。有条件的地区要建立公共建筑供水管网数字化管控平台，加强用水计划的动态管理，特别是对用水大户的监控。对超定额、超计划用水的，政府应制定累进加价征收制度并实施，对高耗水行业可适当提高征收标准。超计划（定额）用水加价水费实行收支两条线，纳入政府非税收入。

2.5.6　推行合同节水管理

创新节水服务模式，在政府和用水单位之间引入了第三方节水服务机构，开展节水设计、改造、计量和咨询等服务，提供整体解决方案。通过与用水户签订节水管理服务合同，进行节水投入，节水服务机构以节水效益分享方式回收投资和获得合理利润，利用节水量和水价差等利润空间实施合同节水管理。根据当地用水结构组成和节水潜力，提出当地合同节水管理主要适用区域、社会资本收益取得方式，出台的相关配套制度政策。

推行合同节水管理，有利于降低用水户节水改造风险，提高节水积极性；有利于促进节水服务产业发展，培育新的经济增长点；有利于节水减污，提高用水效率，推动绿色发展。

鼓励专业化服务公司通过募集资本、集成技术，为用水单位提供节水改造和管理，形成基于市场机制的节水服务模式。鼓励节水服务企业整合市场资源要素，加强商业模式创新，培育具有竞争力的大型现代节水服务企业。为政府或用水户提供节水诊断、融资、技术和节水技改等专业化服务，实施节水投资、规划、建设、运营一体化服务模式，提高投资效益和服务效率。

推动建立健全费价机制、运营补贴、合同约束、信息公开、过程监管、绩效考核、扶持优惠等一系列改革配套制度，既保障社会公众利益不受损害，又保障投资者合法权益，为城市节水的 PPP 模式及合同节水管理实施创造制度条件。

2.5.7　开展水平衡测试

水平衡测试是对用水单位进行科学管理的有效方法，也是进一步做好城市节约用水工作的基础，应当作为节水管理部门对用水单位核定和调整用水计划指标的重要依据。城市节水管理部门应当依据现行国家标准《企业水平衡测试通则》GB/T 12452、《用水单位水计量器具配备和管理通则》GB 24789、《企业用水统计通则》GB/T 26719 以及《城市节水评价标准》GB/T 51083、《节水型企业评价导则》GB/T 7119 的要求，按照分期分批实施、滚动推进的原则开展水平衡测试；鼓励用水单位委托水平衡专业测试机构开展水平衡测试。

在水平衡测试管理方面，应明确水平衡测试的对象、测试周期，并对测试机构提出要求。通过水平衡测试能够全面了解用水单位管网状况，各部位（单元）用水现状，绘制出水平衡图，依据测定的水量数据，找出水量平衡关系和合理用水程度，采取相应的措施，挖掘用水潜力，达到加强用水管理、提高合理用水水平的目的。

2.5.8　做好节水宣传与统计

实施节水必须在公众和所有与水资源利用相关的机构组织和人员的广泛而有效的参与下，通过全社会的共同努力来实现。参与形成自下而上的管理模式，与自上而下的政府管理保持平衡。参与的作用主要体现在规则制定、监督和承担责任方面。公众参与会使制度、水价、分配和规划等各方面规则的制定和决策更加科学合理，而公平科学合理的规则本身就会使公众及所有利益相关者自觉执行。公众参与会使利益相关者对于浪费行为形成有效监督，同时，参与本身就意味着参与者要承担责任，并使其在充分知情的情况下更加自律，实施利益相关者参与首先要使其知情，并使参与有效。利益相关者参与需要法律制度的基础、政府的支持和透明的施政环境。公共建筑应建立并实施节水宣传和培训制度，有计划地向常用者传达节水方针和目标，定期宣讲节水知识、培训节水技能，以提高其节水意识，培养节水生活和工作模式。同时应制定并实施节水行为规范、张贴节水标识和标语。

建立节水统计报表制度，做好节水统计工作。节水统计分为国家、城市和用水户三级。省级建设（城市节水）主管部门可依据国家层面统计报表要求，结合本省工作需要制定相应的节水统计报表制度和指标，经同级统计部门批准后执行。各城市应当建立城市节水管理统计报表制度并经同级统计部门批准后执行。

通过强化培训、督查等，确保统计信息准确可靠。按照现行国家标准《用水单位水计量器具配备和管理通则》GB 24789 和《公共机构能源资源计量器具配备和管理要求》GB/T 29149 的要求，制定用水计量管理制度，配备用水计量器具和管理人员，实施用水计量。应在供暖系统、空调系统、游泳池、中水贮水池等特殊部位用水的补水管道上加装水量计量仪表，对补水量进行计量。鼓励公共建筑对用水过程进行实时监控，实现动态水平衡和预警。定期对各种水量计量数据进行统计，从而分析各种水量的变化趋势和节水潜力。

第3章 公共建筑节水技术指标

3.1 概 述

3.1.1 公共建筑节水技术指标选取原则

1. 本节确定的节水技术指标及计算方法主要用于公共建筑的精细化节水效能评价，也适用新建、改建和扩建的居住小区、工业建筑生活区等民用建筑。

2. 不同区域规划或特殊要求的公共建筑应从中筛选或增加代表所在区域、行业特性的技术性指标。

3. 选取节水技术指标时，要确保所选择的指标能够有效地反映出公共建筑节水的全局情况，选取的技术指标应尽量覆盖全面，客观精细地反映公共建筑节水建设的程度。

4. 技术指标数据应尽可能利用现有数据或间接计算推求，并充分考虑数据可获取性、连续性和前瞻性。

3.1.2 目的和重要性

公共建筑节水是解决水资源短缺，促进经济社会可持续发展的必然选择。节水建筑评价指标体系表现出一定的复合型特征，涉及各种评价指标，包括技术指标、管理指标、效能评价指标等，其中各指标又分别组成子系统，各子系统之间也存在一定的交互影响。因而在建设过程中应该具体分析这些因素，确保建立的指标体系满足一定的层次性要求，同时也可以对节水建筑的总体特性进行良好的反映。通过对公共建筑节水技术指标的构建，可以帮助我国各地区制定合理的节水目标，有效有序提高水资源的利用率，并对社会的可持续发展有着重要的促进作用。

3.1.3 公共建筑节水技术指标

公共建筑节水技术指标包括公共建筑实际用水指标、用水计量技术指标、管网漏损控制指标、限压与节流技术指标、特殊用水设备节水技术指标、建筑循环冷却水利用指标、节水器具技术指标、非常规水资源利用技术指标、二次供水节水技术指标、绿化灌溉节水技术指标、建筑景观水节水技术指标、游泳池节水指标、热水系统节水指标、节水碳排放量计算指标。

3.1.4　公共建筑实际用水指标

1. 公共建筑实际用水定额

（1）指标说明

根据建筑物的性质，确定不同建筑性质建筑物的平均用水量。分类见表 3-1。

公共建筑用水定额计量单位　　　　　　　　　　　　　表 3-1

序号	用水类别	计量单位	序号	用水类别	计量单位
1	教育类	L/（人·d）	4	宾馆类	m³/（床·a）
2	医疗类	m³/（m²·a）	5	商业类	m³/（m²·a）
3	办公类	L/（人·d）			

（2）指标选取原则和依据

各地根据管理情况选取合适的时间单位如年、月、日，用该公共建筑实际取水量通过计算得到与上表单位相同的实际用水定额。得到实际用水定额后与各地规定的用水定额进行比较，如果小于等于该地所规定的用水定额，则为节水型公共建筑，若大于则为不节水型公共建筑。

（3）计算

1）教育类公共建筑：

$$标准人数人均用水量 = \frac{普通学校全年（月、日）用水总量}{标准人数} \tag{3-1}$$

2）医疗类公共建筑：

$$单位面积医院平均用水量 = \frac{医院全年（月、日）用水总量}{医院占地面积} \tag{3-2}$$

3）办公类公共建筑：

$$标准人数人均用水量 = \frac{建筑物全年（月、日）用水总量}{标准人数} \tag{3-3}$$

4）宾馆类公共建筑：

$$单位床位数平均用水量 = \frac{宾馆全年（月、日）用水总量}{床位数} \tag{3-4}$$

5）商业类公共建筑：

$$单位面积商场平均用水量 = \frac{商场全年（月、日）用水总量}{商场占地面积} \tag{3-5}$$

2. 公共建筑节水用水定额

宿舍、旅馆和其他公共建筑的平均日生活用水的节水用水定额，可根据建筑物类型和卫生器具设置标准按表 3-2 的规定确定。

公共建筑平均日生活用水节水用水定额 表 3-2

序号		建筑物类型及卫生器具 设置标准	节水用水定额 q_g	单位
1	宿舍	Ⅰ、Ⅱ类	130~160	L/(人·d)
		Ⅲ、Ⅳ类	90~120	L/(人·d)
2	招待所、培训中心、 普通旅馆	设公共厕所、盥洗室	40~80	L/(人·d)
		设公共厕所、盥洗室和淋浴室	70~100	L/(人·d)
		设公共厕所、盥洗室、淋浴室、 洗衣室	90~120	L/(人·d)
		设单独卫生间、公共洗衣室	110~160	L/(人·d)
3	酒店式公寓		180~240	L/(床位·d)
4	宾馆客房	旅客	220~320	L/(人·d)
		员工	70~80	L/(人·d)
5	医院住院部	设公共厕所、盥洗室	90~160	L/(床位·d)
		设公共厕所、盥洗室和淋浴室	130~200	L/(床位·d)
		病房设单独卫生间	220~320	L/(床位·d)
		医务人员	130~200	L/(人·班)
		门诊部、诊疗所	6~12	L/(人·次)
		疗养院、休养所住院部	180~240	L/(床位·d)
6	养老院、托老所	全托	90~120	L/(人·d)
		日托	40~60	L/(人·d)
7	幼儿园、托儿所	有住宿	40~80	L/(儿童·d)
		无住宿	25~40	L/(儿童·d)
8	公共浴室	淋浴	70~90	L/(人·次)
		淋浴、浴盆	120~150	L/(人·次)
		桑拿浴(淋浴、按摩池)	130~160	L/(人·次)
9	理发室、美容院		35~80	L/(人·次)
10	洗衣房		40~80	L/(kg·干衣)
11	餐饮业	中餐酒楼	35~50	L/(人·次)
		快餐店、职工及学生食堂	15~20	L/(人·次)
		酒吧、咖啡厅、茶座、卡拉OK房	5~10	L/(人·次)
12	商场	员工及顾客	4~6	L/(m²营业面积·d)
13	图书馆		5~8	L/(人·次)
14	书店	员工	27~40	L/(人·班)
		营业厅	3~5	L/(m²营业面积·d)
15	办公楼		25~40	L/(人·班)
16	教学实验楼	中小学校	15~35	L/(学生·d)
		高等学校	35~40	L/(学生·d)

续表

序号	建筑物类型及卫生器具设置标准		节水用水定额 q_g	单位
17	影剧院		3～5	L/(观众·场)
18	会展中心(博物馆、展览馆)	员工	27～40	L/(人·班)
		展厅	3～5	L/(m² 营业面积·d)
19	健身中心		25～40	L/(人·次)
20	体育场、体育馆	运动员淋浴	25～40	L/(人·次)
		观众	3	L/(人·场)
21	会议厅		6～8	L/(座位·次)
22	客运站旅客、展览中心观众		3～6	L/(人·次)
23	菜市场冲洗地面及保鲜用水		8～15	L/(m²·d)
24	车库地面冲洗用水		2～3	L/(m²·次)

注：1. 除养老院、托儿所、幼儿园的用水定额中含食堂用水，其他均不含食堂用水；

　　2. 除注明外均不含员工用水，员工用水定额为 30～45L/(人·班)；

　　3. 医疗建筑用水中不含医疗用水；

　　4. 表中用水量包括热水用量在内，空调用水应另计；

　　5. 用水定额可依据当地气候条件、水资源状况等确定，缺水地区应选择低值；

　　6. 用水人数或单位数应以年平均值计算；

　　7. 每年用水天数应根据使用情况确定。

3.1.5　用水计量技术指标

用水计量技术指标包括：水表准确度、水计量器具配备率、水计量率。

1. 水表准确度

（1）指标解释

水表准确度是指水表的测量结果与实际用水量之间的一致程度，水表准确度等级规定了水表的示值误差限。

（2）指标选取原则及要求

1）原则

① 公共建筑水表计量的流量宜在分界流量与常用流量的范围内，且不大于水表的过载流量和不小于水表的最小流量。

② 水表分界流量：水表分界流量是以层流和紊流的过渡区域临界点来定义的，也就是说，当水流的液态为层流时为一个区域，当水流的流态为紊流时为另一个区域。

③ 水表常用流量：水表常用流量是指水表在正常工作条件即稳定或间歇流动下，最佳使用的流量。

④ 水表过载流量：水表过载流量是只允许短时间流经水表的流量，是水表使用的上限值。

⑤ 水表最小流量：水表最小流量即是水表开始准确计数的流量点。

水表准确度应符合表 3-3 的规定：

水表准确度等级要求　　　　　　　　　　表 3-3

序号	水表公称口径(mm)	水表准确度等级和要求
1	≤250	2 级(±2%)
2	>250	1 级(±1%)
		2 级(±2%)

注：公称口径>250mm 的水表优选 1 级(±1%)。

2）要求

① 使用电子水表、带电子装置的水表时，其电源的持续运作能力应满足使用要求；

② 水表以并联且多表运行时，应保证在不同工况时，各台水表均处于正常状态；

③ 公共建筑水表应设置在室外水表箱或者室内水表间或管道井内。

（3）指标计算公式

$$l = \frac{\alpha}{\alpha_1} \times 100\% \qquad (3-6)$$

式中　l——水表准确度，%；

　　　α——实际用水量，m³；

　　　α_1——水表显示用水量，m³。

指标要求：水表的准确度等级分为 1 级或 2 级。为提升计量精度减少漏损，应尽量选择准确度等级高的水表，尤其是大口径水表。

2. 水计量器具配备率

（1）指标解释

公共建筑用水单位、次级用水单位、用水设备（用水系统）实际安装配备的水计量器具数量占测量其对应级别的全部水量所需配备的水计量器具数量的百分比。

（2）指标选取原则及要求

1）水计量器具的配备原则：

① 应满足对各类供水进行分质计量，对取水量、用水量、重复利用水量、排水量等进行分项统计的需要。

② 公共供水与自建设施供水应分别计量。

③ 生活用水与生产用水应分别计量。

④ 开展水平衡测试的水计量器具配备应满足现行国家标准《用水单位水计量器具配备和管理通则》GB 24789 的要求。

⑤ 针对不同用水功能需满足相应的用水分类计量要求。

2）水计量器具的计量范围

① 公共建筑用水单位的输入水量和输出水量，包括自建供水设施的供水量、公共供水系统供水量、其他外购水量、净水厂输出水量、外排水量、外供水量等。

② 公共建筑次级用水单位的输入水量和输出水量。

③ 公共建筑用水设备（用水系统）需计量以下的有关水量。

a. 冷却水系统：补充水量；

b. 软化水、除盐水系统：输入水量、输出水量、排水量；

c. 锅炉系统：补充水量、排水量、冷凝水回用量；

d. 污水处理系统：输入水量、外排水量、回用水量；

e. 工艺用水系统：输入水量；

f. 其他用水系统：输入水量。

注：以上计量的水量如包括常规水资源和非常规水资源，宜分别计量；以上计量的补充水量，如包括新水量，宜单独计量。

（3）指标计算公式

$$R_\mathrm{p} = \frac{N_\mathrm{s}}{N_\mathrm{l}} \times 100\% \tag{3-7}$$

式中　R_p——水计量器具配备率，%；

　　　N_s——实际安装配备的水计量器具数量，个；

　　　N_l——测量全部水量所需配备的水计量器具数量，个。

（4）指标执行情况

① 公共建筑水计量器具的配备要求

a. 公共建筑用水单位应按表 3-4 要求加装水计量器具。

表 3-4

水计量器具配备要求

考核项目	用水单位	主要次级用水单位	主要用水设备
水计量器具配备率	100%	100%	80%

注：1. 用水大于或等于每年 5000m³ 为主要次级用水单位；
　　2. 单台设备或单套用水系统用水量大于或等于 1m³/h 的主要设备；
　　3. 对于可单独进行用水计量考核的用水单元（系统、设备、工序、工段等），如果用水单元已配备了水计量器具，用水单元中的主要用水系统和设备可以不再单独配备水计量器具；
　　4. 对于集中管理用水设备的用水单元，如果用水单元已配备水计量器具，用水单元中的主要用水设备可以不再单独配套水计量器具。

b. 水计量器具准确度等级应满足表 3-5 要求。

表 3-5

水计量器具准确度等级要求

计量项目	准确度等级要求
常规水资源	
流量大于或等于 100m³/h	1.0
流量小于 100 m³/h	2.0
非常规水资源	
流量大于或等于 100m³/h	2.0
流量小于 100 m³/h	3.0
废水排放	3.0

注：1. 常规水资源是指陆地上能够得到且能自然水循环不断得到更新的淡水，包括陆地上的地表水和地下水；
　　2. 非常规水资源是指地表水和地下水之外的其他水资源，包括海水、苦咸水和污、雨水再生水等；
　　3. 准确度等级指标要求：对于取水、用水的水量，准确度等级要求优于或等于 2 级。

② 公共建筑水计量器具的性能应满足相应的生产工艺及使用环境（如温度、温度的变化率、湿度、照明、振动、噪声、电磁干扰、粉尘、腐蚀、结垢、黏泥、水中杂质等）要求。

3. 水计量率

（1）指标说明

在一定的计量时间内，公共建筑用水单位、次级用水单位、用水设备（用水系统）的水计量器具计量的水量与占其对应级别全部水量的百分比。其计算公式按照现行国家标准《用水单位水计量器具配备和管理通则》GB 24789 执行。

（2）指标选择原则及要求

1）原则

① 公共建筑用水单位应建立水计量管理体系，形成文件，实施并保持和持续改进其有效性。

② 公共建筑用水单位应建立、保持和使用文件化的程序来规范水计量人员的行为和水计量数据的采集。

③ 公共建筑用水单位应建立水统计报表制度，水统计报表数据应能追溯至计量测试记录。

④ 水计量数据记录应采用规范的表格样式，计量测试记录表格应便于数据的汇总与分析，应说明被测量与记录数据之间的转换方法或关系。

2）一般要求

水表计量应满足表 3-6 要求。

水表计量率 表 3-6

指标	计量方法	达标率
一级表计量率	—	100%
二级表计量率	二级表水量之和÷一级表水量	≥90%
三级表计量率	三级表水量之和÷二级表水量	≥85%

（3）指标计算公式

$$K_{\mathrm{m}} = \frac{V_{\mathrm{m}i}}{V_i} \times 100\%$$ (3-8)

式中　K_{m}——水计量率，%；

　　　$V_{\mathrm{m}i}$——一定时间内水计量器具计量的水量，m^3；

　　　V_i——一定计量时间内总水量，m^3。

（4）指标执行情况

1）特种行业（洗浴、洗车等）用水计量率

$$\eta_{\mathrm{sb}} = \frac{N_{\mathrm{sb}}}{N_{\mathrm{cb}}} \times 100\%$$ (3-9)

式中　η_{sb}——特种行业（洗浴、洗车等）用水计量率，%；

N_{sb}——设表计量并收费的特种行业（洗浴、洗车等）单位总数，个；

N_{cb}——城市特种行业（洗浴、洗车等）单位总数，个。

2）计量方法设施对比见表 3-7。

计量方法设施对比表　　　　　表 3-7

计量方法	安装条件	优点	缺点
电测流量计	需有大于 7 倍直径的直管段	测量精度高，工作稳定	容易受到外界电磁干扰的影响
外夹式超声波流量计	需有大于 15 倍直径的直管段	结构安装简单，使用方便	不利于基层工作人员使用
以电折水	适用于堤灌	无需安装设备，节省投资	需测定"以电折水"的系数

3.1.6 管网漏损控制指标

管网漏损控制指标包括：给水系统漏损率、管网保温层合格率、管网修漏及时率。

1. 给水系统漏损率

（1）指标说明

给水系统漏损率是指公共建筑漏水量与供水总量之比，是衡量供水效率的指标。

（2）指标选取原则及要求

1）原则

① 公共建筑的漏水探测和修复工作，应符合现行行业标准《城镇供水管网运行、维护及安全技术规程》CJJ 207、《城镇供水管网抢修技术规程》CJJ/T 226 和《城镇供水管网漏水探测技术规程》CJJ 159 的有关规定。

② 公共建筑用水单位应进行漏损控制，采取合理有效的技术和管理措施，减少漏损水量。

③ 漏损控制应以漏损水量分析、漏点出现频次及原因分析为基础，明确漏损控制重点，制定漏损控制方案。

④ 进行漏损水量分析时，应明确管网边界，确保收集的水量数据保持时间一致性、完整性和准确性。

2）要求

① 进水口应安装适宜的流量计量设备，同时宜安装压力监测设备，流量和压力监测数据宜采用远传方式。

② 进水口流量计量设备应具备较好的小流量测量性能。

③ 区内夜间用水量较大的用水点应单独监测。

④ 封闭运行前应进行零压测试。

⑤ 应通过流量、压力数据的监测和分析，评估区域漏失水平，确定合适的漏失预警值，快速发现给水系统新产生的漏点。

（3）指标计算公式

$$RWL = \frac{Q_s - Q_a}{Q_s} \times 100\%$$
（3-10）

式中　RWL——漏损率，%；

　　　Q_s——供水总量，m^3；

　　　Q_a——注册用户用水量，m^3。

2. 管网保温层合格率

（1）指标说明

公共建筑中热水管道敷设保温效果决定管道热损失情况，热损失越小则无效冷水的排放量越少，起到控制水量节水作用。

（2）指标选取原则及要求

1）原则

具有下列工况之一的设备、管道及其附件必须保温：

① 外表面温度高于50℃者。

② 工艺生产中需要减少介质的温度降或延迟介质凝结的部位。

③ 工艺生产中不需保温的设备、管道及其附件，其外表面温度超过60℃并需要经常操作维护，而又无法采用其他措施防止引起烫伤的部位。

2）要求

① 保温层端面应采用辐射交联热收缩防水帽。

② 管件的保温结构宜与主管道一致，其保温层质量不应低于主管道的要求。

③ 保温管的堆放场地应坚固、平整、无杂物、无积水，并应设置高度为150mm的管托，严禁混放，堆放高度不得大于2m。堆放处应远离火源和热源。

（3）指标计算公式

$$\beta = \frac{\delta}{\delta_1} \times 100\% \tag{3-11}$$

式中　β——管网保护层合格率，%；

　　　δ——管道实际保护层厚度，mm；

　　　δ_1——管道最小保护层厚度，mm。

指标要求：管网保温层合格率宜为96%以上。

3. 管网修漏及时率

（1）指标说明

管网修漏及时率是指从公共建筑给水进户干管至用户水表之间的管道损坏后，报告期内及时修理的程度。

（2）指标选择原则及要求

1）原则

公共建筑用水单位应建立应急抢修机制，组建专业抢修队伍，合理设置抢修站点，按规定对漏水管线及时进行止水和修复。

2）要求

① 漏损控制应以漏损水量分析、漏点出现频次及原因分析为基础，明确漏损控制重

点，制定漏损控制方案。

② 由于交通、道路或其他障碍非本企业原因不能修理的不列为不及时，计算及时率时可予扣除。

③ 建立基于管网漏点监测设备的漏点主动监测和数据分析系统，是提高漏点探测及时性和工作效率的重要技术手段，有助于对管网健康状况进行诊断和评估，确定漏损严重的区域并优先重点控制。

（3）指标计算公式

$$\eta = \frac{l}{l_1} \times 100\% \tag{3-12}$$

式中　η——管网修漏及时率，%；

　　　l——及时修漏次数，次；

　　　l_1——全部修漏次数，次。

指标要求：管网修漏及时率宜为 99% 以上，在抢修时效方面，中心城区应在 0.5h 内、其他地区在 2h 内赶至现场。一般情况下，直径 200mm 以下管道的小修，12h 内完成；直径为 200～500mm 的管道，大修不超过 24h；直径为 600～1600mm 的管道，抢修时间不超过 48h。

3.1.7　限压与节流技术指标

指标包括：末端水压达标率、出流水压舒适率、超压出流率。

1. 末端水压达标率

（1）指标说明

用水量与水压密切相关，超压外流是公共建筑浪费水资源的一个常见原因。对末端水压达标率进行测定，可以对症下药制定压力管理措施，如通过支管减压等措施合理控制末端用水点水压，在提高用水舒适性的同时将大大节约用水量。

（2）选取原则及要求

末端出流水压在多个规范标准中有所体现，见表 3-8。

末端出流水压规定　　　　　　　　　　　　　表 3-8

来源	项目	规定要求
《建筑给水排水设计标准》 GB 50015—2019	建筑给水系统各分区最低卫生器具配水点处的静水压	≤0.45MPa
	静水压大于 0.35MPa 的入户管（或配水横管）	设减压或调压设施
	公共建筑最底层用水点压力	≤0.40MPa
《民用建筑节水设计标准》 GB 50555—2010	各分区内低层部分	设减压设施保证用水点处供水压力 ≤0.35MPa
《节水型生活用水器具》 CJ/T 164—2014	节水型水嘴产品	水压≤0.1MPa，管径≤15mm， 最大流量≤0.15L/s
	快开龙头和陶瓷阀芯单把面盆混合龙头	在 0.1MPa 的压力下，满足节水龙头 0.15L/s 流量的要求

（3）指标计算公式

$$R_{pu} = \frac{N_{pu}}{N_{pd}} \times 100\%$$ （3-13）

式中　R_{pu}——末端水压达标率；

N_{pu}——水压达标的末端用水点数量，个；

N_{pd}——总末端用水点数量，个。

2. 出流水压舒适率

（1）指标说明

供水静压是给水系统中重要的设计参数，也是末端出流用水点节水与否的评定标准，与流量、用水量均相关（如图 3-1 所示）。用水舒适度属于用水者的主观感受，不同个体有不同的流量、水温满意值。故设置出流水压舒适率，作为衡量公共建筑内水压对人体舒适度影响的指标。

对于公共建筑内的节水器具而言，若一味提高节水效果而使用效果不佳，会导致用水人群的用水舒适满意率降低，且用水时间大幅增加，耗水量不减反增。故最合理的节水应是满足用水舒适度要求下的高效节水。

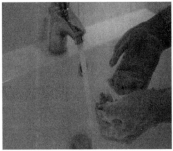

图 3-1　末端出流用水点

（2）指标选取原则及要求

末端出流水压在多个规范标准中有所体现，见表 3-8。

综合国内外对用水舒适度的研究成果，认为用水舒适度是用水者在完成一项用水活动过程中，从生理和心理两方面对用水器具出流特性（如水压、流量、水温等）的满意程度，其满意的出水流量称为舒适流量，其满意的出水温度称为舒适温度。

针对用水舒适度宜开展问卷调查研究，子指标内容由测试单位选定，包括但不限于受访人群和性别比例、洗手舒适度（包括洗手时调节习惯、洗手水龙头开启类型、理想安装与现实使用水龙头出水类型统计、洗手时水流接触感受喜好统计等）、淋浴舒适度（包括淋浴温度、水流接触感觉等）等。

（3）指标计算公式

$$R_{pc} = \frac{N_{pc}}{N_{pd}} \times 100\%$$ （3-14）

式中　R_{pc}——末端水压达标率；

N_{pc}——子指标为"舒适"的末端用水点数量，个；

N_{pd}——总末端用水点数量，个。

3. 超压出流率

（1）指标说明

超压出流是指卫生器具的给水配件（如水龙头、淋浴器等）在较高水压条件下，流出大于其额定流量的水量，超出额定流量的那部分流量未产生正常的使用效益，是浪费的水量。给水配件前的静水压大于流出水头，其出水量大于额定流量，该流量与额定流量的差值，为超压出流量。依照《建筑给水排水设计标准》GB 50015—2019 的规定，高层建筑给水系统设计中，最低卫生器具给水配件处的静水压力 0.30～0.35MPa。显然，在同样的开启度下，同一给水分区中，上层的给水龙头因压力较小出流量较少，而下层压力大出流量多。

（2）指标选取原则及要求

超压出流会带来如下危害：

① 由于水压过大，龙头开启时水成射流喷溅，影响人们使用。

② 超压出流破坏了给水流量的正常分配。

③ 易产生噪声、水击及管道振动，使阀门和给水龙头等使用寿命缩短，并可能引起管道连接处松动、漏水甚至损坏，加剧水的浪费。

本指标作为定性衡量公共建筑超压出流现象严重与否的参照，要求对公共建筑内尽可能全部的末端用水点进行测试，力求全面、精准。

（3）指标计算公式

$$R_{of} = \frac{N_{of}}{N_{pd}} \times 100\% \tag{3-15}$$

式中　R_{of}——末端水压达标率；

N_{of}——超压出流的末端用水点数量，个；

N_{pd}——总末端用水点数量，个。

3.1.8　特殊用水设备节水技术指标

特殊用水设备节水技术指标包括：中央空调冷却水补水率、锅炉冷凝水回收率、节水器具普及率。

1. 中央空调冷却水补水率

（1）指标说明

中央空调冷却水补水率与损失水量有关，补水量计算按冷却水循环水量的 1%～2% 确定。

冷却水的补水量主要包括：

1）蒸发损失：与冷却水的温度有关，到温度降为 5℃ 时，蒸发损失为循环水量的 0.93%；当温度降为 8℃ 时，则为循环水量的 1.48%。

2）飘逸损失：与冷却塔出口风速有关，国产质量较好的冷却塔的飘逸损失为循环水量的 0.3%～0.35%。

3）排污损失：与循环水中矿物成分、杂质的浓度增加有关，通常排污损失为循环水量的 0.3%～1.0%。

4）其他损失：包括在正常情况下循环泵的轴封漏水，个别阀门设备密封不严引起渗漏，以及当冷却塔停止运行时冷却水外溢损失等。

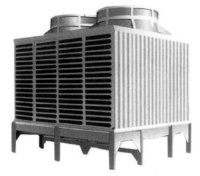

图 3-2　中央空调冷却塔

（2）指标选取原则及要求

1）原则

① 空调冷却水设冷却塔循环使用（如图 3-2 所示），冷却塔集水盘设连接管保证水量平衡。

② 为节约水资源，冷却循环水可以采用一水多用的措施。

③ 循环冷却水应提高水的重复利用率，达到节水的目的。用水单位的设备冷却水、空调冷却水必须循环使用。

2）要求

① 补水水质、浓缩倍数能够满足《循环冷却水节水技术规范》GB/T 31329—2014 要求时，可采用 pH 自然平衡处理技术；补水水质、浓缩倍数不能满足要求时，应对补充水进行处理，处理技术可采用软化、加酸、脱盐或部分脱盐等。

② 每个循环冷却水系统补充水管、冷却水出水管、排污管、循环水用作其他工艺用水管应装设具有瞬间指示和累计功能的流量计，补充水量、循环冷却水量、排污水量、其他工艺用水量按流量计统计。

（3）制冷机组类型主要分为机械式制冷和热力式制冷（如图 3-3、图 3-4 所示），指标计算公式见表 3-9。

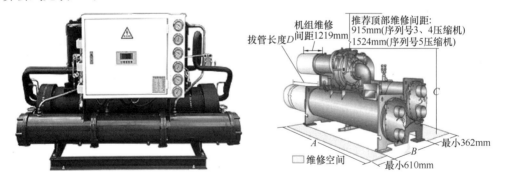

图 3-3　机械式制冷机组

制冷机组循环冷却水量计算　　　　　　　　　　　　表 3-9

制冷机组类型	制冷机组形式	循环冷却水量 Q
机械式制冷	离心式、螺杆式、往复式制冷机组	$Q=0.8RT$
热力式制冷	单效溴化锂吸收式制冷机组	$Q=(0.95\sim1.15)RT$
	双效溴化锂吸收式制冷机组	$Q=(0.90\sim1.00)RT$

图 3-4　热力式制冷机组

在冷却水温降 5℃ 时，敞开式循环冷却水系统的补水率可近似取系统循环水量的 1.2%～1.5%。

（4）指标执行

应建立日常检漏制度，应尽量减少循环冷却水系统的跑、冒、滴、漏，降低循环水损失率。

鼓励再生水作为补充水，当其用量占总补水量的 50% 以上时，再生水的水质应符合现行国家标准《循环冷却水节水技术规范》GB/T 31329 要求。

循环冷却水系统应严格执行闭路循环，不得将循环水任意排放，也不得将其他不符合循环水补水标准的水排入循环水系统。

2. 锅炉冷凝水回收率

（1）指标说明

锅炉冷凝水回收率是指在公共浴室、澡堂等使用锅炉加热的建筑中，用于生产的锅炉蒸汽冷凝水回用于锅炉水的回收水量占锅炉蒸汽发汽量的百分比。锅炉冷凝水回收率是考核蒸汽冷凝水回收用于锅炉给水程度的专项指标，是重复利用率的一个组成部分。

（2）指标选取原则及要求

1）原则

锅炉冷凝水回收率与系统密闭性有关，系统密闭性越好，锅炉冷凝水回收率越高，节水效果越好。

2）要求

① 准确掌握冷凝水回收系统中冷凝水量，若冷凝水量计算不正确，会导致冷凝水回收管径选择不当，造成不必要的浪费。

② 正确掌握冷凝水的压力和温度，回收系统采用何种方式、何种设备、如何布置管网，都和冷凝水的压力温度息息相关。

③ 冷凝水回收系统疏水阀的选择也应该注意，疏水阀选型不妥，会影响冷凝水利用

时的压力和温度，导致整个回收系统无法正常运行。

（3）指标计算公式

$$锅炉冷凝水回收率(\%) = \frac{\mu_1}{\mu} \times 100\%$$ （3-16）

式中　μ_1——蒸汽冷凝水回收量；

　　　μ——锅炉蒸汽发汽量。

（4）指标执行

选用冷凝水回收系统时，应根据用汽设备压力温度、冷凝水回收量、冷凝水水质、输送距离及地形条件等因素进行综合分析，提出多个方案，经技术经济比较后确定。在条件允许时尽量采用高温冷凝水梯级利用和闭式冷凝水回收系统或装置。回收系统密闭性越好，冷凝水回收率越高，越有利于节水。

3.1.9　节水器具技术指标

节水器具技术指标包括：节水器具普及率、节水器具节水率、节水器具失效率、节水器具换修率。

1. 节水器具普及率

（1）指标说明

节水器具指比同类常规产品能减少流量或用水量，提高用水效率、体现节水技术的器件、用具。节水器具普及率是公共建筑整体节水效能的重要体现，可作为设计、评判节水效能的参照。

（2）指标选取原则及要求

本指标需统计公共建筑内所有的节水器具。

（3）指标计算公式

$$\eta_{is} = \frac{N_{is} + N_{ms}}{N_i} \times 100\%$$ （3-17）

式中　η_{is}——节水型生活用水器具普及率；

　　　N_{is}——节水型生活用水器具数量，个；

　　　N_{ms}——采取节水措施的生活用水器具数量，个；

　　　N_i——生活用水器具总数，个。

2. 节水器具节水率

（1）指标说明

在用水方式相同、用水效果相同的前提下，以安装节水器前的用水量和安装节水器后的用水量的差除以安装节水器前的用水量。

（2）指标计算公式

$$WSR = \frac{C_b - C_a}{C_b} \times 100\%$$ （3-18）

式中　WSR——节水器具节水率，%；

C_b——安装节水器具前的用水量，m^3；

C_a——安装节水器具后的用水量，m^3。

（3）指标执行及要求

1）正确计算节水器节水率的前提条件是：安装节水器前后的用水方式相同、用水效果相同。

2）水量作为常规统计，主要是采用用水定额或水量统计的方法进行估算。水量统计可采用普查或典型调查的方法，水量普查的目的是为了掌握详细的用水情况，而典型调查的目的主要是为了掌握用水指标的变化情况，例如公共建筑的人均日用水量等统计指标。

3）水量普查可以多年开展一次，典型调查需每年开展。

3. 节水器具失效率

（1）指标说明

属于特殊的公共建筑物的节水器具节水指标。

（2）指标计算公式

$$\eta_{is} = \frac{N'_{is} + N'_{ms}}{N_s} \times 100\% \tag{3-19}$$

式中　η_{is}——节水器具失效率；

N'_{is}——失效的节水型生活用水器具数量，个；

N'_{ms}——失效的采取节水措施的生活用水器具数量，个；

N_s——生活用水器具总数，个。

4. 节水器具换修率

（1）指标说明

公共建筑中节水器具换修情况，属于特殊的公共建筑物的节水器具节水指标。

（2）指标选取原则及要求

公共建筑采用的各个节水器具寿命周期不同，故本指标可作为选用标准参考，且在统计换修的节水器具前，需先确定换修周期。

（3）指标计算公式

$$\eta_{is} = \frac{N_{is} + N_{ms}}{N_s} \times 100\% \tag{3-20}$$

式中　η_{is}——节水器具换修率；

N_{is}——节水型生活用水器具数量，个；

N_{ms}——采取节水措施的生活用水器具数量，个；

N_s——生活用水器具总数，个。

5. 水嘴水效限定值及水效等级

（1）指标说明

本指标适用于安装在公共建筑内的冷、热水供水管路末端，公称压力（静压）不大于1.0MPa，介质温度 4～90℃ 条件下的洗面器水嘴、厨房水嘴、妇洗器水嘴和普通洗涤水嘴的水效评价。本指标不适于具有延时自闭功能的水嘴。

（2）指标分级

各等级水嘴的流量应符合表 3-10 的规定。水嘴的水效等级分为 3 级，其中 3 级水效最低。多档水嘴的大档水效等级不应低于 3 级，以大档实际达到的水效等级作为该水嘴的水效等级级别。

水嘴水效等级指标表　　　　　　　　　　　　表 3-10

类别	流量（L/min）		
	1 级	2 级	3 级
洗面器水嘴			
厨房水嘴	≤4.5	≤6.0	≤7.5
妇洗器水嘴			
普通洗涤水嘴	≤6.0	≤7.5	≤9.0

（3）指标选取原则及要求

水嘴水效限定值为水效等级 3 级中规定的水嘴流量，水嘴节水评价值为水效等级 2 级中规定的水嘴流量。

3.1.10　非常规水利用技术指标

非常规水利用技术指标包括：非常规水（再生水、雨水等）利用率、建筑中水利用率。

1. 非常规水利用率

（1）指标解释

非常规水源主要指雨水、再生水两类。提高公共建筑非常规水的利用率对解决水资源短缺和水环境污染具有重要的现实和长远意义，同时也是建设资源节约型、环境友好型社会以及实现可持续发展的重要抓手。

（2）指标选取原则及要求

在《民用建筑节水设计标准》GB 50555—2010 中提出：

1）非传统水源的利用需要因地制宜。缺水城市需要积极开发利用非传统水源；雨洪控制迫切的城市需要积极回用雨水；建设人工景观水体需要优先利用非传统水源等；

2）市政再生水管网的供水一般有政策优惠，价格比自建中水站制备中水便宜，且方便管理，故推荐优先采用；

3）观赏性景观环境用水的水质要求不太高，应优先采用雨水、中水、市政再生水等非传统水源。

（3）指标计算公式

公共建筑可以按照以下公式计算非常规水源利用率：

$$R_u = \frac{W_u}{W_t} \times 100\% \tag{3-21}$$

式中 R_u——非常规水源利用率，%；

W_u——非常规水源设计使用量或实际使用量（运行阶段），m^3/a；

W_t——设计总用水量或实际用水总量（运行阶段），m^3/a。

（4）指标执行

《绿色建筑评价标准》GB/T 50378—2019 规定，使用非传统水源，评价总分值为 15 分，并按下列规则分别评分并累计：

1）绿化灌溉、车库及道路冲洗、洗车用水采用非传统水源的用水量占其总用水量的比例不低于 40%，得 3 分；不低于 60%，得 5 分；

2）冲厕采用非传统水源的用水量占其总用水量的比例不低于 30%，得 3 分；不低于 50%，得 5 分；

3）冷却水补水采用非传统水源的用水量占其总用水量的比例不低于 20%，得 3 分；不低于 40%，得 5 分。

2. 建筑中水利用率

（1）指标解释

中水系统根据应用的范围可分为建筑中水系统、区域中水系统和城市中水系统，由于这些水源的水质介于上水和下水之间，所以被普遍称为中水，建筑水资源循环系统就是要将这部分中水进行回收和利用，以达到减少上水用量、下水排量的目的。公共建筑中水年总供水量和年总用水量之比即为建筑的中水利用率。建筑物中水原水可选择的种类和选取顺序应为：

1）卫生间、公共浴室的盆浴和淋浴等的排水；

2）盥洗排水；

3）空调循环冷却水系统排水；

4）冷凝水；

5）游泳池排水；

6）洗衣排水；

7）厨房排水；

8）冲厕排水。

（2）指标选取原则及要求

充分利用盥洗等优质杂排水。盥洗废水具有水量大、使用时间均匀、水质和处理效果相对较好等特点，应作为公共建筑中水水源，加以充分利用。

（3）指标计算公式

$$\eta = \frac{Q_{za}}{Q_{Ja}} \times 100\% \tag{3-22}$$

式中 η——建筑中水利用率，%；

Q_{za}——项目中水年供水量，m^3/a；

Q_{Ja}——项目年总用水量，m^3/a。

（4）指标执行

《民用建筑节水设计标准》GB 50555—2010 中提出水源型缺水且无城市再生水供应的地区，新建和扩建的下列建筑宜设置中水处理设施，以实现对水资源的节约使用：

1）建筑面积大于 3 万 m^2 的宾馆、饭店；

2）建筑面积大于 5 万 m^2 且可回收水量大于 $100m^3/d$ 的办公、公寓等其他公共建筑；

3）建筑面积大于 5 万 m^2 且可回收水量大于 $150m^3/d$ 的住宅建筑。

3.1.11 二次供水节水技术指标

二次供水节水技术指标包括：二次供水系统超压出流控制率、管网压力合格率。

1. 二次供水系统超压出流控制率

（1）指标说明

二次供水系统中，超压出流控制率是指对卫生器具的给水配件（如水龙头，淋浴器等）在较高水压条件下，流出大于其额定流量的水量，超出额定流量的那部分流量进行控制。

（2）指标选择原则及要求

1）原则

建筑供水系统超压出流引起水资源浪费是普遍存在的。大多数公共建筑楼层高，为满足高层供水，多采用二次加压的方式。水压设计得不合理使部分楼层出水压力大于实际需求，造成水资源浪费。《绿色建筑评价标准》GB/T 50378—2019 中要求用水点处水压大于 0.2MPa 的配水支管应设置减压设施，并应满足给水配件最低工作压力的要求。

2）要求

① 安装减压阀门。利用压力的改变或者提高局部水头的损失，以此来降低压力。这种方式不仅可以减小动压也可以减小静压。支管的减压措施，有利于促使供水压力配置得更均衡，能够防止一些供水点出现超压的情况。

② 在卫生器具方面，用水点供水压力需要满足这两个要求：

a. 小于或等于 0.20MPa；

b. 不低于用水器具要求的最低压力。

这样可以使给水系统不出现超压出流的现象。

③ 控制配水点处的压力是控制超压最关键的一个环节。水嘴半开的动压较全开时小 0.06MPa 左右，按照额定流量 $q=0.15L/s$ 为标准比较，水嘴在半开和全开时，其流量分别为额定流量的 2 倍和 3 倍。可以看出，控制用水点配水压力节水效果明显。

（3）指标计算方式

$$\theta = \frac{\beta + \beta_0}{\beta_0} \times 100\% \tag{3-23}$$

式中　θ——超压出流控制率，%；

　　　β——超出流量，m^3/d；

　　　β_0——额定流量，m^3/d。

2. 管网压力合格率

（1）指标说明

管网压力合格率指公共建筑物中管网服务压力的合格程度。

（2）指标选择原则及要求

1）原则

公共建筑物中管网服务压力及合格率应按国家和行业等规定执行。

2）要求

① 测压站的设置均按每 10km² 设置一处，最低不得少于 3 处，设置均匀，并能代表各主要管网点压力的地点。

② 测压站均应使用自动压力记录计，按 15min、30min、45min、60min 四个时点所记录的压力值综合计算出每天的检测次数及合格次数，然后全年相加计算出全年的合格率。

③ 在日常运行中，由于供电局停电，不能开机送水而出现的降压，以及由有计划的设备检修，管道施工而影响的降压，均不计入不合格，计算合格率时应予扣除。但由于供水总能力不足而出现的降压，应计入不合格，计算合格率时，不能扣除。

（3）指标计算方式

$$\chi = \frac{\mu}{\mu_1} \times 100\% \qquad (3\text{-}24)$$

式中　μ——检验合格次数，次；

　　　μ_1——检验总次数，次；

　　　χ——管网压力合格率，%。

（4）指标执行情况

在除因水源短缺或不可抗力因素引起突然爆管事件，造成局部地区出现降压断水的情况外，要对管网所能达到的供水区域应保障持续不间断供水。

公共建筑物中的管网压力合格率的确定，参考《城镇供水厂运行、维护及安全技术规程》CJJ 58—2009：供水水压应保证管网末梢压力不应低于 0.14MPa，管网压力合格率不应小于 97%。

3.1.12　绿化灌溉节水技术指标

绿化灌溉节水技术指标包括：高效浇灌节水率、景观绿化节水率。

1. 高效浇灌节水率

（1）指标说明

高效节水灌溉是对除土渠输水和地表漫灌之外所有输、灌水方式的统称。通过高效的浇灌方式可以有效提高节水率。

（2）指标选取原则及要求

绿化灌溉宜采取喷灌、微灌、滴灌等节水高效灌溉方式（如图 3-5 所示）。

(a)　　　　　　　　　(b)　　　　　　　　　(c)

图 3-5　节水高效灌溉方式

(a) 滴灌；(b) 喷灌；(c) 微灌

（3）指标计算方式

$$R = \frac{W_1 - W_2}{W_1} \times 100\%$$ 　　　　（3-25）

式中　R——高效浇灌节水率，%；

　　　W_1——未使用高效浇灌技术用水总量，m^3/a；

　　　W_2——使用高效浇灌技术后的用水总量，m^3/a。

（4）指标执行

1）按时灌溉。按时灌溉就要根据植物的生长时期，植物水分临界期制定相应的灌溉计划，不在植物不需水的时间灌溉，在植物需水时及时灌溉。

2）中水灌溉。利用中水进行绿地的灌溉，有效节约水资源。

3）充分利用智能技术。随着人工智能技术的不断成熟，人工智能技术也得到了充分应用，把人工智能和节水灌溉相结合是节水灌溉的发展趋势。通过传感器来监测土壤的信息（土壤湿度、土壤温度等）并把信息传输到控制器，控制器对数据进行处理分析来决定是否打开喷头喷水。

2. 景观绿化节水率

（1）指标说明

景观绿化节水率是指利用非常规用水量与全部景观绿化用水的比，以百分比计。

（2）指标选择原则及要求

景观用水、绿化用水等不与人体接触的生活用水，宜采用市政再生水、雨水、建筑中水等非传统水源，且应达到相应的水质标准。有条件时应优先使用市政再生水。提高水资源的重复利用率，以达到节水的目的。

（3）指标计算方式

$$R_j = \frac{Q_1}{Q_总} \times 100\%$$ 　　　　（3-26）

式中　R_j——景观绿化节水率，%；

　　　Q_1——非常规用水量，m^3/a；

　　　$Q_总$——总用水量，m^3/a。

（4）指标执行

景观绿化水水源宜选取为雨水、中水及再生水等非常规水源，按照《建筑中水设计标准》GB 50336—2018 等相关规范要求，推广公共建筑非常规水源用于景观绿化用水，提高节水率。

3.1.13　建筑景观水节水技术指标

建筑景观水节水技术指标包括：喷水池水循环利用率、水景补水节水率。

1. 喷水池水循环利用率

（1）指标说明

喷水池水循环利用率是指喷水池水的循环利用量与外加新鲜水量和循环水利用量之和的比，以百分比计。

（2）指标选择要求及原则

1）原则

在水资源匮乏地区，采用再生水（中水）作为初次注水或补水水源时，其水质不应低于现行国家标准《城市污水再生利用　景观环境用水水质》GB/T 18921 的规定。

2）要求

喷水池水常用循环处理方法有格栅、滤网和滤料过滤、投加水质稳定剂（除藻剂、阻垢剂、防腐剂等）、物理法水质稳定处理（安装电子处理桥、静电处理器、离子处理器、磁水器等）。居住区水景的水质要求确保景观性（如水的透明度、色度和浊度）和功能性（如养鱼、戏水等）。水质保障措施和水质处理方法的选择应经技术经济比较确定，并符合下列要求：

① 宜利用天然或人工河道，且应使水体流动；

② 宜通过设置喷泉、瀑布、跌水等措施增加水体溶解氧；

③ 可因地制宜通过生态修复工程净化水质；

④ 应采用抑制水体中菌类生长、防止水体藻类滋生的措施；

⑤ 容积不大于 500m² 的景观水体宜采用物理化学处理方法，如混凝土沉淀、过滤、加药气浮和消毒等；

⑥ 容积大于 500m² 时的景观水体宜采用生态生化处理方法，如生物接触氧化、人工湿地等。

（3）指标计算方式

$$\alpha = \frac{\beta}{\beta + \beta_1} \times 100\% \tag{3-27}$$

式中　α——喷水池水循环率，%；

　　　β——循环水利用量，m³/d；

　　　β_1——补充水量，m³/d。

2. 水景补水节水率

（1）指标说明

水景平均日补水量由日均蒸发量、渗透量、处理站机房自用水量等组成。

（2）指标选取要求及原则

1）原则

① 在水景的形态设计上尽量采用有较强视觉效果又对水量要求不大的形式，如冷雾喷泉、旱喷泉、线喷泉、水雕塑等。

② 将处理过的工业用水或生活用水来创造各种水景观和绿化喷水。绿化喷水可以通过喷嘴的设计形成水景，而且这种形式具有随时随地的普遍性，能很大程度地丰富城市景观。

2）要求

① 在设计初期，应充分考虑场所特性，选择合适的水景类型，既可以满足人们的观赏需要，又有利于水资源的可持续发展。

② 作为景观主题元素的水源、水质等问题都需要考虑。同时，城市水景设计要做到少而精，应以点、线状水体为主，不宜建设大规模水景，更不能单纯为追求表面形式而做水景，以免进一步加剧水资源的缺乏。

③ 水景用水可以与农林灌溉用水相结合，形成循环供水，这样既可以节省投资，又可以保证水的供应。

（3）指标计算方式

$$W_{jd} = W_{zd} + W_{sd} + W_{fd} \qquad (3\text{-}28)$$

式中　W_{jd}——平均日补水量，m^3/d；

　　　W_{zd}——日均蒸发量，根据当地水面日均蒸发厚度与面积计算，m^3/d；

　　　W_{sd}——渗透量，为水体渗透面积与入渗速率的乘积，m^3/d；

　　　W_{fd}——处理站机房自用水量等，m^3/d。

（4）指标执行情况

为贯彻节水政策，杜绝不切实际地大量使用自来水作为人工景观水体补充水的不良行为。

景观水池兼作雨水收集贮存水池，应满足现行国家标准《城市污水再生利用　景观环境用水水质》GB/T 18921 规定的中水补水。

3.1.14　游泳池节水指标

游泳池节水指标包括：游泳池水循环利用率、蒸发量控制率。

1. 游泳池水循环利用率

（1）指标说明

循环流量就是将游泳池内全部水量按一定比例用水泵从池内抽出，经过全部管道和水净化设备处理系统到游泳池往返的水流量，又被称为循环速率。其与池水总量的比值即为游泳池的水循环利用率。

（2）指标选取原则及要求

为保证正常使用中的水质要求，需要不断地向池内注入新水，则所需水量相当大。在我国水资源不充足的条件下，一边排放被污染的水，一边向池内补充符合使用要求的水，对水的消耗量过大。所以，游泳池、水上游乐池及文艺演出池采用循环净化处理给水的供水方式，符合我国节约水资源的方针、政策要求。

游泳池必须采用循环给水的供水方式，并应设置池水循环净化处理系统；池水循环应保证经过净化处理过的水能均匀地被分配到游泳池、水上游乐池及文艺演出池的各个部分，并使池内尚未净化的水能被均匀排出，回到池水净化处理系统；不同使用要求的游泳池应设置各自独立的池水循环净化处理系统。

（3）指标计算公式；

池水循环净化处理系统的循环水流量应按下式计算：

$$q_c = \frac{V + a_p}{T} \times 100\% \qquad (3\text{-}29)$$

式中　q_c——水池的循环水流量，m^3/d；

　　　V——水池等的池水容积，m^3；

　　　a_p——水池等的管道和设备的水容积附加系数，一般取 $1.05 \sim 1.10$；

　　　T——水池等的池水循环周期，h。

$$R = \frac{q_c}{Q_总} \times 100\% \qquad (3\text{-}30)$$

式中　R——水循环利用率，%；

　　　q_c——水池的循环水流量，m^3/d；

　　　$Q_总$——泳池总用水量，m^3/d。

（4）指标执行

游泳池、水上游乐池及文艺演出池为了节约水资源，减少水质污染，保证水质卫生、健康，不会发生交叉感染，均应设置包括池水循环、池水过滤和消毒等主要工序的池水循环净化处理系统；确保全部池水都要得到净化处理，并将经过净化处理后的水均匀送入到水池的各个部位。保证高的水循环利用率，减少水资源的浪费。

水中氯浓度过高会对人体造成一定的损伤，对于需要脱氯的情况，利用新技术、材料降低水中的余氯和消毒副产物，减轻吸附剂的易饱和以及二次污染等问题，从而提高泳池循环水的利用率。

2. 蒸发量控制率

（1）指标说明

游泳池蒸发量是指在一定时段内，水分经蒸发而散布到空中的量，通常用蒸发掉的水层厚度的毫米数表示。一般温度越高、湿度越小、风速越大、气压越低，则蒸发量就越大，反之蒸发量就越小。通过一定的措施，可以控制蒸发量的多少，减少补水量，从而实现节水的目的。

（2）指标选取原则及要求

池区空气与池水的温差还与池水的加热负荷及池水的蒸发率有关，而取 $1\sim2℃$ 温差是比较合适的。池水温度为 $25\sim27℃$，池区空气温度则取 $26\sim29℃$，冬夏取值相同。

游泳池的相对湿度。相对湿度过高，则使冬季围护结构表面容易结露，相对湿度过低，会加速水面水分的蒸发。一般为 $60\%\pm10\%$ 较合适。为减少除湿的通风量可取 $60\%\sim70\%$，但不应超过 75%。

游泳池水面上的风速，室内可取 $0.2\sim0.5m/s$，露天可取 $2\sim3m/s$。风速过高，会使游泳者上岸时有吹风感；风速过低，气流组织循环较困难。

（3）指标计算公式

池区蒸发量：

$$L_w = (0.0174V_f + 0.0229)(P_b - P_q) \times F_池 \times 760 \div B \tag{3-31}$$

式中　L_w——泳池水面蒸发量，kg/h；

　　　V_f——游泳池池面风速，m/s；

　　　$F_池$——室内泳池水面面积，m^2；

　　　P_b——26℃水面温度饱和空气的水蒸气分压，Pa；

　　　P_q——28℃泳池空间空气的水蒸气分压，Pa；

　　　B——当地大气压力，Pa。

$$L = \frac{L_{w1}}{L_w} \times 100\% \tag{3-32}$$

式中　L——蒸发量控制率，%；

　　　L_{w1}——采取措施后池区的蒸发量，kg/h；

　　　L_w——初始池区蒸发量，kg/h。

（4）指标执行

1）晚上可以在泳池表面设置覆盖膜（如图 3-6 所示），减少游泳池的蒸发量；

图 3-6　泳池覆盖膜

2）合理控制游泳池的水温以及室内的气温和湿度，减少蒸发量；

3）控制池区空气流速在 $0.2\sim0.5m/s$，因池面的空气流速直接影响到池水的蒸发量。

通过减少泳池的蒸发量，从而减少补水量，达到节水的目的。

3.1.15 热水系统节水指标

热水系统节水指标包括：热水系统理论无效冷水量、热水系统节水龙头配备率。

1. 热水系统理论无效冷水量

（1）指标解释

大多数集中热水供应系统存在严重的浪费现象，主要体现在开启热水配水装置后，不能及时获得满足使用温度的热水，而是放掉部分冷水之后才能正常使用。这部分冷水未产生应有的效益，因此称之为无效冷水。无效冷水管道内的总贮水体积为该建筑的理论无效冷水量。

（2）指标选取原则及要求

1）原则

无效冷水的产生原因是多方面的，热水循环方式的选择，是直接影响无效冷水量多少的最主要因素。此外，管线设计、施工和日常管理等因素也会对系统中无效冷水量产生一定影响，如在设计时未考虑热水循环系统多环路阻力的平衡或管网计算不合理，在施工中使用质量不合格的保温材料，管道保温层脱落、系统温控或排气装置失灵而没有得到及时的维护、检修，以上种种因素都将会导致热水系统中无效冷水量的增加。科学合理地设计、安装、管理和使用热水系统，减少无效冷水的产生，是节水的重要环节。

2）要求

① 采用节水器具。在满足使用要求的前提下，安装节水淋浴喷头不仅可以节省热水的使用量，还能提高使用的舒适度。例如采用恒温混水阀可以有效避免热水调节时水量的浪费。据统计，通常恒温混水阀与脚踏淋浴器配合使用，比单独使用门式双调节淋浴器节水 15% 以上。

② 完善热水管道的保温措施，提高热水的使用效率，将在很大程度上减少无效冷水量的产生，所以在管道的敷设过程中要严格按照规范要求，选用耐冻耐高温的保温材料，如加聚氨酯、酚醛、复合硅酸镁等保温材料，确保管道保温效果达到规定要求。

③ 对于新建公共建筑的集中热水供应系统，应根据该建筑的建筑性质、建筑标准、用水分布及经济成本等具体情况选择循环方式。单从节水节能角度讲，支管循环系统节水效果最佳，应优先采用。

（3）指标计算公式

$$V = \frac{\pi}{4}d^2L \tag{3-33}$$

式中　V——理论无效冷水量，m^3；

　　　d——热水管公称直径，mm；

　　　L——管道长度，m。

（4）指标执行情况

建筑集中热水供应系统应保证干管和立管中的热水循环。循环方式有 3 种：干管循环（仅干管设对应的回水管）、立管循环（干管、立管均设对应的回水管）、支管循环（干管、立管、支管均设对应的回水管）。根据循环方式的不同，产生的无效冷水量也就不同：采用支管循环时，由于热水供水系统中的各个管路均形成了循环，理论上不产生无效冷水；采用立管循环方式是在立管、干管的管路上增加循环管道，配水管没有循环，因此产生的无效水量主要是支管中的储水量；采用干管循环方式，只是在干管上配有循环管道，所以无效水量的产生来自立管和支管；不设循环方式，整个热水供水系统中所有管道均产生无效水量，此种方式是最浪费水源的老式热水供应方式。

2. 热水系统节水龙头配备率

（1）指标解释

公共建筑集中供热水系统的用水浪费是一种常见现象，因此宜采用延时自闭龙头、感应自闭龙头等节水龙头（如图 3-7、图 3-8 所示）。

图 3-7 延时自闭龙头　　　　　　图 3-8 感应自闭龙头

（2）指标选取原则及要求

热水系统中的节水龙头包括：

① 开关装置：能分段压下控水阀轴以改变控水阀轴上通水孔。

② 压帽装置：龙头外壳内通水孔重合面积分挡控制水流量。

③ 关水装置：能使控水阀轴快速上升而完全错开两通水孔、关闭水流。

用水时，按动压帽装置中的压帽，即可根据需要分挡控制放水流量；用完后，按动关闭装置中的关闭键，水流便在瞬间关闭，达到节水的目的。

（3）指标计算公式

$$J_p = \frac{L_s}{L_1} \times 100\%$$（3-34）

式中　J_p——节水龙头配备率，%；

　　　L_s——实际安装配备的节水龙头数量，个；

L_1——实际安装配备的龙头总数，个。

（4）指标执行情况

所选用的节水龙头应符合现行标准《节水型生活用水器具》CJ/T 164 及《节水型产品通用技术条件》GB/T 18870 的要求，尽量选择采用手压、脚踏、肘动式水龙头、延时自动关闭（延时自闭）式、水力式、光电感应和电容感应式等类型的水龙头，陶瓷片防漏水龙头等。对办公、商场类公共建筑，可选用光电感应式等延时自动关闭水龙头、停水自动关闭水龙头。对于公共建筑，酒店客房可选用陶瓷阀芯、停水自动关闭水龙头、水温调节器、节水型淋浴头等节水淋浴装置；公用洗手间可选用延时自动关闭、停水自动关闭水龙头；厨房可选用加气式节水龙头等节水型水龙头。对餐饮业、营业餐厅类公共建筑，厨房可选用加气式节水龙头等节水型水龙头。对 95％以上的水量用在沐浴方面的建筑，宜采用节水型淋浴头等节水淋浴装置。

3.1.16 节水碳排放量计算指标

1. 碳排放因子

（1）指标解释

将能源与材料消耗量与二氧化碳排放相对应的系数，用于量化建筑物不同阶段相关活动的碳排放。

（2）指标选取原则及要求

建筑在运行阶段的用能系统消耗电能、燃油、燃煤、燃气等形式的终端能源，人类用水包括多种能源活动及 CO_2 的直接排放，对建筑能源进行汇总，再根据不同能源的碳排放因子计算出建筑物用能系统的碳排放量。

建筑建造、运行及拆除阶段中因电力消耗造成的碳排放计算，应采用由国家相关机构公布的区域电网平均碳排放因子。

（3）指标计算公式

$$EF_i = CL_i \times OF_i \times \frac{44}{12}$$ （3-35）

式中　EF_i——碳排放因子，tCO_2/TJ；

　　　CL_i——含碳量，tC/TJ；

　　　OF_i——碳氧化率，％。

（4）指标执行

在《建筑碳排放计算标准》GB/T 51366—2019 中给出了主要能源碳排放因子的取值，见表 3-11。

在《建筑碳排放计量标准》CECS 374—2014 中也给出了常用能源碳排放因子的取值供参考，见表 3-12。

2. 太阳能保证率

（1）指标解释

化石燃料碳排放因子表 表 3-11

分类	燃料类型	单位热值含碳量 （tC/TJ）	碳氧化率 （%）	单位热值 CO_2 排放因子 （tCO_2/TJ）
固体燃料	无烟煤	27.4	0.94	94.44
	烟煤	26.1	0.93	89.00
	褐煤	28.0	0.96	98.56
	炼焦煤	25.4	0.98	91.27
	型煤	33.6	0.90	110.88
	焦炭	29.5	0.93	100.60
	其他焦化产品	29.5	0.93	100.60
液体燃料	原油	20.1	0.98	72.23
	燃料油	21.1	0.98	75.82
	汽油	18.9	0.98	67.91
	柴油	20.2	0.98	72.59
	喷气煤油	19.5	0.98	70.07
	一般煤油	19.6	0.98	70.43
	NGL 天然气凝胶	17.2	0.98	61.81
	LPG 液化石油气	17.2	0.98	61.81
	炼厂干气	18.2	0.98	65.40
	石脑油	20.0	0.98	71.87
	沥青	22.0	0.98	79.05
	润滑油	20.0	0.98	71.87
液体燃料	石油焦	27.5	0.98	98.82
	石化原料油	20.0	0.98	71.87
	其他油品	20.0	0.98	71.87
气体燃料	天然气	15.3	0.99	55.54

常用能源的碳排放因子 表 3-12

能源种类	能源名称	碳排放因子	数据来源	备注
燃煤	无烟煤	98.3kgCO_2/GJ	《IPCC 国家温室气体清单编制指南》（2006 年）	国际组织
	炼焦煤	94.6kgCO_2/GJ		
	褐煤	101kgCO_2/GJ		
	焦炭	107kgCO_2/GJ		
电力	华北区域电网	1.246kgCO_2/kWh	《省级温室气体清单编制指南（试行）》（国家发展和改革委员会发布）	政府部门
	东北区域电网	1.096kgCO_2/kWh		
	华东区域电网	0.928kgCO_2/kWh		
	华中区域电网	0.801kgCO_2/kWh		
	西北区域电网	0.997kgCO_2/kWh		
	南方区域电网	0.714kgCO_2/kWh		
	海南	0.917kgCO_2/kWh		

续表

能源种类	能源名称	碳排放因子	数据来源	备注
燃油	原油	79.3kgCO$_2$/GJ	《IPCC 国家温室气体清单编制指南》（2006 年）	国际组织
	车用汽油	69.3kgCO$_2$/GJ		
	航空汽油	70.0kgCO$_2$/GJ		
	煤油	71.5kgCO$_2$/GJ		
	柴油	74.1kgCO$_2$/GJ		
	液化石油气	63.1kgCO$_2$/GJ		
	燃料油	77.4kgCO$_2$/GJ		
燃气	天然气	56.1kgCO$_2$/GJ		
	煤气	44.4kgCO$_2$/GJ		

注：表中数据应按年份更新，以保持时效性。

太阳能热水系统中由太阳能供给能量占系统总消耗能量的百分率。

（2）指标选取原则及要求

太阳能热水系统提供的能量不应计入生活热水的耗能量。太阳能保证率的提升帮助减少了建筑生活热水的耗能量以及碳排放量。

公共建筑宜采用集中集热、集中供热太阳能热水系统（如图 3-9 所示）。

图 3-9　太阳能热水器

太阳能热水系统运转设备，应采取隔振、降噪设计。使用噪声应符合现行国家标准《声环境质量标准》GB 3096 要求。

太阳能热水系统中和供热水直接接触的所有设备和部件，均应满足现行国家标准《建筑给水排水设计标准》GB 50015 对生活热水卫生要求的规定。

公共建筑物上安装太阳能热水系统，不得降低相邻建筑的日照标准。

（3）指标计算公式

$$f = \frac{Q_s}{Q_r} \times 100\%$$

（3-36）

式中　f——太阳能保证率，%；

Q_s ——太阳能系统提供的生活热水年耗热量，kWh/a；

Q_r ——生活热水年耗热量，kWh/a。

（4）指标执行

在《建筑给水排水设计标准》GB 50015—2019 中提到太阳能保证率 f 应根据当地的太阳能辐照量、系统耗热量的稳定性、经济性及用户要求等因素综合确定。太阳能保证率 f 应按表 3-13 取值。

太阳能保证率 f 值   表 3-13

年太阳能辐照量［MJ/（m³·d）］	f（%）
≥6700	60～80
5400～6400	50～60
4200～5400	40～50
≤4200	30～40

注：1. 宿舍、医院、疗养院、幼儿园、托儿所、养老院等系统负荷较稳定的建筑取表中上限值，其他类建筑取下限值；

2. 分散集热、分散供热太阳能热水系统可按表中上限取值。

3.2 公共建筑节水精细化指标

针对教育建筑、医疗建筑、宾馆建筑、办公建筑、商业建筑不同特征用水单元，制定相应的节水精细化指标。

3.2.1 教育建筑

教育类建筑的供水和城市其他建筑的供水相比较为特殊，主要是由于校园内学生住宿区都较为集中，导致学生宿舍、食堂的用水十分集中且用水量较大。而其他建筑物如教室、实验室、教师住宿区等的用水量则相对较少。同时，用水的规律性强，一般在 6：00～10：00，22：00～23：00 的两个时间段用水量较大，而其他时间则用水量趋于平稳。图 3-10 为某高校

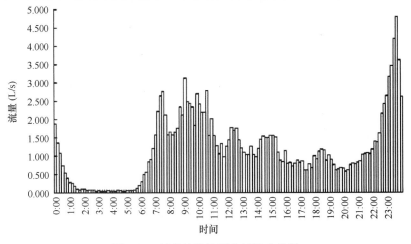

图 3-10　某高校院校用水特性曲线图

用水特性曲线图，教育建筑节水技术指标如图 3-11 所示，各用水单元节水指标见表 3-14。

图 3-11　教育建筑节水技术指标图

教育建筑用水单元节水技术指标　　表 3-14

序号	用水单元	节水技术指标		单位
		一级指标	二级指标	
1	宿舍及家属区	用水计量	水表准确度	％
			水计量器具配备率	％
			水计量率	％
		漏损控制	给水系统漏损率	％
			管网保温层合格率	％
			管网修漏及时率	％
		限压与节流	末端水压达标率	％
			出流水压舒适率	％
			超压出流率	％

序号	用水单元	节水技术指标		单位
		一级指标	二级指标	
1	宿舍及家属区	节水器具	节水器具普及率	%
			节水器具节水率	%
		非常规水	非常规水利用率	%
			建筑中水利用率	%
		二次供水与调蓄	二次加压与调蓄节水率	%
			管网压力合格率	%
		碳排放	碳排放因子	tCO$_2$/TJ
2	教学办公及实验楼	用水计量	水表准确度	%
			水计量器具配备率	%
			水计量率	%
		漏损控制	给水系统漏损率	%
			管网保温层合格率	%
			管网修漏及时率	%
		限压与节流	末端水压达标率	%
			出流水压舒适率	%
			超压出流率	%
		节水器具	节水器具普及率	%
			节水器具节水率	%
		非常规水	非常规水利用率	%
			建筑中水利用率	%
		二次加压与调蓄	二次加压与调蓄节水率	%
			管网压力合格率	%
		用水设备	中央空调冷却水补水率	%
		碳排放	碳排放因子	tCO$_2$/TJ
3	食堂	用水计量	水表准确度	%
			水计量器具配备率	%
			水计量率	%
		管网漏损	给水系统漏损率	%
			管网保温层合格率	%
			管网修漏及时率	%
		节水器具	节水器具普及率	%
			节水器具节水率	%
		碳排放	碳排放因子	tCO$_2$/TJ
4	公共浴室	用水计量	水表准确度	%
			水计量器具配备率	%
			水计量率	%
		管网漏损	给水系统漏损率	%
			管网保温层合格率	%
			管网修漏及时率	%

序号	用水单元	节水技术指标		单位
		一级指标	二级指标	
4	公共浴室	限压与节流	末端水压达标率	%
			出流水压舒适率	%
			超压出流率	%
		节水器具	节水器具普及率	%
			节水器具节水率	%
		热水系统	热水系统理论无效冷水量	m^3
			热水系统节水龙头配备率	%
		碳排放	碳排放因子	tCO_2/TJ
			太阳能保证率	%
5	园林绿化区	绿化灌溉	高效浇灌节水率	%
			景观绿化节水率	%
		碳排放	碳排放因子	tCO_2/TJ
6	整体用水	公共建筑用水	公共建筑实际用水定额	L/(人·d)
			公共建筑节水用水定额	

3.2.2　医疗建筑

医疗建筑的总用水一般由住院用水（65%）、门诊用水（20%）和其他用水（15%）组成。其中住院和门诊用水又可划分为医疗用水和生活用水。医疗用水具体来说指医疗器械的消毒、制剂、医疗设备的冷却用水和冲洗用水；生活用水指病人和陪护人员、医护、职工的冲洗清洁用水。其他用水指绿化、饭堂、洗衣房、锅炉房、车辆及职工宿舍用水。图 3-12 为某医院用水特性曲线图，医院建筑节水技术指标如图 3-13 所示，各用水单元节水指标见表 3-15。

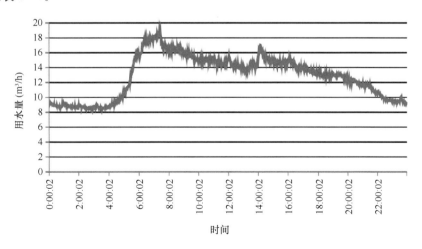

图 3-12　某医院用水特性曲线图

图 3-13 医疗建筑节水技术指标图

医疗建筑用水单元节水技术指标　　　　　　　　　　　　　　表 3-15

序号	用水单元	节水技术指标		单位
		一级指标	二级指标	
1	住院部及职工宿舍	用水计量	水表准确度	%
			水计量器具配备率	%
			水计量率	%
		漏损控制	给水系统漏损率	%
			管网保温层合格率	%
			管网修漏及时率	%

续表

序号	用水单元	节水技术指标		单位
		一级指标	二级指标	
1	住院部及职工宿舍	限压与节流	末端水压达标率	%
			出流水压舒适率	%
			超压出流率	%
		节水器具	节水器具普及率	%
			节水器具节水率	%
		非常规水	非常规水利用率	%
			建筑中水利用率	%
		二次供水与调蓄	二次加压与调蓄节水率	%
			管网压力合格率	%
		热水系统	热水系统理论无效冷水量	m^3
			热水系统节水龙头配备率	%
		碳排放	碳排放因子	tCO_2/TJ
			太阳能保证率	%
2	办公及科研楼	用水计量	水表准确度	%
			水计量器具配备率	%
			水计量率	%
		漏损控制	给水系统漏损率	%
			管网保温层合格率	%
			管网修漏及时率	%
		限压与节流	末端水压达标率	%
			出流水压舒适率	%
			超压出流率	%
		节水器具	节水器具普及率	%
			节水器具节水率	%
		非常规水	非常规水利用率	%
			建筑中水利用率	%
		二次加压与调蓄	二次加压与调蓄节水率	%
			管网压力合格率	%
		用水设备	中央空调冷却水补水率	%
		碳排放	碳排放因子	tCO_2/TJ
3	食堂	用水计量	水表准确度	%
			水计量器具配备率	%
			水计量率	%
		管网漏损	给水系统漏损率	%
			管网保温层合格率	%
			管网修漏及时率	%
		节水器具	节水器具普及率	%
			节水器具节水率	%
		碳排放	碳排放因子	tCO_2/TJ

序号	用水单元	节水技术指标		单位
		一级指标	二级指标	
4	手术部与医疗区	用水计量	水表准确度	%
			水计量器具配备率	%
			水计量率	%
		管网漏损	给水系统漏损率	%
			管网保温层合格率	%
			管网修漏及时率	%
		限压与节流	末端水压达标率	%
			出流水压舒适率	%
			超压出流率	%
		碳排放	碳排放因子	tCO₂/TJ
5	园林绿化区	绿化灌溉	高效浇灌节水率	%
			景观绿化节水率	%
		碳排放	碳排放因子	tCO₂/TJ
6	整体用水	公共建筑用水	公共建筑实际用水定额	m³/（m²·a）
			公共建筑节水用水定额	L/（床·d）

3.2.3 宾馆建筑

客房、餐饮是多数宾馆建筑的主要用水单元，五星级、四星级、三星级宾馆在客房和餐饮两项用水上水量占比逐渐递增，星级越低其主要用水就更侧重于客房和餐饮单元。空调冷却系统用水占比高，需要重点关注，在节水管理时需改进冷却装置，提高冷却效率，减少耗水量。洗衣房、锅炉、泳池用水占比与星级水平呈正相关，星级越高在洗涤、热水、娱乐方面的用水量越大。图3-14为某宾馆用水特性曲线图，宾馆建筑节水技术指标如图3-15所示，各用水单元节水指标见表3-16。

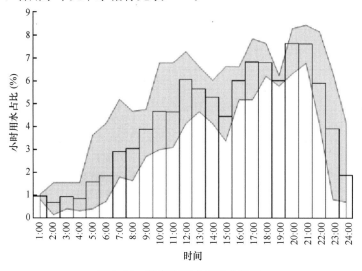

图3-14 某宾馆用水特性曲线图

图 3-15　宾馆建筑节水技术指标图

宾馆建筑用水单元节水技术指标　　　　　　　　　　　　表 3-16

序号	用水单元	节水技术指标		单位
		一级指标	二级指标	
1	客房部	用水计量	水表准确度	%
			水计量器具配备率	%
			水计量率	%
		漏损控制	给水系统漏损率	%
			管网保温层合格率	%
			管网修漏及时率	%

续表

序号	用水单元	节水技术指标		单位
		一级指标	二级指标	
1	客房部	限压与节流	末端水压达标率	%
			出流水压舒适率	%
			超压出流率	%
		节水器具	节水器具普及率	%
			节水器具节水率	%
		非常规水	非常规水利用率	%
			建筑中水利用率	%
		二次供水与调蓄	二次加压与调蓄节水率	%
			管网压力合格率	%
		用水设备	中央空调冷却水补水率	%
		热水系统	热水系统理论无效冷水量	m^3
			热水系统节水龙头配备率	%
		碳排放	碳排放因子	tCO_2/TJ
			太阳能保证率	%
2	酒店大厅及室内景观区	用水计量	水表准确度	%
			水计量器具配备率	%
			水计量率	%
		漏损控制	给水系统漏损率	%
			管网保温层合格率	%
			管网修漏及时率	%
		限压与节流	末端水压达标率	%
			出流水压舒适率	%
			超压出流率	%
		节水器具	节水器具普及率	%
			节水器具节水率	%
		非常规水	非常规水利用率	%
			建筑中水利用率	%
		建筑景观用水	喷水池水循环利用率	%
			水景节水率	%
		用水设备	中央空调冷却水补水率	%
		碳排放	碳排放因子	tCO_2/TJ
3	餐饮区	用水计量	水表准确度	%
			水计量器具配备率	%
			水计量率	%
		管网漏损	给水系统漏损率	%
			管网保温层合格率	%
			管网修漏及时率	%
		节水器具	节水器具普及率	%
			节水器具节水率	%
		碳排放	碳排放因子	tCO_2/TJ

续表

序号	用水单元	节水技术指标		单位
		一级指标	二级指标	
4	游泳池与休闲娱乐区	用水计量	水表准确度	%
			水计量器具配备率	%
			水计量率	%
		管网漏损	给水系统漏损率	%
			管网保温层合格率	%
			管网修漏及时率	%
		限压与节流	末端水压达标率	%
			出流水压舒适率	%
			超压出流率	%
		节水器具	节水器具普及率	%
			节水器具节水率	%
		游泳池	水循环利用率	%
			蒸发量控制率	%
		碳排放	碳排放因子	tCO_2/TJ
5	园林绿化区	绿化灌溉	高效浇灌节水率	%
			景观绿化节水率	%
		碳排放	碳排放因子	tCO_2/TJ
6	整体用水	公共建筑用水	公共建筑实际用水定额	$m^3/(床 \cdot a)$
			公共建筑节水用水定额	$L/(人 \cdot d)$

3.2.4　办公建筑

　　办公建筑应采用符合现行行业标准《节水型生活用水器具》CJ/T 164 规定的节水型卫生器具，宜选用用水效率等级不低于 3 级的用水器具。办公建筑内的卫生间设有储水式电热水器时，储水式电热水器的能效等级不宜低于 2 级。该类型建筑的用水点主要集中在办公区以及餐饮区。图 3-16 为某办公楼用水特性曲线图，办公建筑节水技术指标如图 3-17 所示，各用水单元节水指标见表 3-17。

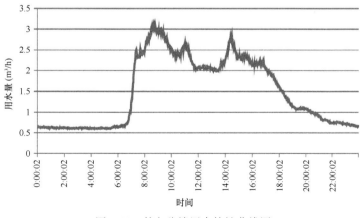

图 3-16　某办公楼用水特性曲线图

图 3-17　办公建筑节水技术指标图

办公建筑用水单元节水技术指标　　　　　　　　　　表 3-17

序号	用水单元	节水技术指标		单位
		一级指标	二级指标	
1	办公区	用水计量	水表准确度	%
			水计量器具配备率	%
			水计量率	%
		漏损控制	给水系统漏损率	%
			管网保温层合格率	%
			管网修漏及时率	%
		限压与节流	末端水压达标率	%
			出流水压舒适率	%
			超压出流率	%

续表

序号	用水单元	节水技术指标		单位
		一级指标	二级指标	
1	办公区	节水器具	节水器具普及率	%
			节水器具节水率	%
		非常规水	非常规水利用率	%
			建筑中水利用率	%
		二次供水与调蓄	二次加压与调蓄节水率	%
			管网压力合格率	%
		用水设备	中央空调冷却水补水率	%
		碳排放	碳排放因子	tCO_2/TJ
2	大厅及室内景观区	用水计量	水表准确度	%
			水计量器具配备率	%
			水计量率	%
		漏损控制	给水系统漏损率	%
			管网保温层合格率	%
			管网修漏及时率	%
		限压与节流	末端水压达标率	%
			出流水压舒适率	%
			超压出流率	%
		节水器具	节水器具普及率	%
			节水器具节水率	%
		非常规水	非常规水利用率	%
			建筑中水利用率	%
		建筑景观用水	喷水池水循环利用率	%
			水景节水率	%
		用水设备	中央空调冷却水补水率	%
		碳排放	碳排放因子	tCO_2/TJ
3	餐饮区	用水计量	水表准确度	%
			水计量器具配备率	%
			水计量率	%
		管网漏损	给水系统漏损率	%
			管网保温层合格率	%
			管网修漏及时率	%
		节水器具	节水器具普及率	%
			节水器具节水率	%
		碳排放	碳排放因子	tCO_2/TJ
4	游泳池与休闲娱乐区	用水计量	水表准确度	%
			水计量器具配备率	%
			水计量率	%
		管网漏损	给水系统漏损率	%
			管网保温层合格率	%
			管网修漏及时率	%

序号	用水单元	节水技术指标		单位
		一级指标	二级指标	
4	游泳池与休闲娱乐区	限压与节流	末端水压达标率	%
			出流水压舒适率	%
			超压出流率	%
		节水器具	节水器具普及率	%
			节水器具节水率	%
		游泳池	水循环利用率	%
			蒸发量控制率	%
		碳排放	碳排放因子	tCO$_2$/TJ
5	园林绿化区	绿化灌溉	高效浇灌节水率	%
			景观绿化节水率	%
		碳排放	碳排放因子	tCO$_2$/TJ
6	整体用水	公共建筑用水	公共建筑实际用水定额	L/(人·d)
			公共建筑节水用水定额	L/(人·班)

3.2.5 商业建筑

与其他公共建筑相比，商业建筑人流量大，建筑内的公共卫生间及餐饮区是其用水的集中点，用水设施数量多，节水潜力大。商场服务部这些区域的室内用水等可以按照《建筑给水排水设计标准》GB 50015—2019 执行。而对于餐饮用水量，一般来说可以通过使用人数来确定，人数则由商家或建筑专业提供，在数据不足时也可以采用按照餐厅面积来进行估算的方法。图 3-18 为某商场用水特性曲线图，商业建筑节水技术指标图如图 3-19 所示，各用水单元节水指标见表 3-18。

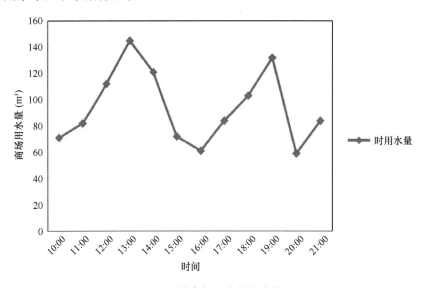

图 3-18 某商场用水特性曲线图

图 3-19　商业建筑节水技术指标图

商业建筑用水单元节水技术指标　　　　　　　　　　表 3-18

序号	用水单元	节水技术指标		单位
		一级指标	二级指标	
1	商场服务部	用水计量	水表准确度	%
			水计量器具配备率	%
			水计量率	%
		漏损控制	给水系统漏损率	%
			管网保温层合格率	%
			管网修漏及时率	%
		限压与节流	末端水压达标率	%
			出流水压舒适率	%
			超压出流率	%

续表

序号	用水单元	节水技术指标		单位
		一级指标	二级指标	
1	商场服务部	节水器具	节水器具普及率	%
			节水器具节水率	%
		非常规水	非常规水利用率	%
			建筑中水利用率	%
		二次供水与调蓄	二次加压与调蓄节水率	%
			管网压力合格率	%
		用水设备	中央空调冷却水补水率	%
		碳排放	碳排放因子	tCO_2/TJ
2	大厅及室内景观区	用水计量	水表准确度	%
			水计量器具配备率	%
			水计量率	%
		漏损控制	给水系统漏损率	%
			管网保温层合格率	%
			管网修漏及时率	%
		限压与节流	末端水压达标率	%
			出流水压舒适率	%
			超压出流率	%
		节水器具	节水器具普及率	%
			节水器具节水率	%
		非常规水	非常规水利用率	%
			建筑中水利用率	%
		建筑景观用水	喷水池水循环利用率	%
			水景节水率	%
		用水设备	中央空调冷却水补水率	%
		碳排放	碳排放因子	tCO_2/TJ
3	餐饮区	用水计量	水表准确度	%
			水计量器具配备率	%
			水计量率	%
		管网漏损	给水系统漏损率	%
			管网保温层合格率	%
			管网修漏及时率	%
		节水器具	节水器具普及率	%
			节水器具节水率	%
		碳排放	碳排放因子	tCO_2/TJ
4	游泳池与休闲娱乐区	用水计量	水表准确度	%
			水计量器具配备率	%
			水计量率	%
		管网漏损	给水系统漏损率	%
			管网保温层合格率	%
			管网修漏及时率	%

续表

序号	用水单元	节水技术指标		单位
		一级指标	二级指标	
4	游泳池与休闲娱乐区	限压与节流	末端水压达标率	%
			出流水压舒适率	%
			超压出流率	%
		节水器具	节水器具普及率	%
			节水器具节水率	%
		游泳池	水循环利用率	%
			蒸发量控制率	%
		碳排放	碳排放因子	tCO_2/TJ
5	园林绿化区	绿化灌溉	高效浇灌节水率	%
			景观绿化节水率	%
		碳排放	碳排放因子	tCO_2/TJ
6	整体用水	公共建筑用水	公共建筑实际用水定额	$m^3/(m^2 \cdot a)$
			公共建筑节水用水定额	$L/(m^2 营业面积 \cdot d)$

第4章 公共建筑水平衡测试

4.1 水平衡测试作用和目的

4.1.1 水平衡测试

（1）水平衡是研究水在用水过程中，水量在供入、消耗、漏失、排放等环节上的平衡关系。任一用水范围内的水平衡，是指此确定的用水系统的输入量应等于其输出量。而公共建筑的水平衡则是以公共建筑为考核对象的水量平衡，即该公共建筑各单元用水系统的输入水量之和应等于其输出水量之和，即 $\sum Q_\lambda = \sum Q_{出}$。图 4-1 为水平衡模型基本图式。水平衡是相对于某一确定用水系统而言的，确定其用水系统边界，只有在确定的空间和时间范围内，各种水量的输入值与输出值才会保持平衡。

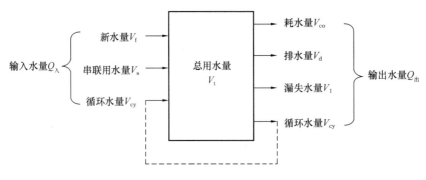

图 4-1 水平衡模型基本图式

各水量之间的数量关系如下式所示：

水平衡关系式：
$$V_f + V_s = V_{co} + V_d + V_l \tag{4-1}$$
$$V_{cy} + V_f + V_s = V_{cy} + V_{co} + V_d + V_l \tag{4-2}$$

式中 V_f——新水量，指取自任何水源（海水应注明）被第一次利用的水量，m^3；

$\quad\quad V_s$——串联水量，即以串联式方式重复利用的水量，指在确定的用水单元或系统内，生产过程中产生的或使用后的水量，用于另一个用水单元或系统的水量，m^3；

$\quad\quad V_{co}$——耗水量，指在确定的用水单元或系统内，生产过程中进入产品、蒸发、飞溅、携带及生活饮用等所消耗的水量，m^3；

$\quad\quad V_d$——排水量，指在确定的用水单元或系统内，排出系统外的水量，m^3；

V_l——漏失水量，指在确定的用水单元或系统内，设备、管网、阀门、水箱、水池等用水与储水设施漏失或漏出的水量，m^3；

V_cy——循环水量，指在确定的用水单元或系统内，生产过程中已用过的水，无需处理或经过处理再用于系统代替新水的水量，m^3；

（2）水平衡测试是对用水单元和用水系统的水量进行系统的测试、统计、分析得出其水量平衡关系的过程。

4.1.2　水平衡测试作用和目的

水平衡测试是加强用水科学管理，是节水的基础性工作之一，很多城市都在开展水平衡测试工作。它涉及用水单位管理的各个方面，包括且不限于用水户用水管理、用水效率指标制定、用水效率控制制度建设等基础性技术工作，同时也表现出较强的综合性、技术性。通过水平衡测试应达到如下目的：

（1）通过水平衡测试，可以收集用水单元的基本情况，掌握公共建筑中用水现状及管网状态，包括用水管理现状，如供排水管网的分布情况，各类用水设备、设施、仪器、仪表的分布情况及运转状态，总用水量和各单元用水量之间的定量关系，获取各实测数据，求得各实测水量间的平衡关系。

（2）通过对用水单元现状科学合理化分析，利用掌握的情况与获取的实测数据，计算、分析、评价有关用水经济指标，掌握用水情况，找出现存问题及薄弱环节，通过对测试单元管网进行修复措施，制定切实可行的技术管理措施和规划，杜绝跑、冒、滴、漏等，从而提升节水潜力。

（3）完善技术，健全计量设备，完善管理体系，建立完善的用水档案，形成一套完整翔实的包含图、表、文字材料在内的用水档案，为以后制定科学合理的用水方案奠定基础。

（4）提升用水管理人员的节水意识和技术素质。有助于实现目标化管理，定期考核，调动各方面的节水积极性。

（5）累计用水定额、节水用水定额等基础数据，为节水测评提供准确的原始资料。

近年来，为进一步加强水资源管理工作，落实科学发展观，把严格水资源管理作为加快转变经济发展方式的战略举措，以水资源总量控制、用水效率控制和分功能区控制作为水资源管理的三条红线。尤其是工业企业的水平衡测试工作取得了加大进展。随着我国经济的蓬勃发展，非工业企业（民用）用水单位发展迅猛，水的消费占国民经济全行业的比重越来越大，非工业企业（民用）用水控制及节水化日趋提上日程。我国对民用建筑的计划用水、节约用水、定额管理等工作提出了更高的要求。民用建筑主要为两大类：一类是居住宅建筑，另一类是公共建筑。住宅建筑由于建筑性质单一，产权明晰，界限分明，用户相对固定，水表等计量设施逐级完备，节水意识相对完备，公共建筑节水意识相对薄弱。为更好地提升公共建筑节水效率，借鉴工业企业水平衡测试方法，提出了公共建筑水平衡测试。

公共建筑水平衡测试是以公共建筑为考核分析对象，健全用水三级计量仪表，通过全面系统地对公共建筑内各用水系统或者用水单元进行水量测定，记录各种用水系统的水量数值，根据水平衡关系分析其用水的合理程度。即在确定的公共建筑内，在一定的规定时段内，测定各单元运行水量，计算其所占份额，用统计表和平衡图表达用水单元系统各水量之间的平衡关系，并据此分析用水的合理性，制定科学用水方案。所以，水平衡测试能如实反映公共建筑用水过程中，各水量及其相互关系，从而实现科学管理、合理用水、充分节水，促使用水达成更好的利用效果，获得更多的效益。

4.2 公共建筑水平衡测试要点

4.2.1 公共建筑水平衡测试范围及层级

1. 公共建筑水平衡测试范围

公共建筑用水水平衡测试范围应包含测试公共建筑所消耗的所有用水部位的总用水量，包括居民或客房生活用水量（有居住需求的公共建筑，例如公寓或宾馆等）、公共建筑用水量、绿化用水量、水景及娱乐设施用水量、道路及广场用水量、公用设施用水量、管网漏失水量、消防用水量、其他用水量等。测试公共建筑室外用水量与室内用水量总和，包括且不仅限于消防、生活及工艺用水等。室外用水按照功能可分为：公共设施用水、水景用水、道路广场用水、绿化园林用水、室外消防栓用水、室外雨水回用等；室内用水按照系统划分可分为：室内各消防系统用水（室内消火栓系统、自动喷水灭火系统、水喷雾灭火系统、高压细水雾灭火系统、泡沫水喷淋系统等）、生活水系统、直饮水系统、热水系统、中水回用系统、工艺用水（空调冷却水、锅炉补水、游泳池补水）等。

在公共建筑水平衡测试时，不能忽略消防用水量。水平衡测试的公共建筑内可能有各种不同的消防系统，但消防水池、消防泵房及高位消防水箱等设备不一定设置在测试的公共建筑中，消防泵房及消防水池可以根据建筑规模、建筑功能分区及后期管理需求等情况设置在其他建筑内。例如，可多栋不同建筑功能的建筑共用一个消防水池和消防泵房；或根据物业管理要求不同，一栋建筑（城市综合体，或者包含有高星级酒店的综合楼）设置有多个消防水池和消防泵房、高位消防等。计量水表多设置在消防水池旁或消防水泵房内，消防设施管道定期测试部位则分布在建筑其他位置，公共建筑水平衡测试时很容易忽略此种情况，应逐一记录并将数据逐级反馈到对应的消防水池和消防水泵房处。公共建筑的消防水池、高位消防水箱间应设置计量仪器，将消防系统定期运行所损耗的消防用水量记录并反馈到相应的水路管网图中。区域内多个建筑共用一个消防系统时，计量仪器只会在某个建筑内消防水池或者高位消防水箱间，此时其他无计量仪器的建筑应将此部分用水量逐一记录并反馈到上一水平衡测试层级，不得遗漏。

公共建筑水量平衡测试范围包括但不仅限于以上各系统用水。在公共建筑中，由于建筑类别及建筑功能不同，室内外及各功能区块系统用水及水源均应包括在水平衡测试范围之内。结合低影响开发和海绵城市建设相关要求，公共建筑区块内的雨水及回用中水也应考虑在水平衡测试范畴之内。在寒冷及严寒地区，如果设置有融雪回用系统时，此部分水量应作为一种水源补充在水路管网图中。

2. 公共建筑水平衡测试层级

公共建筑，是指供人们进行各种公共活动的建筑，包括：公共停车场（库）；宾馆、酒店建筑；办公、科研、司法建筑：政府办公建筑、司法办公建筑、企事业办公建筑、各类科研建筑、社区办公及其他办公建筑等；商业服务建筑：百货店、购物中心、超市、专卖店、专业店、餐饮建筑，银行、证券等金融服务建筑，邮局、电信局等邮电建筑等；体育建筑：体育比赛（训练）、体育教学、体育休闲的体育场馆和场地设施等；教育建筑：高等院校建筑、职业教育建筑、特殊教育建筑，托儿所建筑、幼儿园建筑、中小学建筑等；文化建筑：文化馆、活动中心、图书馆、档案馆、纪念馆、宗教建筑、博物馆、展览馆、科技馆、艺术馆、美术馆、会展中心、剧场、音乐厅、电影院、会堂、演艺中心等；医疗康复建筑：综合医院、专科医院、疗养院、康复中心、急救中心和其他所有与医疗、康复有关的建筑物等；福利及特殊服务建筑：福利院、敬（安、养）老院、老年护理院、残疾人综合服务设施等；交通运输类建筑：客运站、码头、地铁、火车站、机场等；还有超大公共建筑：商业综合体、城市综合体；其他特殊建筑：如军营营房、监狱、拘留所等。

某些建筑群是多个功能的公共建筑组合而成，比如商业综合体、大专院校、综合医院等。根据公共建筑使用功能或者管理者不同，各个用水系统可划分为不同功能区块的子系统。如：商业用水系统包含自持物业用水系统与销售物业用水性系统；还可以更细致地划分为商业生活用水系统、超市生活用水系统、办公用水系统、酒店用水系统等；教育建筑生活给水系统可划分为教学楼用水系统、图书馆用水系统、宿舍用水系统、学生餐厅用水系统等。在同一供水系统的不同子系统，由于水质要求、付费单元或者管理者的不同，子系统可继续分级为次子系统。如上述酒店生活用水系统可继续划分为餐饮用水系统、客房用水系统、酒店办公用水系统、泳池及洗浴中心用水系统、洗衣房用水系统、中水回用系统等。超大公共建筑或者超高建筑，出于节能的考虑，结合供水半径或者供水高度，将单一功能的供水系统拆分成多个供水子系统的情况也很普遍。

由于水平衡测试工作需按系统、分层次进行，为便于水平衡测试、记录、汇总、统计、计算与分析，不论公共建筑使用功能多复杂，系统如何多样，都可以按照系统及逐级子系统逐级进行划分。公共建筑可根据建筑规模、建筑性质、使用功能分区、供水管路分布覆盖情况及管理要求等因素，将公共建筑的全部用水部门或单元，划分为若干单元测试系统，也称之为子系统。

根据研究和测试公共建筑规模和建筑功能性质的不同，用水单元的划分也不相同，一个用水单元可以是单台用水设备、单个用水功能区、一个用水系统或一栋建筑物。用水单元的用水情况可以通过绘制水平衡图来简便、准确、形象地表示出来，该水平衡图中各种水量关系应满足水平衡方程式的要求。

公共建筑的每个测试系统应自上而下分成若干级，较为常见的是分为二级或三级。分级数应根据建筑内相关功能区块与规模大小、各供水系统子系统中用水单元的多少和分区层级的简繁情况而定。公共建筑的建筑规模、功能分区、管理要求及使用功能会决定水平衡测试子系统的数量，即决定了其二级系统的个数。针对以上各层级及子系统均应逐一分列子项并进行测试统计汇总。

公共建筑一级系统下的每个二级子系统，都可能有不同建筑功能下并列的一个或数个用水区块组成。同样，每个二级系统会由若干个三级用水计费部门或单元组成，每个三级系统会由若干基本用水单元组成。水平衡测试的数据，应按照系统自下而上逐级进行实测和汇总，所有二级数据的汇总即为公共建筑水平衡测试的结果。

一个公共建筑的水平衡测试的级别层次，有各种组合系列。以三级测试系统为例，公共建筑→各系统功能分区→区域用水单元等。以生活供水系统为例，见表4-1。

公共建筑用水单位水平衡测试系统级别划分 　　　　　　表4-1

一级计量	二级计量	三级计量	用水部位
办公、科研、司法建筑：政府办公建筑、司法办公建筑、企事业办公建筑、社区办公建筑等	办公区	多用户或多个分区时分别单独计量，多按不同分区或层计量	卫生间、茶水间等
	餐厅区	多用户或多个分区时分别单独计量	厨房、洗消间等
	停车库	—	冲洗龙头等
	物业管理区	浴室、健身房、锅炉空调补水、绿化、道路冲洗等	同三级计量部位
宾馆、酒店、招待所建筑等	客房部	多个分区时再分别单独计量	卫生间等
	餐饮部	多用户或多个分区时分别单独计量	厨房、洗消间等
	会议部	多由物业或后勤负责	卫生间、茶水间等
	娱乐部	多由物业或后勤负责	卫生间、茶水间等
	游泳池、洗浴部	—	游泳池、洗浴中心等
	物业管理区	公共卫生间、洗衣房、锅炉空调补水、车库、绿化、水景、道路冲洗等	同三级计量部位
商业服务建筑：百货店、购物中心、超市、专卖店、专业店、餐饮建筑等	百货区	根据招租用户需求分别单独计量	卫生间、茶水间等
	餐饮区	多用户或多个分区时分别单独计量	厨房、洗消间等
	超市	生鲜区、冷库、厨房、冲洗、锅炉空调补水、分租商户等	同三级计量部位
	娱乐区	根据招租用户需求分别单独计量	卫生间等
	物业管理区	公共卫生间、锅炉空调补水、车库、绿化、水景、道路冲洗等	同三级计量部位
体育建筑：体育场馆、滑雪场、游泳馆、体育休闲建筑	观众席	多由物业或后勤负责	卫生间、淋浴间等
	竞赛、训练区、健身房	多用户或多个分区时再分别单独计量	卫生间、淋浴间等
	游泳馆、嬉水乐园	泳池及嬉水设施工艺及补水、其他同竞赛、训练区	同三级计量部位
	餐饮区	多用户时再分别单独计量	厨房、洗消间等
	物业管理区	公共卫生间、淋浴间、锅炉空调补水、车库、绿化、水景、道路冲洗等	同三级计量部位

续表

一级计量	二级计量	三级计量	用水部位
文化建筑：文化馆、活动中心、纪念馆、博物馆、展览馆、科技馆、艺术馆、美术馆、会展中心、剧场、音乐厅、电影院、会堂、演艺中心等	观众席、展览厅、会议区	多由物业或后勤负责	卫生间、茶水间等
	商业配套区	餐饮、亲子活动场、分布商户工艺用水等	同餐饮及商业楼
	物业管理区	公共卫生间、化妆间、淋浴间、锅炉空调补水、车库、绿化、水景、道路冲洗等	同三级计量部位
交通运输类建筑：客运站、码头、地铁、火车站、机场等	机车运行	上水、工艺用水等	同三级计量部位
	等候大厅	多由物业或后勤负责	卫生间、茶水间等
	厅外场地及后勤	冲洗、修缮、水景、锅炉空调补水、绿化、道路冲洗等	同三级计量部位
	办公区	同办公建筑	同办公建筑
	餐饮区	同餐饮建筑	同餐饮建筑
	酒店区	同酒店建筑	同酒店建筑
医疗康复建筑：综合医院、专科医院、疗养院、康复中心、急救中心和其他所有与医疗、康复有关的建筑物等；福利及特殊服务建筑：福利院、敬（安、养）老院、老年护理院、残疾人综合服务设施等	住院部	各医疗科室多按功能区或层计量	卫生间、淋浴间、化验室、处置室、手术室等
	门诊部	多由物业或后勤负责	卫生间、淋浴间、化验室、处置室、手术室等
	医技楼	各医疗工艺科室	同三级计量部位
	行政办公	多由物业或后勤负责	同三级计量部位
	物业管理区	食堂、锅炉房、洗衣房、污水处理站、消毒供应中心、车队、绿化、道路冲洗等	同三级计量部位
教育建筑：中小学建筑，高等院校建筑、职业教育建筑等	教学办公区	办公楼、教学楼、实验楼、图书馆、学术交流中心	同三级计量部位
	学生宿舍区	各学生宿舍楼	同三级计量部位
	物业管理区	食堂、浴池、锅炉房、车队、绿化、道路、消防用水等	同三级计量部位
	其他功能区	游泳馆、校医院、体育场馆、超市、幼儿园、校办工厂等	同三级计量部位
商业综合体、城市综合体	超市	生鲜区、冷库、厨房、冲洗、锅炉空调补水、分租商户等	同三级计量部位
	餐厅	多用户时分别单独计量	同三级计量部位
	影院、KTV	—	同三级计量部位
	娱乐电玩	—	同三级计量部位

一级计量	二级计量	三级计量	用水部位
商业综合体、城市综合体	滑冰场、游泳池、嬉水乐园	同体育建筑	同三级计量部位
	物业管理区	公共卫生间、餐厅、车库、水景、道路、绿化、锅炉空调补水等	同三级计量部位
	百货楼	同商业建筑	同商业建筑
	写字楼	同办公建筑	同办公建筑
	酒店楼、公寓楼	同酒店建筑	同酒店建筑
	地铁、轨道交通站	同交通类建筑	同交通类建筑

4.2.2 水平衡测试方式

水平衡测试方式有三种,即一次平衡测试、逐级平衡测试和综合平衡测试。

1. 一次平衡测试

一次平衡测试,是对测试对象各个用水系统同时同步进行的水量测定,并获得水量平衡的一种测试方式。该种测试方式测试时间短,便于开展工作,容易较快取得水量间的平衡。但由于公共建筑分类较多,建筑功能复杂且多样,用水时段及连续性不能完全一致,一次水平衡测试方式只适用于建筑功能单一、用水系统简单,用水连续且稳定的单一建筑功能的公共建筑。

2. 逐级平衡测试

逐级平衡测试是应用较多的一种方式。逐级平衡测试,是按水平衡测试系统的划分,自下而上、从局部到总体逐级进行的。为使测试成果具有代表性,各级各功能分区的各种用水系统的水平衡测试,都应在具有代表性的各测试时段内,按一次平衡测试的方式进行。

逐级平衡测试是"化整为零"的多个一次平衡测试过程,适用于具有可以逐层分解的用水系统,易于选取具有代表性测试时段的公共建筑。逐级平衡测试工作,需在较周密的组织计划安排下进行,所需总的水平衡测试周期较长,应视公共建筑的建筑功能、商业业态分布情况及水平衡测试计划安排而定,例如建筑功能相对多样的公共建筑。

3. 综合平衡测试

综合平衡测试,是指在较长的水平衡测试周期内,在正常生产生活条件下,每隔一定时间,分别进行水量测定,然后综合历次测试数据,以取得水量总体平衡的一种方式。这种测试方式,适用于一定时段内用水连续型公共建筑,例如大专院校与科研院所。

这种测试方式所需周期较长,便于结合日常管理进行,也便于利用日常用水统计数据,可以简化水平衡测试组织,所得水量总体平衡数据稳定可靠,但要求有较多的测定数据或样本,需进行较复杂的统计分析。

4.2.3　水平衡测试周期及时段

1. 测试周期和时段的含义

水平衡测试周期指用水单位从实测开始到建立一个完整的、具有代表性的水量平衡图所需的时间段范围及时间量，应同用水单位的工作、生产周期协调一致，全面反映生产用水的情况。水平衡测试时段指测定用水系统的一组或多组有效水量数据所需要的时间，一个测试周期可包括若干个具有代表性的测试时段。为此，应选取工作（用水）稳定、有代表性的时段进行测试，若能找到具有代表性的时段，也可适当缩短测试周期。水平衡测试周期和时段的选择，直接关系到测试方法的选择和测试数据的实用性。一般会选取具有代表时段的 48～72h，每 24h 记录一次，共记录 3～4 次。

2. 影响测试周期和时段的因素

公共建筑用水相对于工业企业用水明显有所不同，用水量没有工业企业大，水质也相对单一，多来自市政自来水；工业企业受工艺或工作流程限制和控制，用水具有明显的均匀性、连续性、规律性等特点，公共建筑用水则明显不同。公共建筑水平衡测试中，影响测试周期和时段的因素很多，包括测试对象所在地的地理位置、气候因素、当地生活习惯等。主要影响因素是公共建筑的类型及建筑规模。建筑类型如会议建筑、展览建筑、体育场馆、音乐厅、交通运输建筑因会议（展览、赛事）或机船航班班次的影响，用水是间歇且不连续的，且存在瞬时用水密集的高峰时段；建筑类型如医疗建筑、养老建筑、宾馆、酒店公寓、招待所等，因其建筑功能影响，其用水相对连续且均匀；建筑类型如办公建筑、商业建筑等，其用水可按照日、夜区分，在白天一定时段内是连续且相对均匀的。公共建筑内的建筑规模越大，建筑功能类型越多，各建筑功能用水系统互相交织、系统越复杂。建筑规模越大，原本单一的建筑功能会相应增加配套服务设施，例如建筑功能单一的办公楼增大建筑规模时，需要增加配套的餐饮、超市、后勤服务等辅助功能设施，相当于在单一建筑功能上增加不同建筑业态的其他服务型业态，当每一个功能区域规模继续增大时，就演变成另一建筑功能的公共建筑。其他因素（如季节、气候等）也会影响影响测试周期和时段，例如教育建筑中的大专院校、职业高中、中小学校、科研院所等，在寒暑假时，相对长一个时段内用水会出现明显变化。

4.2.4　水平衡测试对计量设施的要求

水的流量测定是水平衡测试的基础，因此在测试之前必须健全公共建筑的水计量设施。

1. 系统计量的范围

（1）为了建立水量平衡关系，应对公共建筑室内、室外各个用水系统的流量进行测试，包括室内生活用水系统、中水回用系统、热水系统、消防水系统、特殊工艺用水系统、暖通空调冷冻用水系统等，室外雨水系统、道路冲洗及绿化用水系统、景观用水系统等。每个用水系统或用水单元处均应安装水流量的计量设施，并保证其完好率。

（2）结合国家节能减排、绿色建筑的相关要求，公共建筑应采用逐级计量，以三级计量划分用水区的计量器具及设施。一级计量范围为公共建筑红线内的各公共建筑各种类型供水引入管（生活用水及回用水）和各种排水量的计量。二级计量范围为公共建筑内各功能分区子系统的工艺用水、生活用水和排水的计量。教学建筑如教学办公区、学生宿舍区、后勤区、体育场及图书馆等；旅馆建筑如客房区、餐饮区、会议区、娱乐区、后期服务区等；医疗建筑如住院部、门诊部、医技楼、行政办公楼、后勤服务区等。三级计量是子系统下各用水单元，如餐饮区子系统下的卫生间、中餐厅、西餐厅、咖啡厅等主要用水设备为单位的计量点。当消防水池在建筑区域内时，应将消防用水绘制在网络图中，当消防用水不在本建筑区域内时，应将消防用水量记录并反馈到计量消防水池及消防用水的建筑区域内的层级图中，以下按照消防用水不在本建筑区域内，具体实例见 4.2.1 节的表 4-1 及本节图 4-2～图 4-6。

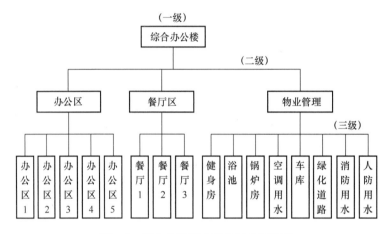

图 4-2　某办公楼测试系统划分网络图

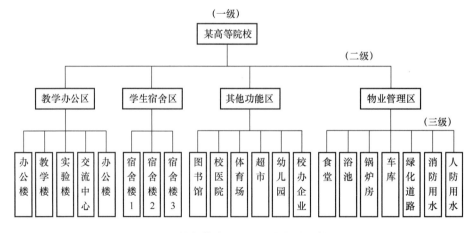

图 4-3　某高等院校测试系统划分网络图

2. 系统计量的要求

（1）对于公共建筑，为满足水平衡测试统计计算的要求，公共建筑内的各个供水系统

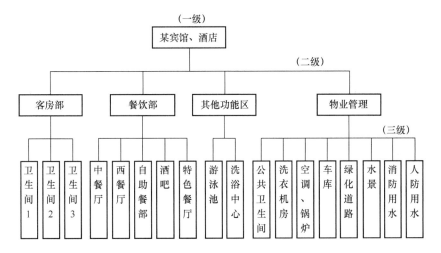

图 4-4　某酒店测试系统划分网络图

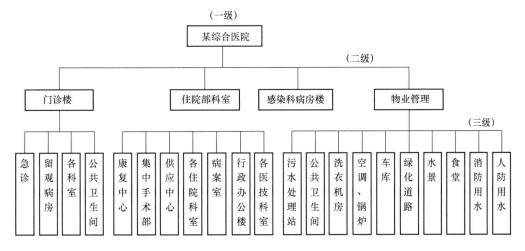

图 4-5　某医院测试系统划分网络图

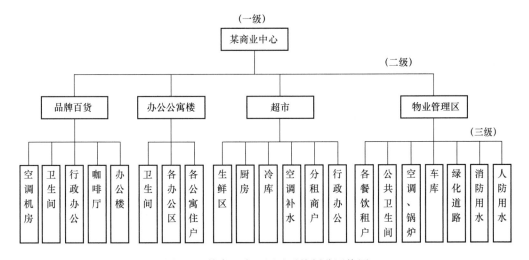

图 4-6　某商业中心测试系统划分网络图

的主要生活用水、工艺用水和消防用水等均应分别计量。

（2）用水应按不同建筑功能分区、管理要求或水质要求等分别设置。各建筑功能分区、各同一建筑功能分区内的不同用水用户、各用水系统、各主要用水设备和装置都应分别计量。

（3）各种用水水源及配水系统应分别计量，如市政供水、废水回用、雨水回收等。切实做到各项用水都有计量。

（4）公共建筑各用水系统级别的水表配备率、完好率以及水表计量率和准确度，均应符合国家有关法规标准的要求。详见表 4-2 和表 4-3（摘自《用水单位水计量器具和配备管理通则》GB 24789—2009）。

水计量器具配备要求 表 4-2

考核项目	用水单位	次级用水单位	主要用水设备（用水系统）
水计量器具配备率（%）	100	≥95	≥80
水计量率（%）	100	≥95	≥85

注：1. 次级用水单位、用水设备（用水系统）的水计量器具配备率、水计量率指标不考核排水量；

2. 单台或单套用水系统用水量大于或等于 $1m^3/h$ 的为主要用水设备（用水系统）；

3. 对于可单独进行用水计量考核的用水单元（系统、设备、工序、工段等），如果用水单元已配备了用水计量器具，用水单元中的主要用水设备（系统）可以不再单独配备水计量器具；

4. 对于集中管理用水设备的用水单元，如果用水单元已配备了用水计量器具，用水单元中的主要用水设备可不再单独配备水计量器具；

5. 对于用水泵功率或流速等参数来折算循环水用量的密闭循环用水系统或设备、制流冷却系统，可不再单独配备水计量器具。

水计量器具准确度等级要求 表 4-3

计量项目	准确度等级要求
取水、用水量	优于或等于 2 级水表
费事排放	不确定优于或等于 5%

4.3　水平衡测试方法

4.3.1　水平衡测试的原则

公共建筑水平衡测试工作应遵循以下原则进行：

（1）应在当地节水行政主管部门的监督下定期进行，并对其合格性进行考核认可，以作评估合理用水的考核依据之一。

（2）公共建筑水平衡测试必须依照国家有关法规标准进行，目前公共建筑水量平衡的相关标准和通则还是空缺，可参见已有的企业水平衡测试通则等。

（3）测试所用水表等各类计量仪表，在安装使用前应经有关主管部门校验合格，以保证所测数据准确。

（4）水量计量仪表的配置，要保证建筑楼栋、功能分区、用水设备三级水表的水量计量率、装表率、完好率达到有关的要求。

（5）水量测试时，必须在用水系统有代表性或正常工作下进行，以使测试数据准确真实地反映用水状况。

（6）水量测试和计算时，应按自下而上的顺序进行。用水单元的用水器具→建筑功能分区→公共建筑→区域公共建筑或城市综合体。

（7）测试过程中，所得数据应全部填制于水平衡测试专用表中，不允许漏项，在测试结束后及时进行整理汇总。

4.3.2 水平衡测试的工作程序

公共建筑水平衡测试工作可概括为四个阶段，即测试前准备工作、测试实施工作、测后汇总分析工作和报告书编制工作。具体工作流程如图 4-7 所示。

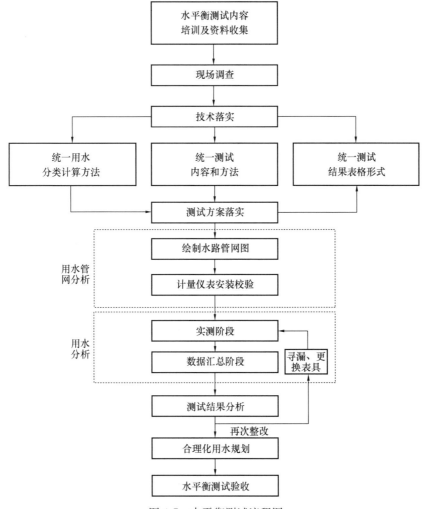

图 4-7 水平衡测试流程图

4.3.3　公共建筑水量测定的方法

根据实测公共建筑的建筑规模、建筑功能，调查用水情况，绘制测试用水单元或系统的水路管网图，选择测试点，确定水平衡测试方式、划分用水单元与级别、测试周期与测试时段等，汇总各项测试数据。

水平衡测试时，水流量测定的常用方法有仪表计量法、堰测法、容积法。除上述 3 种水平衡测试中常用的水量测定方法外，还有其他方法，如：按水泵特性曲线估算水量法，按用水设备铭牌的额定水量估算水量法，运用类比法和替代法估算水量法，用所测流速乘过水断面面积估算水量法，利用经验法和直观判定法估算水量法等。在公共建筑水平衡测试时，多采用仪表计量法，常使用的测量仪器为水表和流量计。

1. 水表

水表计量是水平衡测试的主要方法，水表按照工作原理、介质温度、工作环境、安装方式、读数显示方式等分类。选用不同类型的水表，应根据使用场所、安装环境、计量精度要求以及查表便利等因素，综合考虑。目前广泛使用的水表中，按计数机件所处状态不同又分为干式水表和湿式水表；按照介质温度分为冷水表和热水表；按照安装方式分为水平水表和立式水表；按照读数显示方式可分为指针式水表和数字式水表；按构造不同分为旋翼式和螺翼式；同时还有复式水表、IC 卡式水表、远传水表。直饮水系统上也有直饮水专用水表。其中容积式水表多用于工业企业，或者实验测试等场所，以及对于计量精度要求较高的建筑区域，速度式水表常用于民用建筑和工业建筑中的水量计量。在非连续性大流量供水场所，即在大小流量差异较大，用水峰谷变化频繁的计量场所，过去常采用复式水表。目前主要采用超声波水表，可以解决大口径水表普遍存在的最小流量以下的低流量和超低流量水资源流失率较高的问题，如图 4-8 所示。

在管径不超过 50mm 时应选用旋翼式水表，管径超过 50mm 时选用螺翼式水表。以不超过水表的额定流量确定水表直径，水表口径应与管道口径一致，水表额定流量应与测试管道中的工作流量相近；水表安装时，旋翼式水表一般需水平安装，螺翼式水表可以水平、垂直或倾斜安装。表前表后均应安装阀门，安装地点要便于读表。

2. 流量计

目前水量测定常用的压差式流量计有孔板、喷嘴、文丘里管、毕托管流量计等。除此之外还有转子流量计、电磁流量计和超声波流量计等。

3. 获得水量数值的方法

水平衡测试的水量数值可通过实测法、统计分

图 4-8　超声波水表

（宁波水表（集团）股份有限公司）

析法、用水定额法、计算法获得。对于用水档案齐全、有稳定可靠的计量资料且记录完整的用水系统，可以通过对历史数据的统计分析得到水量数值。

对于用水定额稳定、运行可靠的用水设备，可采用设备的用水定额值。

4.3.4　公共建筑水平衡测试的内容

公共建筑水平衡测试的内容分为两部分：测试参数和用水设备参数。测试参数包含水量参数、水质参数和水温参数。需要测试的水量参数包含有：各个系统及建筑功能业态的新水量、循环水量、串联水量、耗水量、排水量和漏失水量；水质参数受公共建筑的建筑性质影响而有所不同，根据具体情况而定。测定水温参数时，应测定循环水进出口及对水温有要求的串联水的控制点的水温。用水设备水量参数测定包含一般用水设备、间歇性用水设备、季节性用水设备。

4.3.5　公共建筑水平衡测试结果分析评估及改进措施

公共建筑水平衡测试的目的是通过测试结果进行合理化用水分析。通过各系统水量水平衡计算（新水量、耗水量、漏失水量、排水量、循环用水量、串联水量、重复利用水量等）、用水考核指标计算（重复利用率、工艺水回用率、单位面积用水量、二级水表计量率、用水综合漏失率、人均生活取水量、非常规水资源代替率等）、各项用水指标的分析对比，找出存在的问题；根据测试分析结果，总结经验，提出改进方案，如改进和完善日常计量制度，提高用水计量统计的力度和精度；分析测算相关节水改造项目的节水效益和成本；通过查找存在的问题，并与同类公共建筑做对比，挖掘节水潜力；进一步完善用水技术档案（相关规章制度、各种水源参数、给水排水管网图、水表系统图、各水量汇总表、用水节水技改情况、水平衡测试报告书等）；最后，提出相应的节水措施和管理办法，从而使测试对象的节水效益和总体效益得到进一步提高。

4.4　公共建筑水平衡测试技术指标及计算

4.4.1　技术指标

1. 重复利用率

（1）指标解释

重复利用率是在一定的计量时间（年）内，生产、生活和提供公共服务过程中所使用的重复利用水量与总水量之比。

（2）指标选取原则及要求

1）重复利用水量是用水单元中循环水量与串联水量之和，用 V_y 表示。

2）循环水量是本用水单元已使用过的水量，经过处理或未经处理后再用于本用水单元以替代新水的水量，用 V_{cy} 表示。

3）串联水量是被其他用水单元使用过并排出该单元，经过处理或未经处理后被本单元利用以替代新水的水量，用 V_z 表示。

4）从本用水单元传递到其他用水单元的水量应记做其他用水单元的串联水量；对于本用水单元而言，这部分属于排水量，不记做串联水量。

（3）指标计算

$$R = \frac{V_r}{V_t} \times 100\% = \frac{V_r}{V_f + V_r} \times 100\% \tag{4-3}$$

式中　　R——重复利用率，%；

　　　　V_r——在一定计量时间内，重复利用水量（包括循环水量和串联水量），m^3；

　　　　V_t——在一定时间内，生产过程中的总水量，为 V_f 和 V_r 之和，m^3；

　　　　V_f——在一定时间内，生产中取用的新水量，m^3。

2. 冷却水循环率

（1）指标解释

冷却水循环率是指在一定计量时间（年）内，冷却水循环量与冷却水总用量之比。

（2）指标计算

$$\gamma_c = \frac{A_{cr}}{A_{ct}} \times 100\% = \frac{A_{cr}}{A_{cf} + A_{cr}} \times 100\% \tag{4-4}$$

式中　　γ_c——冷却水循环率，%；

　　　　A_{cr}——冷却水循环量，m^3；

　　　　A_{ct}——冷却水总用量，为 A_{cf} 与 A_{cr} 之和，m^3；

　　　　A_{cf}——冷却水用新水量，m^3。

3. 排水率

（1）指标解释

排水率是指在一定计量时间（年）内，总外排废水量占取水量的百分比，排水率是评价合理回用与否的一个指标。

（2）指标选取原则及要求

排水量是排出本用水单元且不再被本单元利用的水量，用 V_d 表示。如果本用水单元排水量的全部或部分水量被其他用水单元利用，被利用的水量属于其他用水单元的串联水量。

（3）指标计算

$$r_d = \frac{V_d}{V_i} \times 100\% \tag{4-5}$$

式中　　r_d——排水率，%；

　　　　V_d——在一定计量时间内，用水单位排水量，m^3；

　　　　V_i——在一定计量时间内，用水单位的取水量，m^3。

4. 用水综合漏失率

（1）指标解释

用水综合漏失率是指在一定计量时间（年）内，用水设备的漏水量与取水总用量之比。

（2）指标计算

$$K_l = \frac{V_l}{V_i} \times 100\% \tag{4-6}$$

式中　K_l——用水综合漏失率，%；

V_l——在一定计量时间内，公共建筑的漏水量，m^3；

V_i——在一定计量时间内，公共建筑的取水量，m^3。

5. 新水利用率

（1）指标解释

新水利用率是在一定的计量时间（年）内，生产、生活和提供公共服务过程中所使用的新水量与外排水量之差同新水量之比。

（2）指标选取原则及要求

新水量是取自任何水源且第一次被利用的水量，也称为取水量，以 V_f 表示。包括取水、城镇供水工程，以及从市场购得的其他水或水的产品（如蒸汽、热水、地热水等），不包括自取的海水和苦咸水，以及为生产向外供给市场的水或水的产品（如蒸汽、热水、地热水等）。

（3）指标计算

$$K_f = \frac{V_f - V_d}{V_f} \times 100\% \leqslant 1 \tag{4-7}$$

式中　K_f——新水利用率，%；

V_f——在一定计量时间内，使用过程中取用的新水量，m^3；

V_d——在一定计量时间内，外排水量，m^3。

6. 非常规水资源替代率

（1）指标解释

再生水、雨水、矿井水、苦咸水等非常规水资源利用总量与城市用水总量（新水量）的比值。

（2）指标计算

$$K_b = \frac{V_{ih}}{V_i + V_{ih}} \times 100\% \tag{4-8}$$

式中　K_b——非常规水资源代替率，%；

V_{ih}——在一定计量时间内，非常规水资源所替代的取水量，m^3；

V_i——在一定时间内，企业的取水量，m^3。

7. 水表计量率

（1）指标解释

水表计量率是低一级水表所计量的水量总和与上一级水表所计量的水量总和的比值；是单位对重点部位进行日常检查管理，统计用水和开展水平衡测试等具有重要作用的指标。

（2）指标选取原则及要求

一般应计量以下取水、用水的水表计量率：水厂的取水量、非常规水资源用水量、公共建筑内部主要用水单元以及重点用水设备或系统的用水量、特别是循环用水系统、串联用水系统、外排废水回用系统的用水量。

（3）指标计算

$$二级表计量率 = \frac{二级表水量之和}{一级表水量} \times 100\% \tag{4-9}$$

$$三级表计量率 = \frac{三级表水量之和}{二级表水量} \times 100\% \tag{4-10}$$

8. 节水器具使用率

（1）指标解释

节水器具指比同类常规产品能减少流量或用水量，提高用水效率、体现节水技术的器件、用具。节水器具普及率是公共建筑整体节水效能的重要体现，可作为设计、评判节水效能的参照。

（2）指标选取原则及要求

节水型器具是指符合现行行业标准《节水型生活用水器具》CJ/T 164 的用水器具。

（3）指标计算

$$节水器具使用率 = \frac{节水器具设备件数}{用水器具设备总件数} \times 100\% \tag{4-11}$$

9. 人均生活日新水量

（1）指标解释

人均生活日新水量是居住用户或居住型用水单元每天用于生活的新水量。

（2）指标选取原则及要求

$$V_{lf} = \frac{V_{ih}}{N \times d} \tag{4-12}$$

式中　V_{lf}——人均生活日新水量，m³/（人·d）；

　　　V_{ih}——测试时段内用于生活的新水量，m³；

　　　N——居住总人数，人；

　　　d——测试时段的天数，d。

10. 公共服务类日均新水量

（1）指标解释

公共服务类用水定额是按照公共服务的不同类别，以服务设施的数量或服务对象的数量分摊的每日新水量。

（2）指标选取原则及要求

公共服务类用水主要包括以下方面：

1）宾馆旅店业的客房床位日均新水量；

2）医院住院部的床位日均新水量；

3）大专院校和中小学的师生人数日均新水量；

4）餐饮业的单位经营业面积日均新水量；

5）商场和批发零售贸易型建筑的单位营业面积日均新水量；

6）各种办公楼的单位办公面积日均新水量；

7）市政园林绿化的单位用水面积日均新水量；

8）理发、沐浴、洗衣、洗车行业的单位营业面积日均新水量。

4.4.2　计算

1. 水平衡测试计算公式

水平衡测试计算示意图如图 4-9 所示：

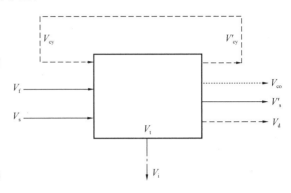

图 4-9　水平衡测试计算示意图

（1）输入表达式：$V_{cy} + V_f + V_s = V_t$

$$\text{（4-13）}$$

（2）输出表达式：$V_t = V'_{cy} + V_{co} + V_d + V_i + V'_s$ （4-14）

（3）水平衡方程式：$V_{cy} + V_f + V_s = V'_{cy} + V_{co} + V_d + V_i + V'_s$ （4-15）

式中　V_{cy}、V'_{cy}——循环水量，m^3；

　　　　V_t——用水量，m^3；

　　　　V_f——新水量，m^3；

　　　V_s、V'_s——串联水量，m^3；

　　　　V_t——用水量，m^3；

　　　　V_{co}——耗水量，m^3；

　　　　V_i——漏失水量，m^3。

2. 主要计算公式及符号

水平衡测试主要计算公式与符号见表4-4。

主要计算公式和符号　　　　表 4-4

基本公式	输入表达式	$V_{cy} + V_f + V_s = V_t$		
	输出表达式	$V_t = V'_{cy} + V_{co} + V_d + V_i + V'_s$		
	水平衡方程式	$V_{cy} + V_f + V_s = V'_{cy} + V_{co} + V_d + V_i + V'_s$		
符号含义	V_{cy}、V'_{cy}——循环水量，m^3	V_{co}——耗水量，m^3	V_t——用水量，m^3
	V_s、V'_s——串联水量，m^3	V_f——新水量，m^3	V_d——排水量，m^3
	V_i——漏失水量，m^3	—	—

3. 公共建筑水平衡测试计算用表

公共建筑水平衡测试计算用表见附录 E。

4.5 案 例

本节案例主要选取办公、宾馆、医疗这三类公共建筑进行水平衡测试计算示例。主要通过分析不同类公共建筑的用水特点，示例了水平衡测试的工作程序、测定方案、计算用表的应用以及水平衡测试的结果分析等。

4.5.1 西安市某办公楼水平衡测试报告

该水平衡测试单位为政府机关，属于办公类公共建筑，其用水与工业企业用水相比，具有用水量小、用水单元（设备）少、用水结构简单、污水排放率高、用水过程昼夜不稳定、周末与工作日不稳定等特点。因此，一般机关事业单位的水平衡测试应根据其用水特点，重点做好以下几方面的工作：

（1）机关事业单位水平衡测试相对简单，一般采用一次平衡法进行测试。

（2）因机关事业单位用水量较少，管道内水流量小，故对测试精度要求较高。但由于水表安装率和计量率相对较高，一般采用水表法进行计量，故在正式测试前需要完善各级计量水表的安装，进行计量水表的比测校验。

（3）由于用水过程呈现昼夜、工作日与非工作日不稳定的特点，水平衡测试需进行长时间连续累计观测，测试时间不少于1个用水周期（7d）。

（4）机关事业单位的主要用水单元是卫生、食堂、空调等，污水排放率高、排放点比较分散。因此，污水排放量的测量是水平衡测试的重点内容之一。

（5）由于冬季利用锅炉供暖，夏季利用中央空调制冷，故夏、冬季节用水量与春、秋季节用水量有较大的变化和差异，在进行年取水量、年用水量、年重复利用率等分析、计算时应考虑季节性用水的影响。

1. 单位基本概况

西安市某局是西安市的政府机构，位于西安市未央区，占地面积2.5万m²，建筑面积9.0万m²，绿化面积0.66万m²。

水平衡测试期间，该机关有办公大楼、员工餐厅、员工浴室、冷却塔、锅炉房和绿化等用水部门和用水设施；有办公、物业、保安、保洁等员工，日常平均出勤人数约4600人，平均日到访流动人员约800人。

2. 单位用水情况

（1）单位用水水源及排水情况

单位取水水源为市政供水管网供给的自来水，自市政供水管网主干线分支后，由大院门外分东、西两路供水管道供水。其中，西路供水管道管径为100mm，东路供水管道管径为150mm。

两路供水管道在机关大院内汇成一路供水主管线后，依次供给1号办公楼、6号办公楼、职工餐厅、锅炉房、员工浴室、4号办公楼、2号办公楼、办公楼冷却塔补水和大院绿化用水等。

大院内各用水部门的生活污水，由各自的污水管网分别排入机关化粪池，而后经污水主管道排入市政污水管网。该单位取水水源基本情况统计见表4-5。

该单位取水水源基本情况（单位：m³/d）　　　　　表 4-5

序号	水源类别	取水量		要用途	备注
		常规水资源取水量	非常规水资源取水量		
1	自来水	231.2		生活	
2	自来水	231.2		生活	
	合计	462.4			

注："水源类别"栏中，常规水资源包括地表水、地下水、自来水、外购软化水、外购蒸汽等；非常规水资源包括海水、苦咸水、城镇污水再生水、矿井水等。

（2）单位主要用水工艺和用水设备情况

该单位主要用水有空调制冷、调湿、锅炉供暖、餐厅、办公、洗浴、绿化等。主要用水设备有全自动燃气热水锅炉3台（1用2备）；有1、2号楼中央空调系统的冷却塔18台，冷却循环水泵6台（日常3用3备）；有冷水机组3台（2用1备），直燃型溴化锂吸收式冷、热水机组2台，立式容积式热交换罐1个，4.0m³的补水箱1个，供员工洗浴的小型燃气热水锅炉1台，软化水罐2个等。

（3）单位用水管理及水表配备情况

单位的用水管理由局机关机电运行处负责。在节约用水、科学管水的理念下，该局先后建立、健全了各用水部门的用水台账，并根据《陕西省行业用水定额》DB61/T 943—2014制定了节水、用水管理制度，将用水指标纳入年度考核指标。

水平衡测试时期间，该局共安装各级计量水表24块，均完好无损。其中，安装一级水表2块，一级水表计量率100.0%；安装二级水表14块，二级水表计量率97.4%；安装三级水表8块，三级水表计量率达到95.3%。单位计量水表配备基本情况见表4-6。

西安某办公楼计量水表配备情况　　　　　表 4-6

序号	水表编号	计量级别	所在的位置	计量范围	水表型号	水表精度	检定周期（月）	鉴定日期	备注
1	1	一级	单位西大门	入户管至第一个用水器具	LXS-100C	2.5级	6	2015.6.20	
2	2	一级	单位东大门	入户管至第一个用水器具	LXS-150C	2.5级	6	2015.6.20	
3	3	二级	1号楼B1层夹层	1号楼B1层夹层	LXS-50C	2.5级	6	2015.6.20	
4	4	二级	1号楼25层水箱间	1号楼25层	LXS-100C	2.5级	6	2015.6.20	
5	5	二级	6号楼北侧	6号楼	LXS-40C	2.5级	6	2015.6.20	
6	6	二级	职工餐厅东侧	职工餐厅	LXS-50C	2.5级	6	2015.6.20	

续表

序号	水表编号	计量级别	所在的位置	计量范围	水表型号	水表精度	检定周期（月）	鉴定日期	备注
7	7	二级	职工餐厅南侧	职工餐厅	LXS-80C	2.5级	6	2015.6.20	
8	8	二级	职工餐厅西侧	职工餐厅	LXS-40C	2.5级	6	2015.6.20	
9	9	二级	锅炉房内	锅炉房	LXS-100C	2.5级	6	2015.6.20	
10	10	二级	锅炉房内	锅炉房	LXS-100C	2.5级	6	2015.6.20	
11	11	二级	车队内	车队	LXS-20C	2.5级	6	2015.6.20	
12	12	二级	4号楼1层水房	4号楼1层水房	LXS-32C	2.5级	6	2015.6.20	
13	13	二级	2号楼B1层水箱间内	2号楼B1层	LXS-80C	2.5级	6	2015.6.20	
14	14	二级	1号楼西南侧	1号楼	LXS-40C	2.5级	6	2015.6.20	
15	15	二级	绿化地井内	绿化地井	LXS-80C	2.5级	6	2015.6.20	
16	16	二级	绿化地井内	绿化地井	LXS-40C	2.5级	6	2015.6.20	
17	17	三级	锅炉房内	锅炉房	LXS-80C	2.5级	6	2015.6.20	
18	18	三级	浴室内	浴室	LXS-80C	2.5级	6	2015.6.20	
19	19	三级	浴室内	浴室	LXS-50C	2.5级	6	2015.6.20	
20	20	三级	锅炉房内	锅炉房	LXS-50C	2.5级	6	2015.6.20	
21	21	三级	2号楼B2层机房内	2号楼B2层机房	LXS-50C	2.5级	6	2015.6.20	
22	22	三级	2号楼B2层机房内	2号楼B2层机房	LXS-50C	2.5级	6	2015.6.20	
23	23	三级	2号楼B2层机房内	2号楼B2层机房	LXS-50C	2.5级	6	2015.6.20	
24	24	三级	2号楼3层楼顶	2号楼3层	LXS-65C	2.5级	6	2015.6.20	

（4）单位历年用水概况

经调查、统计，该单位历年取水量为8.73万～10.27万 m^3 ，且有逐年降低的趋势。其中，年利用循环水量超过108万 m^3 ，水的重复利用率达到92.0%，间接冷却水循环率达到99.5%。该单位历年用水情况见表4-7。

西安市某办公楼历年用水情况　　　　　　　　　　表 4-7

年份	新水量（万 m^3） 自来水	重复利用水量（万 m^3） 回用水量	间接冷却循环水量	其他循环水量	其他串联水量	其他水量（万 m^3） 排水量	漏失水量	耗水量	考核指标 单位人均取水量（L/d）	重复利用量（L/d）	间接冷却水循环率（%）	漏失率（%）	达标排放率（%）	非常规水资源替代率（%）
2009	10.27		108.1			8.02	0	2.25	61.2	91.3	99.5	0	100	0
2010	9.49		108.3			7.36	0	2.13	56.5	91.9	99.5	0	100	0
2011	8.73		109.2			6.73	0	2.00	52.0	92.6	99.5	0	100	0

注："新水量"栏按本单位不同水源类别，分别填在空格中，本单位新水量仅为自来水。

3. 水平衡测试方案

（1）水平衡测试边界与测试系统

按《企业水平衡测试通则》GB/T 12452—2008 要求，本次水平衡测试自 6 月 15 日起至 6 月 30 日结束，历时 15d。测试范围为机关内的工作用水，辅助工作和附属工作用水。

以该机关供水水源为总系统，以办公楼、餐厅、锅炉房、中央空调、浴室、绿化等用水单元为子系统进行划分，直至用水终端。

（2）制定水平衡测试方案

经水平衡测试人员对测试单位内的管网布局、用水设备、设施，计量仪表配备和节水器具及节水措施等情况进行调查统计，绘制出给排水管网图后，结合水平衡测试规范要求，制定如下水平衡测试方案：

① 以总取水口、总排水口为测试重点，以监测平衡各用水单元、用水设备、用水工艺为原则，采用一次平衡法进行水平衡测试。

② 水平衡测试周期为 15d。其中，现场供排水管网勘察、基础资料收集调查时间为 2d；各用水单元和单台设备连续测试时间为 7d；资料汇总、数据分析、报告编制时间为 6d。

③ 对用水单元和机关的总外排污水采用容积法、小浮标法、仪器法等进行测量；对地面以上外漏的阀门、水龙头等能测到的漏损水量均采用容积法进行测量。

④ 为判定供水管网是否渗漏，采用静态平衡方法进行测定。平衡测试时间定为 6 月 15 日 9：00～9：30。

4. 水平衡测试结果

（1）单位水平衡测试结果

通过对水平衡测试数据的整理、分析和计算，按要求编制了该办公楼用水现状水平衡测试统计表，并绘制水平衡图。其中，现状水平衡测试成果见表 4-8，各类用水分析见表 4-9，水平衡图如图 4-10 所示。

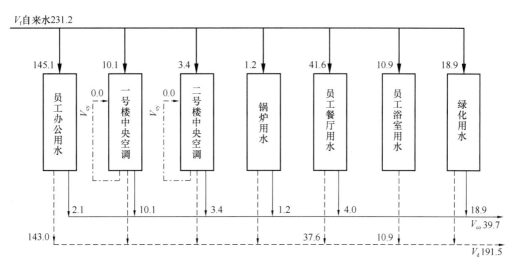

图 4-10　西安市某办公楼水平衡图（单位：m³/d）

西安市某办公楼现状水平衡测试成果统计　　　　表 4-8

序号	项目				
1	日取水量（m³/d）	231.2	日用水量（m³/d）	231.2
2	间接冷却循环水量（m³/d）	9009.0	间接冷却循环量（m³/d）	99.5
3	重复利用水量（m³/d）	9105.0	重复利用量（m³/d）	93.0

西安市某办公楼各类用水汇总表　　　　表 4-9

用水部门	用水类别	用水量		取水量		排水量		漏水量		备注
		水量(m³/d)	占比(%)	水量(m³/d)	占比(%)	水量(m³/d)	占比(%)	水量(m³/d)	占比(%)	
办公工作	办公用水	145.1	62.7	145.1	62.7	143.0		2.1		
	1号楼空调用水	10.1	4.4	10.1	4.4			10.1		
	2号楼空调用水	3.4	1.5	3.4	1.5			3.4		
	合计									
辅助办公用水	餐厅用水	41.6	18.0	41.6	18.0	37.6		4.0		
	澡堂洗浴	10.9	4.7	10.9	4.7	10.9				
	锅炉补水	1.2	0.5	1.2	0.5			1.2		
	合计									
附属办公用水	水景花坛	18.9	8.2	18.9	8.2			18.9		
	合计									
总计		231.2	100	231.2	100	191.5	0	39.7		

注：重复利用率和间接冷却水循环率系参考往年中央空调、锅炉供暖系统运转时的实际利用数据。

（2）单位用水合理性分析

① 办公用水分析

该办公楼公用水主要为本单位职工及外来流动人员的用水，包括办公、物业、保安、保洁、外来等人员。其中，日平均出勤员工 4600 人，日平均流动人员约 800 人。主要用水为楼内门窗玻璃、楼道地面、办公室内、公共区域清洁擦拭的保洁用水和洗漱间洗手盆用水、卫生间用水等，所用洁具全部为节水型器具。

经统计，办公区有男、女卫生间 105 座，共安装红外感应式小便池 61 个、延时自闭式小便池 65 个、延时自闭式大便池 310 个、红外感应式手盆 104 个、搬把开关洗手盆 123 个、陶瓷芯墩布池 105 个；此外配有 37 台电开水器（40L）为员工提供饮用开水。

水平衡测试期间，该办公楼日取水量为 145m³，人均（总人数按 4800 人计。其中，外来人口按流动总人口的 1/4 计算）取水量为 30L/d，与《陕西省行业用水定额》DB61/T 943—2014 表46 中所规定的"行政及科研院所人均用水定额 35 L/d"相比，用水比较节约。

② 1号楼中央空调系统用水分析

1号楼中央空调设备为 1号楼夏季供冷，每年运行 4 个月，日开机 11h 左右。主要用水为冷却塔补水。测试期间，1号楼中央空调系统尚未启用，用水主要有打压试水、冲洗管道以及管道内补水，日均用水量为 10.1m³。根据往年用水记录计算，制冷期内日均补水量为 20.8m³，日冷却水循环量为 3465m³，日冷却水循环率为 99.4%。

③ 2 号楼中央空调系统用水分析

2 号楼中央空调设备为 2 号楼夏季供冷，每年运行 4 个月，日开机 11h 左右。主要用水为冷却塔补水。测试期间，2 号楼中央空调系统也未启用，用水主要有打压试水、冲洗管道以及管道内补水，日均用水量为 3.4m³。根据往年用水记录计算，制冷期内日均补水量为 27.6m³，日冷却水循环量为 5544m³，日冷却水循环率为 99.5%。

④ 锅炉用水分析

锅炉房供应单位办公楼的冬季供暖，供暖期为 4 个月，全天 24h 供暖，供暖面积为 9 万 m³，主要为锅炉补水、反冲洗等用水。测试期间为非供暖期，锅炉系统尚未启用，用水主要为冲洗管道以及补充软化水，测试期间日均用水量为 1.2m³。

⑤ 员工餐厅用水

员工餐厅有工作人员 80 人，日供三餐。主要用水为餐厅内外保洁、卫生用水，主副食制作、洗菜、洗水果、洗碗盘和后厨清洁用水。日均制作主食、汤、粥等饮食 400kg，耗水约 4.0m³。

水平衡测试期间，餐厅日均用水 41.6m³，日均就餐客流量 4000 人次左右，人均就餐用水量 10.4 L/(人·次)。与《陕西省行业用水定额》DB61/T 943—2014 表 38 中所规定的"关中地区非营业性食堂用水 18 L/(人·次)"的定额标准相比，用水相对节约。

⑥ 员工浴室用水

锅炉房一台小型燃气热水锅炉专门为员工浴室供应热水。共有男、女浴室各 1 座；有插卡式电磁卡控制器开关淋浴喷头 46 个，陶瓷芯开关洗手盆 2 个。主要用水为员工卫生洗浴用水。水平衡测试期间，员工浴室日均用水 10.9m³，日均洗浴人数 130 人左右，人均洗浴用水约 83 L/(人·次)。与《陕西省行业用水定额》DB61/T 943—2014 表 39 中所规定的"公共浴池用水 100 L/(人·次)"相比，用水相对节约。

综合分析，该办公楼用水比较合理，冷却水循环率、重复水利用率、单位洗浴取水量、单位就餐取水量等主要用水技术考核指标，均达到《陕西省行业用水定额》DB61/T 943—2014 要求，且优于或基本优于西安市政府机关的平均用水水平。

4.5.2　重庆市某宾馆水平衡测试报告

重庆市某宾馆为中、小型旅馆住宿、餐饮营业综合服务型企业。该企业的用水特点是用水量相对较小、用水工艺比较简单。主要用水工艺为锅炉用水和中央空调用水；主要用水部门为旅客住宿饮用、洗浴和餐饮营业等生活用水。

1. 宾馆基本概况

重庆市某宾馆地处重庆市主城区，于 2008 年 10 月初进行装修改造，2009 年 9 月正式营业。

水平衡测试期间，该宾馆占地面积 2019m²，建筑面积 11120m²，客房 156 间，员工

136 人，有客房、餐饮、维保 3 个部门。宾馆自改建后，客人入住率达到 70.0%，就餐上座率达到 85.0%，经济效益可观。

2. 宾馆用水情况

(1) 宾馆水源与供排水情况

该宾馆供水水源为市政供水管网供给的自来水，由直径为 100mm 的供水管道在宾馆门引入宾馆院内。院内建有一个清水蓄水池，宾馆主楼楼顶建有两个储水箱（一个存储生活热水，一个存储生活给水）。供水管道入院后分成两路，一路进清水池，然后通过两台水泵（型号为 IS-40-500，功率为 15kW）把清水池的水抽提至主楼的生活给水箱中，供主楼餐饮、洗浴等处使用；另一路供给锅炉房、洗衣房、职工食堂餐饮用水。其中，进入锅炉房的一部分水通过预热系统加热后，用 2 台水泵（型号为 IS80-50-500，功率为 22kW）把热水提至主楼生活热水箱中，供客房住宿人员洗浴用水。宾馆排水均以暗沟形式排入市政排水管网中。宾馆取水水源基本情况见表 4-10。

序号	水源类别	取水量		主要用途	备注
		常规水资源取水量	非常规水资源取水量		
1	自来水	31.2	—	生活	—
	合计	31.2	—	—	—

注："水源类别"栏中，常规水资源包括地表水、地下水、自来水、外购软化水、外购蒸汽等；非常规水资源包括海水、苦咸水、城镇污水再生水、矿井水等。

(2) 宾馆主要用水工艺和用水设备情况

该宾馆的主要用水工艺或用水部门有：空调制冷、调湿、锅炉供水，食宿、洗浴、冲厕用水等。主要用水设备有中央空调 1 套（属于密闭式循环系统。使用自来水，不定期补水，在测试期间没有补水），制水锅炉 3 台（测试期间使用 1 台）。

(3) 宾馆用水管理及水表配备情况

宾馆的用水管理由宾馆维修保护部负责。随着水资源的日益短缺和宾馆用水成本的逐年增加，单位领导和员工的节水意识逐步加强，宾馆内部相继制定了节水、用水等管理制度，建立、健全了各用水部门的用水台账，将用水纳入成本核算和年度考核指标之内。

水平衡测试期间，经统计，宾馆应安装计量水表 11 块，实际安装 11 块，且全部完好无损。其中，安装一级水表 1 块、二级水表 9 块、三级水表 1 块。三级水表配备率均达到 100%，完好率达到 100%。宾馆计量水表配备情况见表 4-11。

序号	水表编号	计量级别	所在的位置	计量范围	水表型号	水表精度	检定周期（月）	鉴定日期	备注
1	1	一级	总表	—	LXS-100E	2.5 级	6	2014.5.10	DN100
2	2	一级	一楼男卫生间	—	LXS-50E	2.5 级	6	2014.5.10	DN50

续表

序号	水表编号	计量级别	所在的位置	计量范围	水表型号	水表精度	检定周期（月）	鉴定日期	备注
3	3	二级	一楼女卫生间	—	LXS-40E	2.5级	6	2014.5.10	DN40
4	4	二级	二楼卫生间	—	LXS-50E	2.5级	6	2014.5.10	DN50
5	5	二级	二楼洗衣房	—	LXS-50E	2.5级	6	2014.5.10	DN50
6	6	二级	3～6层客房	—	LXS-80E	2.5级	6	2014.5.10	DN80
7	7	二级	锅炉	—	LXS-65E	2.5级	6	2014.5.10	DN65
8	8	二级	中厨房	—	LXS-65E	2.5级	6	2014.5.10	DN65
9	9	二级	1～4层餐厅	—	LXS-65E	2.5级	6	2014.5.10	DN65
10	10	二级	西厨房	—	LXS-25E	2.5级	6	2014.5.10	DN25
11	11	三级	铁通营业厅	—	LXS-25E	2.5级	6	2014.5.10	DN25

（4）宾馆历年用水和水平衡测试期间经营概况

该宾馆近年来的经营取水量为 2.5 万～3.0 万 m³，间接冷却水循环率约 93.0%，宾馆历年取、用水情况及考核指标见表 4-12。

宾馆历年取、用水情况及考核指标　　　表 4-12

年份	新水量（万 m³）	重复利用水量（万 m³）		其他水量（万 m³）			考核指标			
	自来水	间接冷却循环水量	其他循环水量	其他串联水量	排水量	漏失水量	耗水量	单位产品取水量（万 m³）	间接冷却水循环率（%）	漏失率（%）	达标排放率（%）	非常规水资源替代率（%）
2012	0.49	7.79			0.457	0	0.03	202	94.1	0	100	0
2013	2.67	31.15			2.489	0	0.18	186	92.1	0	100	0

注：1. "新水量"栏按本单位不同水源类别，分别填在空格中；

2. 当用水中有直接冷却水时，应自行增加直接冷却水用量栏。

水平衡测试期间，为宾馆重组后的正常经营阶段，人员配备、机械设备运转情况基本良好，客人入住、就餐、洗浴保持在一般水平。经对主要经营项目的数量统计，该宾馆日平均入住人数达到 80 人，平均日就餐人次达到 328 餐，日平均取水总量为 31.23m³，其中，经营日取水量为 31.16m³；日均外供水量为 0.07m³。

3. 水平衡测试方案

（1）水平衡测试边界与测试系统

按《企业水平衡测试通则》GB/T 12452—2008 要求，本次水平衡测试自 5 月 5 日起，至 5 月 20 日结束，历时 15d。测试范围为宾馆的经营用水、辅助经营和附属经营用水，宾馆外供水的用水单元不在测试范围之内，仅作为现状取水量的统计计算。

以供水水源为总系统，以客房部、餐饮部、锅炉房、洗衣房、维保部等用水单元为子系统进行划分，直至用水终端。

（2）制定水平衡测试方案

经水平衡测试人员对测试现场进行深入勘查，对宾馆运营情况进行详细了解后，结合宾馆内、外供排水管网、经营系统、主要用水设备、用水工艺及计量水表安装等情况制定了如下水平衡测试方案：

① 以总取水口、总排水口为测试重点，以监测平衡各用水单元、用水设备、用水工艺为原则，采用一次平衡法进行水平衡测试。

② 宾馆水平衡测试总时间为 15d。其中，现场供排水管网勘察、基础资料收集调查时间为 3d；各用水单元和单台设备连续测试时间为 7d；资料汇总、数据分析、编制测试表、绘制水平衡图及编制技术报告等时间为 5d。

③ 对有用水计量的用水单元或用水设备采用水表计量（其中，一、二级计量水表每 8h 观测记录 1 次，共取 22 次测试数据；三级计量水表每 12 h 观测记录 1 次，共取 15 次测试数据）；对没有用水计量的用水单元或用水设备，则根据实际情况应用超声波流量计按要求定时测量。

④ 对用水单元和宾馆的总外排污水采用容积法、小浮标法、水文流速仪等方法进行测量；对地面以上外漏的阀门、水龙头等能测到的漏损水量均采用容积法进行测量。

⑤ 判定供水管网是否渗漏，采用静平衡方法进行测定。平衡测试时间定为每日凌晨 2:00～4:00，连续测试 5d，共取 6 次测试数据。

4. 水平衡测试结果

（1）宾馆水平衡测试结果

宾馆用水现状测试结果通过对重庆市某宾馆水平衡测试数据的整理、分析和计算，水平衡测试结果见表 4-13。

水平衡测试结果 表 4-13

序号	指标	数值
1	总取水量（m³/d）	31.16
2	总用水量（m³/d）	3692.5
3	间接冷却循环水量（m³/d）	2595.8
4	间接冷却循环率（%）	100
5	重复利用水量（m³/d）	3661.4
6	重复利用率（%）	99.2

测试结束后，编制了宾馆水平衡测试统计表，绘制了宾馆水平衡图。宾馆水平衡总图如图 4-11 所示，宾馆总用水分析见表 4-14。

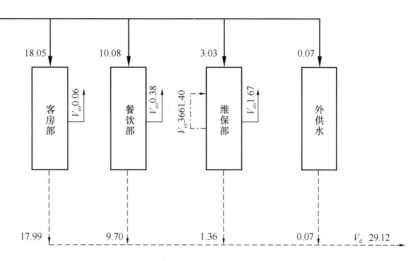

图 4-11　宾馆水平衡总图

宾馆总用水分析

表 4-14

用水部门	用水类别	用水量		取水量		排水量		漏水量		备注
		水量 (m³/d)	占比 (%)	水量 (m³/d)	占比 (%)	水量 (m³/d)	占比 (%)	水量 (m³/d)	占比 (%)	
主要经营用水	间接直流冷却水	—	—	—	—	—	—	—	—	—
	间接循环冷却水	—	—	—	—	—	—	—	—	—
	住宿用水	18.05	0.49	18.05	57.93	17.99	—	0.06	—	—
	洗涤直流	—	—	—	—	—	—	—	—	—
	合计	—	—	—	—	—	—	—	—	—
辅助经营用水	餐厅用水	2.87	0.08	2.87	9.21	2.49	—	0.38	—	—
	卫生用水	7.21	0.20	7.21	23.14	7.21	—	—	—	—
	—	—	—	—	—	—	—	—	—	—
	合计	—	—	—	—	—	—	—	—	—
附属经营用水	锅炉补水	1068.6	28.94	3.03	9.72	1.36	—	1.67	—	—
	间接冷却水	2595.8	70.30	—	—	—	—	—	—	—
	合计	—	—	—	—	—	—	—	—	—
总计		3692.5	100	31.16	100	29.05	0	2.10	—	—

注：重复利用率和间接冷却水循环率系参考往年中央空调、锅炉供暖系统运转时的实际利用数据。

（2）宾馆用水合理性分析

经计算，水平衡测试期间，宾馆平均日入住人数在 110 人，客人日平均用水定额为 $59.86 m^3/$（床·a）。与《重庆市城市生活用水定额》（2017 年修订版）中规定的"一、二、三星级的旅游饭店的日平均用水定额不大于 150 $m^3/$（床·a）"的定额相比，用水节约量较大。

综上分析，重庆市某宾馆经营用水基本合理。冷却水循环率、重复水利用率、单位住宿取水量等主要用水技术考核指标均达到《重庆市城市生活用水定额》（2017 年修订版）的要求，且优于重庆市宾馆行业的平均用水水平。

4.5.3　扬州某医院水平衡测试报告

扬州某医院是三级甲等综合医院属于医疗类公共建筑，主要用水途径是医疗器械、设备、医护人员的消毒用水，病患和医院职工的生活用水。用水量较小，但对于水质的要求较高。

医院污水成分比较复杂，含有病原性微生物，以及有毒、有害的物理化学污染物和放射性污染等，具有空间污染、急性传染和潜伏性传染等特征，不经专业有效的处理会严重污染环境，并成为一条疫病扩散的重要途径。因此，在水平衡测试过程中，根据相关规定对医院的污水排放量及排放污水水质进行检测，这是水平衡测试的重要内容之一。

1. 医院基本概况

该医院是依照二级甲等医院标准全额投资建设的一所以手术外科、创伤骨科、妇产科、康复科为特色，集医疗、预防、教学、科研、康复于一体的非营利性综合医院。

该医院总占地面积为 6.67 万 m²，设计建筑面积约 10.0 万，床位 800 张。水平衡测试期间，已有建筑面积 4.5 万 m²，开设床位 260 张，设内科、外科、妇产科、儿科等 20 多个临床科室，有员工 361 人。

2. 医院取用水情况

（1）医院取水情况

该医院取水为城市自来水。由两条管网供水，一条管径为 200mm，主要供医院的营业和生活用水；另一条管径为 150mm，主要用于全院的消防用水。医院取水水源情况见表 4-15。

医院取水水源　　　　　　表 4-15

序号	水源类别	取水量（m³/d）		主要用途	备注
		常规水资源取水量	非常规水资源取水量		
1	自来水	142.0	—	营业生活	—
	合计	142.0	—	—	—

注："水源类别"栏中，常规水资源包括地表水、地下水、自来水、外购软化水、外购蒸汽等；非常规水资源包括海水、苦咸水、城镇污水再生水、矿井水等。

（2）医院主要用水工艺和用水设备情况

医院用水主要为医院职工、患者就诊、病人住院的饮用、食宿、洗涤等用水，医疗器械和设备的灭菌、消毒等用水。主要用水情况如下：

① 医院 361 名员工的生活用水。

② 该院有床位 260 张，患者入住率在 80% 左右，主要为病患的生活用水。

③ 自来水主要用于康复楼、食堂、供应室、各个病区、各个诊室以及职工宿舍的生产和生活用水。其中，供应室内有 1 台纯水机、2 台脉动真空灭菌器、2 台全自动清洗消

毒器，直接用自来水产生蒸气，对敷料、医疗器械等物灭菌、消毒的生产用水。

④ 绿化为自然雨水浇灌，不使用自来水，不包括在本次测试范围之内。

⑤ 空调使用地源热泵，密封式循环用水，耗水量很小，本次忽略不计。

（3）医院排水概况

医院产生的所有污水经过排污管网汇集后进入地下污水处理池，在污水池采用二氧化氯灭菌、生物处理、物理沉降等方法进行处理后的达标污水最终排入市政污水管网。医院供排水管网图数据清晰，管路分布比较详细。

（4）医院节水管理及水表配备情况

① 医院节水管理情况

医院节水管理实行医院、总务科、科室管理员三级节水管理制度。其中，院级设节水领导小组主要负责审批医院节水管理制度和年度节水目标及节水项目；总务科设节水管理小组负责全院节水、用水工作的归口管理，制定用水计划及节水工作规划，编制节水报表，编写节水工作动态分析报告并针对存在的问题提出整改措施，对节水项目和新建、扩建改造项目用水部分的可行性研究和设计审查及项目实施后节水效果的评价等；科室设兼职节水管理员，负责贯彻执行医院各级节水管理制度，按时准确填报节水管理报表，组织本科室正确使用维护各种用水设备和用水计量器具，收集节水合理化建议，推广节水先进经验，进行经常性的节水宣传和教育。

② 医院水表配备情况

水平衡测试期间，医院一级用水单位的计量器具配备率为 100%，次级用水单位的计量器具配备率为 96.4%。依据《用水单位水计量器具配备和管理通则》GB 24789—2009中表 1 对水计量器具的配备安装的要求"单台设备或单套用水系统用水量大于或等于 $1m^3/h$ 的为主要用水设备（用水系统）需要安装水计量器具并且其配备率应达到 80% 以上"，该医院的单台用水设备的用水量均未达到 $1m^3/h$，故无需安装单台设备计量器具。医院计量仪表配备情况见表 4-16，水表安装情况见表 4-17。

水表配备指标计算　　　　　　　　　　　　　　　　　　　　　表 4-16

水表级别	水表配备				备注
	应配水表数（只）	实配水表数（只）	配备率（%）	完好率（%）	
一级	4	4	100	100	—
二级	28	27	96.4	96.4	—
三级	—	—	—	—	—

（5）医院历年用水概况

医院月取水量为 2600～2800m³（包括外供水量），单位床位日用水量约为 650 L/床扬州某医院近期用水基本情况和考核指标统计见表 4-18。

3. 水平衡测试方案

（1）水平衡测试边界与测试系统

按《企业水平衡测试通则》GB/T 12452 要求，本次水平衡测试自 2013 年 4 月 5 日起，至 4 月 20 日结束，历时 15d。测试范围仅限于医院范围内的营业用水，非营业用水及附属部门的生产、生活用水。医院外供水系统不在测试范围之内，仅对外供水总量做了观测记录，并进行了现状取水量的统计计算。

计量水表安装情况 表 4-17

序号	水表编号	计量级别	所在的位置	计量范围	水表型号	水表精度	检定周期（月）	鉴定日期	备注
1	1	一级	第三个保安岗亭南边	整个医院	DN200				1块
2	2	一级	第三个保安岗亭南边	整个医院的消防用水	DN150				1块
3	3、4	一级	各外供用水点	各外供点	DN50				2块
4	5～7	一级	A翼楼内	A翼楼内					3块
5	8～10	二级	B翼楼内	B翼楼内					3块
6	11～13	二级	C翼楼内	C翼楼内		二级	6		3块
7	14～16	二级	D翼楼内	D翼楼内					3块
8	17～19	二级	E翼楼内	E翼楼内	DN70				3块
9	20～22	二级	F翼楼内	F翼楼内					3块
10	23～25	二级	G翼楼内	G翼楼内					3块
11	26～28	二级	H翼楼内	H翼楼内					3块
12	29	二级	J翼楼内	J翼楼内					1块
13	30、31	二级	食堂内	食堂内					2块

扬州某医院近期用水基本情况和考核指标统计 表 4-18

年份	新水量（m³） 自来水	重复利用水量（m³） 回用水量	冷却循环水量	其他循环水量	其他水量（m³） 排水量（m³/d）	漏失水量	耗水量（m³/d）	考核指标 单位床位用水量[L/（床·d）]	漏失率（%）	达标排放率（%）	非常规水资源替代率（%）
2011 10～12月	7956	—	—	—	7506	450	668	1000			
2012 10～12月	17200	—	—	—	16225	975	644	100			

注："新水量"栏按本单位不同水源类别，分别填在空格中，本单位只有自来水。

全院以供水主管道为测试总系统，以各医疗楼、食堂、门卫、消防等用水单元为子系统进行划分，直至用水终端。

（2）制定水平衡测试方案

水平衡测试人员对现场进行深入勘察，并对医院基本情况进行详细了解后，结合医院内、外供排水管网、测试系统、用水工艺等情况制定了水平衡测试方案。

① 测试小组组成及工作安排

a. 由测试单位 5 人，医院 2～3 人，主管机构 1～2 人联合组成水平衡测试小组；

b. 测试准备时间为 1 星期、现场测试为两星期、汇总报告为 1 星期；

c. 测试、汇总报告结束后移交验收。

② 水平衡测试工作内容

a. 梳理医院自来水使用及管网分布情况；

b. 以每栋楼为用水单元，对各类用水设备进行测定（新水补充量及各种消耗量、排水量等）；

c. 建立用水单元水平衡测试表，绘制用水单元水平衡图；

d. 建立医院水平衡测试统计表，绘制医院水平衡总图；

e. 开展员工节水宣传教育活动；

f. 指导医院完善各种节水制度及管理网络，协助医院制定用水计划。

（3）水平衡测试过程

① 测试准备阶段

测试准备阶段主要工作内容如下：

a. 查阅测试系统中各用水环节，用水设备的基础资料；

b. 提取用水技术档案，编制各种记录和统计表单；

c. 编制各用水单元的水平衡方框图。

② 测试实施阶段

测试实施阶段主要工作内容如下：

a. 水源取水量及水质测试（测试水源日取水量，水体 pH、水温等水质参数）；

b. 根据划分的水平衡测试系统，采用逐级平衡法进行水平衡测试，在定点测试基础上，统计并汇总各用水单元的实际用水量；

c. 根据医院的实际用水情况，开展供水管网漏失水量测试。

4. 水平衡测试结果

（1）全院水平衡测试结果

通过对该医院水平衡测试数据的整理和合理性分析，计算出该医院现状水平衡测试成果，并编制水平衡测试统计表及用水分析表，绘制医院水量平衡图。其中，全院用水现状水平衡测试成果见表 4-19；全院水平衡图如图 4-12 所示；全院各类用水分析见表 4-20。

（2）医院用水合理性分析

① 节水管理分析

由医院用水、节水管理考核指标中可以看出，该医院高度重视用水、节水工作，拥有完善的节水管理机构和完备节水管理人员；有健全的节水管理网络；岗位责任制和计量管理制度落实到位；能够积极开展节水技改项目，使用节水新技术、新工艺和节水新器具；能经常性开展节水宣传教育和张贴宣传标语。综合评价，该医院节水管理工作比较到位，管理指标考核得分达到满分的占97.5%。

扬州某医院现状水平衡测试成果表 表4-19

项目	水平衡测试结果			
医院总取水量	日取水量(m³/d)	年取水量(万 m³/a)	其中	
			日外供水量(m³/d)	年外供水量(万 m³/a)
	5.18	5.18	8.0	0.29
医院营业取水量	日取水量(m³/d)	其中		
		日耗水量(m³/d)	日排水量(m³/d)	年漏损水量(m³/a)
	134.0	7.6	126.4	0

扬州某医院水平衡测试统计表 表4-20

用水部门	用水类别	用水量		取水量		排水量		耗水量		备注
		水量(m³/d)	占比(%)	水量(m³/d)	占比(%)	水量(m³/d)	占比(%)	水量(m³/d)	占比(%)	
主要经营用水	诊室	21.3	15.9	21.3	15.9	21.0		0.3		
	卫生间	17.8	13.3	17.8	13.3	17.1		0.7		
	供应室	57.1	42.6	57.1	42.6	56.8		0.3		
	住院部	18.3	13.7	18.3	13.7	17.7		0.6		
	开水房	1.6	1.2	1.6	1.2	0		2.0		
附属经营用水	办公、食堂	15.7	11.7	15.7	11.7	13.6		2.1		
	门卫	0.2	0.1	0.2	0.1	0.2		0		
	绿化									
总计		134	100	134.0	100	126.4		7.6		

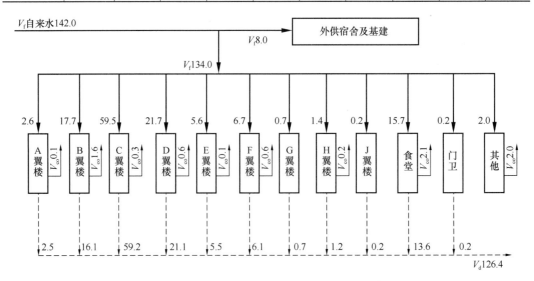

图4-12 全院水平衡总图

② 节水措施分析

卫生洁具是医疗行业用水的主要设施之一，医院十分重视这方面的节水设计。采用节水型洁具，大大减少了人为用水浪费的现象。经统计，该医院节水型卫生洁具安装率达到 100%；用水设施损失率为 0；卫生洁具设备漏损率为 0，节水效果较好。

③ 用水定额分析

根据江苏省机关事务管理局最新发布实施的《江苏省服务业与生活用水定额（2019年修订）》："行业代码为 841 的三级医院病房用水定额有先进值 550 L/（床·d）和通用值 800 L/（床·d）"。经水平衡测试计算，扬州某医院（病房有卫生间）现状单位床位用水量为 644 L/d，低于当地规定的通用值用水定额，接近先进值用水定额。从用水定额的角度分析，该医院基本优于江苏省医院类行业的平均水平。

4.5.4　水平衡测试的意义

通过开展公共建筑水平衡测试，可以在测量分析输入总水量和输出总水量两者之间的差额、统计各个用水单元实际用水量的基础上，得出总水量与各个分水量之间的平衡关系；可以清楚地掌握公共机构详细的用水现状，包括各类用水设备、设施、仪器、仪表分布及运转状态，用水总量和各用水单元之间的定量关系，获取准确的实测数据，进而求得各实测水量间的平衡关系，建立全面的用水技术档案；可以通过对掌握的资料和获取的数据计算、分析、评价有关用水技术经济指标，对单位用水现状进行合理化分析，找出公共建筑用水薄弱环节，并制订切实可行的节水技术、节水管理措施和节水规划，从而提升公共建筑的节水潜力；可以通过对实测数据的分析，判断公共建筑是否存在漏水情况，进而寻找公共建筑用水渗漏区域，并采取相应的修复措施，杜绝跑、冒、滴、漏，进而实现公共建筑节约用水的目标；可以累计用水定额、节水用水定额等基础数据，为节水测评提供准确的原始资料。

通过开展公共建筑水平衡测试，能如实反映出公共建筑用水过程中，各水量及其相互关系，从而实现科学管理、合理用水、充分节水，也可提高单位管理人员的节水意识，单位节水管理节水水平和业务技术素质；在提升公共机构的节水能力的同时，更能进一步加强公共机构对用水的科学管理与合理利用。

第5章 公共建筑节水的系统设计方法

5.1 引 言

公共建筑节水是我国节水工作的重要组成部分，在公共建筑中如何通过设计实现有效节水是值得每一个人认真思考并予以重视的问题。节水设计主要应从以下几个方面考虑：

1. 控制超压出流

一是明确提出控制超压出流的要求，以减少"隐形"水量浪费，促进科学、有效的用水。控制超压出流的有效途径是控制给水系统中配水点的出水压力。

2. 选择合适的热水循环方式

热水循环方式的选择，建议集中热水供应系统应保证干管、立管中的热水循环。造成热水系统水量浪费的原因是多方面的，既有施工、管理的不当，也有设计的不足。就设计而言，热水循环方式的选择，是影响无效冷水量多少的主要因素之一。

3. 大力发展非传统水源利用设施

在工程项目设计中，充分考虑中水，雨水等非传统水源的应用。特别是对于宾馆、高校，水源基本为浴室洗浴废水。对于一些规模不大的单位来说，洗浴废水量比较小，且排放时间过于集中，中水设施得不到稳定充足的水源。而盥洗废水具有水量大、使用时间较均匀、水质和处理效果相对较好等优点，应作为中水水源，加以充分利用。

4. 重视设计所选水表的设置要求及水表和表前阀门的质量要求

目前各城市节水法规中对开展合理用水分析和水量平衡测试工作均有明确的要求。而增加小区进户总水表，通过对各户水表进行水量平衡分析，有利于查出漏水隐患。若水表质量低劣，计量不准，不但将直接影响供水部门和用户的经济利益，还会使为遏制水资源严重透支造成其他浪费，利用经济杠杆调整水价和采取用户计划用水，节约获奖、浪费受罚等节水措施因缺乏正确的依据，而不能顺利实施。同时，水表长期使用，由于水质或自身零件磨损等原因，会影响水表的计量精度。

5.2 节 水 设 计 计 算

5.2.1 节水用水定额

（1）宿舍、旅馆和其他公共建筑的平均日生活用水的节水用水定额，可根据建筑物类型和卫生器具设置标准按表 5-1 的规定确定。

宿舍、旅馆和其他公共建筑的平均日生活用水节水用水定额 q_g　　表 5-1

序号	建筑物类型及卫生器具设置标准	节水用水定额 q_g	单位
1	宿舍 Ⅰ类、Ⅱ类	130～160	L/（人·d）
	Ⅲ类、Ⅳ类	90～120	L/（人·d）
2	招待所、培训中心、普通旅馆 设公用厕所、盥洗室	40～80	L/（人·d）
	设公用厕所、盥洗室和淋浴室	70～100	L/（人·d）
	设公用厕所、盥洗室、淋浴室、洗衣室	90～120	L/（人·d）
	设单独卫生间、公用洗衣室	110～160	L/（人·d）
3	酒店式公寓	180～240	L/（人·d）
4	宾馆客房 旅客	220～320	L/（床位·d）
	员工	70～80	L/（人·d）
5	医院住院部 设公用厕所、盥洗室	90～160	L/（床位·d）
	设公用厕所、盥洗室和淋浴室	130～200	L/（床位·d）
	病房设单独卫生间	220～320	L/（床位·d）
	医务人员	130～200	L/（人·班）
	门诊部、诊疗所	6～12	L/（人·次）
	疗养院、休养所住院部	180～240	L/（床位·d）
6	养老院、托老所 全托	90～120	L/（人·d）
	日托	40～60	L/（人·d）
7	幼儿园、托儿所 有住宿	40～80	L/（儿童·d）
	无住宿	25～40	L/（儿童·d）
8	公共浴室 淋浴	70～90	L/（人·次）
	淋浴、浴盆	120～150	L/（人·次）
	桑拿浴（淋浴、按摩池）	130～160	L/（人·次）
9	理发师、美容院	35～80	L/（人·次）
10	洗衣房	40～80	L/kg 干衣
11	餐饮业 中餐酒楼	35～50	L/（人·次）
	快餐店、职工及学生食堂	12～20	L/（人·次）
	酒吧、咖啡厅、茶座、卡拉 OK	5～10	L/（人·次）

序号	建筑物类型及卫生器具设置标准	节水用水定额 q_g	单位
12	商场 员工及顾客	4～6	L/(m²营业厅面积·次)
13	图书馆	5～8	L/(人·次)
14	书店 员工	27～40	L/(人·班)
	营业厅	3～5	L/(m²营业厅面积·次)
15	办公楼	25～40	L/(人·班)
16	教学实验楼 中小学校	15～35	L/(学生·d)
	高等学校	35～35	L/(学生·d)
17	电影院、剧院	3～5	L/(观众·场)
18	会展中心(博物馆、展览馆) 员工	27～40	L/(人·班)
	展厅	3～5	L/(m²展厅面积·次)
19	健身中心	25～40	L/(人·次)
20	体育场、体育馆 运动员淋浴	25～40	L/(人·次)
	观众	3	L/(人·场)
21	会议厅	6～8	L/(座位·次)
22	客运站旅客、展览中心观众	3～6	L/(人·次)
23	菜市场冲洗地块及保鲜用水	8～15	L/(m²·d)
24	停车库地面冲洗用水	2～3	L/(m²·次)

注：1. 除养老院、托儿所、幼儿园的用水定额中含食堂用水，其他均不含食堂用水；

2. 除注明外均不含员工用水，员工用水定额每人每班 30～45L；

3. 医疗建筑用水中不含医疗用水；

4. 表中用水量包括热水用量在内，空调用水应另计；

5. 选择用水定额时，可依据当地气候条件、水资源状况等确定，缺水地区应选择低值；

6. 用水人数或单位数应以年平均值计算；

7. 每年用水天数应根据使用情况确定。

（2）汽车冲洗用水定额应根据冲洗方式按表 5-2 的规定选用，并应考虑车辆用途、道路路面等级和污染程度等因素后综合确定。附设在民用建筑中的停车库擦洗车用水可按 10%～15%轿车车位计。

车冲洗用水定额 [L/(辆·次)]　　　　　　　　　　　　表 5-2

冲洗方式	高压水枪冲洗	循环用水冲洗补水	擦洗车
轿车	40～60	20～30	10～15

冲洗方式	高压水枪冲洗	循环用水冲洗补水	擦洗车
公共汽车	80～120	40～60	15～30
载重汽车			

注：1. 同时冲洗汽车数量按洗车台数量确定；

　　2. 在水泥和沥青路面行驶的汽车，宜选用下限值；路面等级较低时，宜选用上限值；

　　3. 冲洗一辆车可按 10min 考虑；

　　4. 软管冲洗时耗水量大，不推荐采用。

（3）空调循环冷却水系统的补充水量，应根据气象条件、冷却塔形式、供水水质、水质处理及空调设计运行负荷、运行天数等确定，可按平均日循环水量的 1.0%～2.0% 计算。

（4）浇洒道路用水定额可根据路面性质按表 5-3 的规定选用，并应综合考虑气象条件因素后确定。

浇洒道路用水定额 $[L/(m^2 \cdot 次)]$　　　　　表 5-3

路面性质	用水定额
碎石路面	0.40～0.70
土路面	1.00～1.50
水泥或沥青路面	0.20～0.50

注：1. 广场浇洒用水定额亦可参照本表选用；

　　2. 每年浇洒天数按当地情况确定。

（5）浇洒草坪、绿化年均灌水定额可按表 5-4 的规定确定。

浇洒草坪、绿化年均灌水定额 $[m^3/(m^2 \cdot a)]$　　　　　表 5-4

草坪种类	灌水定额		
	特级养护	一级养护	二级养护
冷季型	0.66	0.50	0.28
暖季型	—	0.28	0.12

（6）公共建筑的生活热水平均日节水用水定额可按表 5-5 的规定确定，并应根据水温、卫生设备完善程度、热水供应时间、当地气候条件、生活习惯和水资源情况综合确定。

热水平均日节水用水定额 q_r　　　　　表 5-5

序号	建筑物类型及卫生器具设置标准	节水用水定额 q_g	单位
1	酒店式公寓	65～80	$L/(人 \cdot d)$
2	宿舍　Ⅰ类、Ⅱ类	40～55	$L/(人 \cdot d)$
	Ⅲ类、Ⅳ类	35～45	$L/(人 \cdot d)$

序号	建筑物类型及卫生器具设置标准	节水用水定额 q_g	单位
3	招待所、培训中心、普通旅馆 设公用厕所、盥洗室	20～30	L/(人·d)
	设公用厕所、盥洗室和淋浴室	35～45	L/(人·d)
	设公用厕所、盥洗室、淋浴室、洗衣室	45～55	L/(人·d)
	设单独卫生间、公用洗衣室	50～70	L/(人·d)
4	宾馆客房 旅客	110～140	L/(床位·d)
	员工	35～40	L/(人·d)
5	医院住院部 设公用厕所、盥洗室	45～70	L/(床位·d)
	设公用厕所、盥洗室和淋浴室	65～90	L/(床位·d)
	病房设单独卫生间	110～140	L/(床位·d)
	医务人员	65～90	L/(人·班)
	门诊部、诊疗所	3～5	L/(人·次)
	疗养院、休养所住院部	90～110	L/(床位·d)
6	养老院、托老所 全托	45～55	L/(人·d)
	日托	15～20	L/(人·d)
7	幼儿园、托儿所 有住宿	20～40	L/(儿童·d)
	无住宿	15～20	L/(儿童·d)
8	公共浴室 淋浴	35～45	L/(人·次)
	淋浴、浴盆	55～70	L/(人·次)
	桑拿浴(淋浴、按摩池)	60～70	L/(人·次)
9	理发师、美容院	20～35	L/(人·次)
10	洗衣房	15～30	L/kg 干衣
11	餐饮业 中餐酒楼	15～25	L/(人·次)
	快餐店、职工及学生食堂	7～10	L/(人·次)
	酒吧、咖啡厅、茶座、卡拉OK	3～5	L/(人·次)
12	办公楼	5～10	L/(人·班)
13	健身中心	10～20	L/(人·次)
14	体育场、体育馆 运动员淋浴	15～20	L/(人·次)
	观众	1～2	L/(人·场)
15	会议厅	6～8	L/(座位·次)

注：1. 热水温度按60℃计；
　　2. 本表中所列节水用水定额均已包括在表5-1的用水定额中。

（7）公共建筑民用建筑中水节水用水定额可按本手册表 5-1～表 5-5 和表 5-6 所规定的各类建筑物分项给水百分率确定。

各类建筑物分项给水百分率（%）　　　　表 5-6

项目	宾馆、饭店	办公楼、教学楼	公共浴室	餐饮业、营业餐厅	宿舍
冲厕	10～14	60～66	2～5	6.7～5	30
厨房	12.5～14	—	—	93.3～95	—
沐浴	50～40	—	98～95	—	40～42
盥洗	12.5～14	40～34	—	—	12.5～14
洗衣	15～18	—	—	—	17.5～14
总计	100	100	100	100	100

5.2.2　年节水用水量计算

（1）生活用水年节水用水量的计算应符合下列规定：

1）宿舍、旅馆等公共建筑的生活用水年节水用水量应按下式计算：

$$Q_{ga} = \sum \frac{q_g n_g D_g}{1000} \tag{5-1}$$

式中　Q_{ga}——宿舍、旅馆等公共建筑的生活用水年节水用水量，m^3/a；

　　　q_g——节水用水定额，按表 5-1 的规定选用，L/(人·d) 或 L/(单位数·d)，表中未直接给出定额的，可通过人/d、次/d 等进行换算；

　　　n_g——使用人数或单位数，以年平均值计算；

　　　D_g——年用水天数，根据使用情况确定，d/a。

2）浇洒草坪、绿化用水、空调循环冷却水系统补水等的年节水用水量应分别按表 5-4 和式（5-15）～式（5-17）的规定确定。公共建筑节水用水量计算例表可参考附录 B。

（2）生活热水年节水用水量应按下式计算：

$$Q_{ra} = \sum \frac{q_r n_r D_r}{1000} \tag{5-2}$$

式中　Q_{ra}——生活热水年节水用水量，m^3/a；

　　　q_r——热水节水用水定额，按表 5-5 的规定选用，L/(人·d) 或 L/(单位数·d)，表中未直接给出定额的可通过人/d、次/d 等进行换算；

　　　n_r——使用人数或单位数，以年平均值计算；

　　　D_r——年用水天数，根据使用情况确定，d/a。

（3）给水管网漏失水量和未预见水量应按计算确定，当没有相关资料时漏失水量和未预见水量之和可按照节水用水量的 8%～10% 计。

5.2.3　节水碳排放量计算

（1）建筑物碳排放计算应以单栋建筑或建筑群为计算对象。

（2）建筑碳排放计算方法可用于建筑设计阶段对碳排放量进行计算，或在建筑物建造后对碳排放量进行核算。

（3）建筑物碳排放计算应根据不同需求按阶段进行计算，并可将分段计算结果累计为建筑全生命期碳排放。

（4）碳排放计算应包含《IPCC 国家温室气体清单指南》中列出的各类温室气体。

（5）建筑运行、建造及拆除阶段中因电力消耗造成的碳排放计算，应采用由国家有关机构公布的区域电网平均碳排放因子。

（6）碳排放计算中采用的建筑设计寿命应与设计文件一致，当设计文件不能提供时，应按 50a 计算。

（7）建筑物碳排放的计算范围应为建设工程规划许可证范围内能源消耗产生的碳排放量和可再生能源及碳汇系统的减碳量。

（8）建筑运行阶段碳排放量应根据各系统不同类型能源消耗量和不同类型能源的碳排放因子确定，建筑运行阶段单位建筑面积的总碳排放量（C_M）应按下列公式计算：

$$C_M = \frac{\left[\sum_{i=1}^{n}(E_i EF_i) - C_p\right]y}{A} \tag{5-3}$$

$$E_i = \sum_{j=1}^{n}(E_{i,j} - ER_{i,j}) \tag{5-4}$$

式中　C_M——建筑运行阶段单位建筑面积碳排放量，$kgCO_2/m^2$；

　　　　E_i——建筑第 i 类能源年消耗量，a^{-1}；

　　　EF_i——第 i 类能源的碳排放因子；

　　　$E_{i,j}$——j 类系统的第 i 类能源消耗量，a^{-1}；

　　$ER_{i,j}$——j 类系统消耗由可再生能源系统提供的第 i 类能源量，a^{-1}；

　　　　i——建筑消耗终端能源类型，包括电力、燃气、石油、市政热力等；

　　　　j——建筑用能系统类型，包括供暖空调、照明、生活热水系统等；

　　　C_p——建筑绿地碳汇系统年减碳量，$kgCO_2/a$；

　　　　y——建筑设计寿命，a；

　　　　A——建筑面积，m^2。

（9）建筑物生活热水年耗热量的计算应根据建筑物的实际运行情况，并应按下列公式计算：

$$Q_{rp} = 4.187 \frac{m q_r C(t_r - t_1)\rho_r}{1000} \tag{5-5}$$

$$Q_r = T Q_{rp} \tag{5-6}$$

式中　Q_r——生活热水年耗热量，kWh/a；

　　　Q_{rp}——生活热水小时平均耗热量，kW/h；

　　　　T——年生活热水使用小时数，h；

　　　　m——用水计算单位数，人数或床位数，取其一；

q_r——热水用水定额，L/人，按现行国家标准《民用建筑节水设计标准》GB
50555 确定；

C——水的比热；

ρ_r——热水密度，kg/L；

t_r——设计热水温度，℃；

t_l——设计冷水温度，℃。

（10）建筑生活热水系统能耗应按下式计算，且计算采用的生活热水系统的热源效率
应与设计文件一致。

$$E_w = \frac{\frac{Q_r}{\eta_r} Q_s}{\eta_w} \tag{5-7}$$

式中　E_w——生活热水系统年能源消耗，kWh/a；

Q_r——生活热水年耗热量，kWh/a；

Q_s——太阳能系统提供的生活热水热量，kWh/a；

η_r——生活热水输配效率，包括热水系统的输配能耗、管道热损失、生活热水二
次循环及储存的热损失，%；

η_w——生活热水系统热源年平均效率，%。

（11）太阳能热水系统等可再生能源所提供的能量不应计入生活热水的耗能量。

（12）太阳能热水系统提供能量可按下式计算：

$$Q_{s,a} = \frac{A_c J_T (1 - \eta_L) \eta_{cd}}{1000} \tag{5-8}$$

式中　$Q_{s,a}$——太阳能热水系统的年供能量，kWh；

A_c——太阳集热器面积，m²；

J_T——太阳集热器采光面上的年平均太阳辐照量，MJ/m²；

η_{cd}——基于总面积的集热器平均集热效率，%；

η_L——管路和储热装置的热损失率，%。

5.2.4　设计示例

【例】上海市某公共建筑生活热水年耗热量为 500000kWh/a，热源主要采用燃气热水
锅炉，其中 20% 的热量由太阳能集热器供应，生活热水输配效率 80%，燃气热水锅炉年
平均效率为 85%。求该建筑热水系统年能源消耗。

【解】根据式（5-7）水量计算

$$E_w = \frac{\frac{Q_r}{\eta_r} - Q_s}{\eta_w} = \frac{\frac{500000(1 - 20\%)}{0.80}}{0.85} = 58.82 \text{ 万 kWh/a}$$

该建筑热水系统年能源消耗 58.82 万 kWh/a。

5.3 节水系统设计

5.3.1 供水系统（含智慧水务）

1. 系统组成

一般由引入管、给水管道、给水设备、给水附件、计量仪表等组成。

（1）引入管，是指由市政管道引入至小区给水管网的管段，或由小区给水接户管引入建筑物内的管段。引入管段上一般设有倒流防止器、水表、阀门等附件。

（2）给水管道，包括水平干管、立管、支管和分支管。

（3）给水设备，包括贮水、加压和水处理设施等。如水泵、气压罐、贮水池、水箱、砂过滤、碳过滤、精滤、加药等。

（4）给水附件，管道系统中用于调节水压水量、控制水流方向、关断水流，便于管道、仪表和设备检修的各类阀门。

（5）计量仪表，用于计量水量、压力、温度、水位等的专用仪表。

2. 系统供水压力与给水方式

给水方式是指建筑内部给水系统的供水方案。应根据供水安全可靠、利于节水节能、便于操作管理和节省费用等因素来确定。

（1）给水系统所需水压

1）经验法

在初定生活给水系统的给水方式时，对层高不超过 3.5m 的民用建筑，室内给水系统所需压力（自室外地面算起），可用经验法估算：

1 层为 100kPa；2 层为 120kPa；3 层及以上每增加 1 层，增加 40kPa。

2）计算法

系统所需压力应按下式计算：

$$H = H_1 + H_2 + H_3 + H_4 \tag{5-9}$$

式中 H——给水系统所需水压，kPa；

        H_1——室内管网中最不利配水点与引入管之间的静压差，kPa；

        H_2——计算管路的沿程和局部水头损失之和，kPa；

        H_3——计算管路中的给水附件和计量仪表的水头损失，kPa；

        H_4——最不利配水点所需最低工作压力，kPa。

（2）给水系统选择

1）应充分利用城镇给水管网的水压直接供水；

2）当城镇给水管网的水压和（或）水量不足时，应根据卫生安全、安静、节能的原则选择贮水调节和加压供水方式。小区的室外给水系统，应尽量利用城镇给水管网的水压直接供水。当城镇给水管网的水压、水量不足时，应设置贮水调节和加压装置；

3）当城镇给水管网的水压不足，采用叠压供水时，应经过当地供水行政主管部门及供水部门的批准认可，且符合下列要求：

① 叠压供水的调速泵机组的扬程应按吸水端城镇给水管网允许最低水压确定。叠压供水系统在用户正常用水情况下不得断水。

注：当城镇给水管网用水低谷时段的水压能满足最不利用水点水压要求时，可设置旁通管，由城镇给水管网直接供水。

② 若叠压供水配置气压给水设备，当配置低位水箱时，其贮水有效容积应按给水管网不允许低水压抽水时段的用水量确定，并应采取技术措施保证贮水在水箱中停留时间不得超过12h。

③ 叠压供水设备的技术性能应符合现行国家及行业标准的要求。

④ 给水系统的竖向分区应根据建筑物用途、层数、使用要求、材料设备性能、维护管理、节约供水、能耗等因素综合确定。

⑤ 不同使用性质或计费的给水系统，应在引入管后分成各自独立的给水管网。

⑥ 应综合利用各种水资源，宜实行分质供水，充分利用再生水、雨水等非传统水源；优先采用循环和重复利用给水系统。

⑦ 卫生器具给水配件承受的最大工作压力，不得大于0.6MPa。

⑧ 当生活给水系统分区供水时，各分区的静水压力不宜大于0.45MPa。

⑨ 当设有集中热水系统时，为减少热水分区、热交换器设备数量，分区静水压不宜大于0.55MPa。

⑩ 生活给水系统用水点处供水压力不宜大于0.2MPa，当用水点卫生设备对供水压力有特殊要求时，应满足卫生设备给水压力要求，一般不大于0.35MPa。

⑪ 住宅入户管供水压力不应大于0.35MPa。

⑫ 托儿所、幼儿园建筑给水系统入户管的给水压力不应大于0.35MPa。

⑬ 当水压大于0.35MPa时，应设置减压设施。老人照料设施建筑的配水横管水压大于0.35MPa时，应设置减压设施。其余非住宅类居住建筑入户管供水压力不宜大于0.35MPa。

⑭ 建筑高度不超过100m的建筑的生活给水系统，宜采用垂直分区并联供水或分区减压的供水方式；建筑高度超过100m的建筑，宜采用垂直串联供水方式。对于建筑高度不超过100m的高层建筑，一般低区采用市政直接供水，中高区可以采用：

a. 加压至屋顶水箱的重力（减压）供水和增压泵供水。在进行分区的时候，尽量减小增压泵供水区域，充分利用水箱的重力供水。

b. 并联的变频调速泵供水。有些地区是不允许采用变频调速泵组供水的给水系统采用减压方式来二次分区。

⑮ 建筑高度超过100m、未超过150m的非酒店类建筑，在管道承压安全可靠的情况下，也可采用并联的变频调速泵供水。建筑高度超过100m、未超过250m的住宅，也可100m高度范围左右采用并联的变频调速泵供水，高区采用屋顶水箱供水。

3. 系统设备

（1）水泵

1）生活给水系统加压水泵的选择一般遵守下述规定：

① 选用的水泵应符合现行国家标准《清水离心泵能效限定值及节能评价值》GB 19762 的要求；其中"泵能效限定值"和"泵目标能效限定值"为强制性的，"泵节能评价值"为推荐性的，建筑给水排水设计中应按有关要求执行。"泵能效限定值"指在标准规定测试条件下，允许泵规定点的最低效率；"泵目标能效限定值"指按标准实施一定年限后，允许泵规定点的最低效率；"泵节能评价值"指在标准规定测试条件下，满足节能认证要求应达到的泵规定点最低效率。

② 水泵的 $Q—H$ 特性曲线，应是随流量的增大，扬程逐渐下降的曲线。

对 $Q—H$ 特性曲线存在有上升段的水泵，应分析在运行工况中不会出现不稳定工作时方可采用。

③ 应根据管网水力计算进行选泵，水泵应在其高效区内运行。

④ 生活加压给水系统的水泵机组应设备用泵，备用泵的供水能力不应小于最大一台运行水泵的供水能力。水泵宜自动切换交替运行。

⑤ 水泵的噪声和振动应符合现行标准的有关要求。生活给水系统选用的加压水泵应控制产品自身的噪声和振动。现行国家标准《泵的噪声测量与评价方法》GB/T 29529 与《泵的振动测量与评价方法》GB/T 29531 分别将水泵运行的噪声和振动从小至大分为 A、B、C、D 四个级别，其中 D 级为不合格水泵。行业标准《二次供水工程技术规程》CJJ 140—2010 的规定，居住建筑生活给水系统选用水泵的噪声和振动应分别符合现行国家标准《泵的噪声测量与评价方法》GB/T 29529 与《泵的振动测量与评价方法》GB/T 29531 中的 B 级要求，公共建筑生活给水系统选用水泵的噪声和振动应分别符合现行国家标准《泵的噪声测量与评价方法》GB/T 29529 与《泵的振动测量与评价方法》GB/T 29531 中的 C 级要求。

⑥ 小区的给水加压泵站，当给水管网无调节设施时，宜采用调速泵组或额定转速泵编组运行供水。

⑦ 建筑物内采用高位水箱调节的生活给水系统时，水泵的最大出水量不应小于最大小时用水量。

⑧ 生活给水系统采用变频调速泵组供水时，除满足"生活给水系统加压水泵的选择一般遵守下述规定"外尚应符合下列规定：

a. 泵组的供水能力应满足系统最大设计流量；

b. 工作水泵的数量应根据系统设计流量和水泵高效区段流量的变化曲线经计算确定；

c. 变频调速泵在额定转速时的工作点，应位于水泵高效区的末端；

d. 变频调速泵组宜配置气压罐；

e. 生活给水系统供水压力波动要求较小的场合，且工作水泵大于等于两台时，配置变频器的水泵数量不宜少于两台；

f. 变频调速泵组电源应可靠，宜采用双电源或双回路供电方式。

变频调速泵组供水未设调节构筑物，泵组的供水能力应满足生活给水系统中最大的设计秒流量的要求；由于泵组的运行工况在"最大设计流量"和"最小设计流量"区间之内，为保证泵组节能、高效运行，应根据生活给水系统设计流量变化和变频调速泵高效区段的流量范围两者间的关系确定工作水泵的数量，一般工作泵宜设 2～4 台（生活给水系统设计流量大于 10L/s 时工作泵不宜少于 2 台）；变频水泵大部分时段的运行工况小于"最大设计流量"工作点，为使水泵在高效区内运行，此时总出水量对应的单泵工作点，应处于水泵高效区的末端；为了减少低谷用水时段变频调速泵的启动次数，降低运行能耗，宜配置气压罐；当用户对生活给水系统供水压力稳定性要求较高时，为减小水泵切换过程产生的供水压力波动，宜采用多台变频调速水泵的供水方案；因为一旦停电，变频调速泵组将停止运行，无法继续供水，因此变频调速泵组的供电应可靠。

2）生活给水系统采用气压给水设备供水时，应符合下列规定：

① 气压水罐内的最低工作压力，应满足管网最不利处的配水点所需水压；

② 气压水罐内的最高工作压力，不得使管网最大水压处配水点的水压大于 0.55 MPa；

③ 水泵或泵组的流量以气压水罐内的平均压力计，其对应的水泵扬程的流量，不应小于给水系统最大小时用水量的 1.2 倍；

④ 气压水罐的调节容积应按下式计算：

$$V_{q2} = \frac{\alpha_a q_b}{4 n_q} \tag{5-10}$$

式中　V_{q2}——气压水罐的调节容积，m^3；

　　　q_b——水泵（或泵组）的出流量，m^3/h；

　　　α_a——安全系数，宜取 1.0～1.3；

　　　n_q——水泵在 1h 内的启动次数，宜采用 6～8 次。

⑤ 气压水罐的总容积应按下式计算：

$$V_q = \frac{\beta V_{q1}}{1 - \alpha_b} \tag{5-11}$$

式中　V_q——气压水罐总容积，m^3；

　　　V_{q1}——气压水罐的水容积，m^3，应大于或等于调节容量；

　　　α_b——气压水罐内的工作压力比（以绝对压力计），宜采用 0.65～0.85；

　　　β——气压水罐的容积系数，隔膜式气压水罐取 1.05。

a. 水泵宜自灌吸水，卧式离心泵的泵顶放气孔、立式多级离心泵吸水端第一级（段）泵体可置于最低设计水位标高以下，每台水泵宜设置单独从水池吸水的吸水管。吸水管内的流速宜采用 1.0～1.2m/s；吸水管口应设置喇叭口。喇叭口宜向下，低于水池最低水位不宜小于 0.3m，当达不到此要求时，应采取防止空气被吸入的措施。

b. 吸水管喇叭口至池底的净距，不应小于 0.8 倍吸水管管径，且不应小于 0.1m；吸水管喇叭口边缘与池壁的净距不宜小于 1.5 倍吸水管管径；吸水管与吸水管之间的净距，不宜小于 3.5 倍吸水管管径（管径以相邻两者的平均值计）。

注：当水池水位不能满足水泵自灌启动水位时，应有防止水泵空载启动的保护措施。

（2）卫生器具、器材

1）建筑给水排水系统中采用的卫生器具、水嘴、淋浴器等应根据使用对象、设置场所、建筑标准等因素确定，且均应符合现行行业标准《节水型生活用水器具》CJ/T 164 的规定。

2）坐式大便器宜采用设有大、小便分档的冲洗水箱。

3）居住类建筑中不得使用一次冲洗水量大于 6 L 的坐便器。

4）小便器、蹲式大便器应配套采用延时自闭式冲洗阀、感应式冲洗阀、脚踏冲洗阀。

5）公共场所的卫生间洗手盆应采用感应式或延时自闭式水嘴。

6）洗脸盆等卫生器具应采用陶瓷片等密封性能良好耐用的水嘴。

7）水嘴、淋浴喷头内部宜设置限流配件。

8）采用双管供水的公共浴室宜采用带恒温控制与温度显示功能的冷热水混合淋浴器。

9）老年人使用的公用卫生间宜采用光电感应式、触摸式等便于操作的水龙头和水冲式坐便器冲洗装置。

10）民用建筑的给水管道设置计量水表应符合下列规定：

① 住宅入户管上应设计量水表。

② 托儿所、幼儿园建筑给水系统的引入管上应设置水表。水表宜设置在室内便于抄表位置；在夏热冬冷地区及严寒地区，当水表设置于室外时，应采取可靠的防冻胀破坏措施。

③ 公共建筑应根据不同使用性质及计费标准分类分别设置计量水表。

④ 住宅小区及单体建筑引入管上应设计量水表。

⑤ 加压分区供水的贮水池或水箱前的补水管上宜设计量水表。

⑥ 采用高位水箱供水系统的水箱出水管上宜设计量水表。

⑦ 冷却塔、游泳池、水景、公共建筑中的厨房、洗衣房、游乐设施、公共浴室、中水贮水池或水箱补水等的补水管上应设计量水表。

⑧ 机动车清洗用水管上应安装水表计量。

⑨ 采用地下水水源热泵为热源时，抽、回灌管道应分别设计量水表。

⑩ 满足水量平衡测试及合理用水分析要求的管段上应设计量水表。

11）民用建筑所采用的计量水表应符合下列规定：

① 产品应符合现行标准《封闭满管道中水流量的测量饮用冷水水表和热水水表》GB/T 778.1～3、《IC 卡冷水水表》CJ/T 133、《电子远传水表》CJ/T 224、《饮用冷水水表检定规程》JJG 162 和《饮用水冷水水表安全规则》CJ 266 的规定。

② 口径 $DN15 \sim DN25$ 的水表，使用期限不得超过 6 年；口径大于 $DN25$ 的水表，使用期限不得超过 4 年。

③ 住宅的分户水表宜相对集中读数，且宜设置于户外；对设在户内的水表，宜采用远传水表或 IC 卡水表等智能化水表。

a. 学校、学生公寓、集体宿舍公共浴室等集中用水部位宜采用智能流量控制装置。

b. 给水调节水池或水箱、消防水池或水箱应设溢流信号管和溢流报警装置，设有中水、雨水回用给水系统的建筑，给水调节水池或水箱清洗时排出的废水、溢水宜排至中水、雨水调节池回收利用。

12）建筑管道直饮水系统应满足下列要求：

① 管道直饮水系统的竖向分区、循环管道的设置以及从供水立管至用水点的支管长度等设计要求应按现行行业标准《建筑与小区管道直饮水系统技术规程》CJJ/T 110 执行。

② 管道直饮水系统的净化水设备产水率不得低于原水的 70%，浓水应回收利用。

13）减压阀的设置应满足下列要求：

① 不宜采用共用供水立管串联减压分区供水。

② 热水系统采用减压阀分区时，减压阀的设置不得影响循环系统的运行效果。

③ 用水点处水压大于 0.2 MPa 的配水支管应设置减压阀，但应满足给水配件最低工作压力的要求。

④ 减压阀的设置还应满足现行国家标准《建筑给水排水设计标准》GB 50015 的有关规定。

（3）管材、管件

1）给水、热水、再生水、管道直饮水、循环水等供水系统应按照下列要求选用管材、管件：

① 供水系统采用的管材、管件，应符合有关现行国家标准的规定。管道和管件的工作压力不得大于产品标准标称的允许工作压力；

② 热水系统所使用的管材、管件的设计温度不应低于 80℃；

③ 管材和管件宜为同一材质，管件宜与管道同径；

④ 管材和管件连接的密封材料应卫生、严密、防腐、耐压、耐久。

⑤ 管道敷设应采取严密的防漏措施，杜绝和减少漏水量。

2）敷设在垫层、墙体管槽内的给水管材宜采用塑料、金属与塑料复合管材或耐腐蚀的金属管材，并应符合现行国家标准《建筑给水排水设计标准》GB 50015 的有关规定；

3）敷设在有可能结冻区域的供水管应采取可靠的防冻措施；

4）埋地给水管应根据土壤条件选用耐腐蚀、接口严密耐久的管材和管件，做好相应的管道基础和回填土夯实工作；

5）室外直埋热水管，应根据土壤条件、地下水位高低、选用管材材质、管内外温差采取耐久可靠的防水、防潮、防止管道伸缩破坏的措施。室外直埋热水管道敷设还应符合现行标准《建筑给水排水及采暖工程施工质量验收规范》GB 50242 及《城镇供热直埋热水管道技术规程》CJJ/T 81 的有关规定。

5.3.2 热水系统

1. 热水系统分类、组成及供水方式

（1）分类

按供应范围，建筑热水系统分为集中热水供应系统、局部热水供应系统和区域供应热水系统。根据使用要求、耗热量、用水点分布状况、既有的热源条件来选定。

1）集中热水供应系统

集中热水供应系统是指在热交换机房、锅炉房或加热间集中制备热水后，通过热水管网供给建筑物所需热水的供应系统。

该系统的优点是加热设备集中设置，便于维护管理，建筑物内各热水用水点不需另设加热设备占用建筑空间；加热设备的热效率较高；制备热水的成本较低；可以结合市政热源、太阳能等多种热源条件。缺点是系统比较复杂，设备集中占地较大，一次投资较大，热水管网较长会造成一定的热损失。

该系统适用于热水用量较大、用水点比较集中的建筑，如酒店、公寓、医院、养老院等公共建筑、有市政热源供应的公共建筑或居住小区、有使用集中热水要求的居住小区等。

在设置有集中热水供应系统的建筑物内，对用水量较大的公共浴室、洗衣房、厨房等用户宜设置单独的热水管网，以免对其他用水点造成较大的水量、水压的波动。如热水为定时供水，对热水供应时间或水温等有特殊要求的个别用水点，宜采用局部热水供应。

2）局部热水供应系统

局部热水供应系统是指用设置在热水用水点附近的小型加热器制备热水后，供给单个或数个配水点的热水供应系统。例如采用小型燃气热水器、电热水器、太阳能热水器等制备热水，供给个别厨房、浴室和公共卫生间使用。在中大型建筑物中也可采用多个局部热水供应系统分别供给各个热水配水点。

该系统的优点是输送热水的管道短，热损失小；设备、系统相对简单，造价低；系统维护管理方便灵活；易于后期的增加或改造。缺点是小型加热器的热效率低，热水成本较高；建筑物内的各热水配水点需单独设置加热器的合理位置。

该系统适用于热水量较小、热水用水点比较分散或是不适合采用集中热水供应系统的建筑。

3）区域热水供应系统

区域热水供应系统是指在热电厂、区域性能源中心（锅炉房）或集中热交换站将冷水集中加热后，通过市政热力管网输送至整个服务区域的热水系统。

该系统的优点是有利于能源的综合利用，便于集中统一维护管理；不需要在小区或建筑单体设置锅炉、热交换器等设备，节省占地和空间；可以根据区域的建筑物各单体的实际使用情况综合考虑，设备的热效率和自控较高，制备热水的成本相对不高，设备总容量小。缺点是设备、管线比较复杂，应对对应的工况需要有较高的维护管理水平。适用于建筑物群体和热水量需求较大的综合体。

（2）组成

热水供应系统主要由热源、热媒管网系统、加（贮）热设备、配水和回水管网系统、附件和用水器具组成。

1）热源

热源是用以制取热水的热源，可以采用具有稳定、可靠的废热、余热、太阳能、可再生能源、地热、燃气、电能，也可以是城镇热力网、区域能源中心等提供的蒸汽或高温热水。

① 集中热水供应系统的热源应通过技术经济比较，并按下列顺序选择：

a. 采用具有稳定、可靠的余热、废热、地热，当以地热为热源时，应按地热水的水温、水质和水压，采取相应的技术措施处理满足使用要求；

b. 当日照时数大于 1400h/a 且年太阳辐射量大于 4200MJ/m² 及年极端最低气温不低于 −45℃ 的地区，采用太阳能，全国各地日照时数及年太阳能辐照量应按照"我国的太阳能资源分区及其特征"取值；

c. 在夏热冬暖、夏热冬冷地区采用空气源热泵；

d. 在地下水源充沛、水文地质条件适宜，并能保证回灌的地区，采用地下水源热泵；

e. 在沿江、沿海、沿湖，地表水源充足、水文地质条件适宜，以及有条件利用城市污水、再生水的地区，采用地表水源热泵；当采用地下水源和地表水源时，应经当地水务、交通航运等部门审批，必要时应进行生态环境、水质卫生方面的评估；

f. 采用能保证全年供热的热力管网热水；

g. 采用区域性锅炉房或附近的锅炉房供给蒸汽或高温水；

h. 采用燃油、燃气热水机组、低谷电蓄热设备制备的热水。

② 局部热水供应系统的热源宜按下列顺序选择：

a. 符合第①条 b 款条件的地区宜采用太阳能；

b. 在夏热冬暖、夏热冬冷地区宜采用空气源热泵；

c. 采用燃气、电能作为热源或作为辅助能源；

d. 在有蒸汽供给的地方，可采用蒸汽作为热源。

2）热媒及加热系统

热媒是指传递热量的载体，常以热水（高温水）、蒸汽、烟气等为热媒。在以热水、蒸汽、烟气为热媒的集中热水供应系统中，蒸汽锅炉与水加热器之间或热水锅炉（机组）与热水贮水器之间由热媒管和冷凝水管（或回水管）连接组成的热媒管网，称第一循环系统。热媒管网中的主要附件有：疏水器、分水器、集水器、分汽缸等。

以锅炉与水加热器或热水贮水器等组成的热媒管网为例，由锅炉产生的蒸汽（或高温水）通过热媒管网送到水加热器内，蒸汽经热量交换后冷凝成水（或高温水降温），靠余压经疏水器流入冷凝水池，经冷凝水循环泵提升压力后再送回锅炉加热。由锅炉产生的热水经热媒管网进入热水贮水器（贮热器）、一部分热水利用回水管与热水管之间的温差所产生的压差，经热媒回水管返回锅炉加热，以保持热水贮水器内水温衡定。

在区域热水供应系统中，水加热器的热媒管和冷凝水管直接与热力网连接。

太阳能加热系统由集热器、集热水箱、贮热水箱、辅助热源热媒系统及管道等组成。当集热水箱和贮热水箱合用时称集热贮热水箱。

以水源热泵加热系统为例，水源热泵机组制备热水系统（加热系统），由水源泵、热泵机组、加（贮）热设备及管道等组成。

3）加热、贮热设备

加热设备是用于直接制备热水供应系统所需的热水或是制备热媒后供给水加热器进行二次换热的设备。一次换热设备就是直接加热设备。二次换热设备就是间接加热设备，在间接加热设备中热媒与被加热水不直接接触。有些加热设备带有一定的容积，兼有贮存、调节热水用水量的作用。

贮热设备是仅有贮存热水功能的热水箱或热水罐。

4）配水、回水管网系统（第二循环系统）

在集中热水供应系统中，水加热器或热水贮水器与热水配水点之间、由配水管网和回水管网组成的热水循环管路系统，称作第二循环系统。

5）附件和用水器具

加（贮）热设备的常用附件有：压力式膨胀罐、安全阀、泄压阀、温度自动调节装置、温度计、压力表、水位计等。

配水、回水管网系统的主要附件有：排气装置、泄水装置、压力表、膨胀管（罐）、阀门、止回阀、水表及伸缩补偿器等。

（3）供水方式

按加热冷水、贮存热水及管网布置方式不同，热水供应系统的供水方式有多种。应根据使用对象、建筑物特点、热水用水量、耗热量、用水规律、用水点分布、热源类型、加热设备及操作管理条件等因素，经技术经济比较后确定。

1）开式与闭式

按热水供应系统的压力工况不同，分为开式和闭式系统。

① 开式系统通常在官网顶部设有高位加（贮）热水箱（开式），其优点是系统的水压仅取决于高位热水箱的设置高度，可保证系统供水水压稳定；缺点是高位水箱占用建筑空间，且开式水箱中的水质易受外界污染。

在设有膨胀管的开式系统中，当热水系统由生活饮用高位水箱补水时，不应将膨胀的水量返至生活饮用冷水箱中，以免引起生活饮用水箱中水质的热污染。当同一建筑物顶层设有中水供水箱、消防水箱或专用膨胀水箱时，膨胀管应从上述水箱上方引入，以保障系统的安全性。

以下情况宜采用开式热水供应系统：

a.当给水管道的水压变化较大，用水点要求水压稳定时，宜采用开式热水供应系统或采用稳压措施。

b. 公共浴室热水供应系统宜采用开式热水供应系统，以使管网水压不受室外给水管网水压变化的影响，避免水压过高造成水量浪费；也便于调节冷、热水混合水龙头的出水温度。

c. 采用蒸汽直接通入水中或采用汽水混合设备的加热方式时，宜采用开式热水供应系统。

② 闭式热水供应系统是指热水管系不与大气相同，即在所有配水点关闭后整个管系与大气隔绝，形成密闭系统。

闭式系统中应采用有安全阀的承压水加热器。日用热水量小于或等于 $30m^3$ 时的热水供应系统可采用安全阀等泄压措施；日用热水量大于 $30m^3$ 热水供应系统应设置压力式膨胀罐，膨胀罐的功能是补偿加热设备及管网中水温升高后水体积的膨胀量，以防系统超压。该方式具有管路简单、水质不易被污染的优点，但供水水压稳定性较差。适用于不宜设置高位加热水箱的热水供应系统。

2）直接加热与间接加热

按热水加热方式不同，分为直接加热和间接加热 2 种供水方式。

① 直接加热

燃油（气）热水锅炉、太阳能热水器或热泵机组等将冷水加热设备出口所要求的水温，经热水供水管直接输配到用水点，这种直接加热供水方式具有系统简单、设备造价低、热效率高、节能的优点。

a. 直接加热的燃油（气）热水机组的冷水供水水质总硬度宜小于 150mg/L（以 $CaCO_3$ 计）。以热水锅炉直接加热供水方式的管路图为例，燃油（气）热水机组直接供应热水时，一般配置调节贮热用的贮水罐或贮热水箱，以保证用水高峰时不间断供水。当屋顶有放置加热和贮热设备的空间时，其热媒系统可布置在屋顶。

当开式贮热水箱无法重力供水时，通常与燃油（气）热水机组一起布置在地下室或底层，因热水供水系统无法利用冷水系统的供水压力需另设热水供水加压设备，由于冷、热水的压力源不同，不易保证系统中冷热水压力的平衡。当建筑物内用水器具主要是淋浴器及冷、热水混合水嘴，对冷、热水压力平衡的要求高时，不宜采用这种方式。

b. 蒸汽（或高温水）直接加热供水方式是将蒸汽（或高温水）通过穿孔管或喷射器送入加热水箱中，与冷水直接混合后制备热水。该方式具有设备简单、热效率高、无需冷凝水管的优点。但这种方式产生的噪声大；对蒸汽质量要求高，热媒中不得含油质及有害物质；由于冷凝水不能回收而使热源供水量大，补充水需进行水质处理时还会增加运行费用。该方式仅适用于对噪音无严格要求的公共浴室、洗衣房、工矿企业等用户。选用时应进行技术经济比较，认为合理时方可采用。

为减少噪声应采用消声混合器、噪声应符合现行国家标准《声环境质量标准》GB 3096 的要求。一般蒸汽管应在最高水位 500mm 以上防止热水倒流至蒸汽管道中。

c. 当以太阳能为热源时，加热方式应根据冷水水质硬度、气候条件、冷热水压力平衡要求、节能、节水、维护管理等技术经济比较确定。

太阳能加热系统直接加热供水方式，是以集热器产生的集热水作为供给用户的热水。在下列情况时宜采用该供水方式：冷水供水水质硬度不大于 150mg/L（以 $CaCO_3$ 计）；无冰冻地区；用户对冷、热水压力差稳定要求不高的热水供应系统。

d. 水源热泵制备热水的方式，可根据冷水水质硬度、冷水和热水供应系统的形式等，经技术经济比较后确定。水源热泵机组直接加热制备热水的供水方式，系统较简单、设备造价较低，但需要另设热水加压泵，不利于冷水、热水的压力平衡。当冷水水质总硬度不大于 150mg/L（以 $CaCO_3$ 计），且系统对冷、热水压力平衡要求不高时，可采用热泵与贮热设备联合直接供热水的方式。

e. 空气源热泵室外空气源直接加热供水是收集热空气中的余热经热泵机组换热后制备热水，这种直接供水方式需另设热水加压泵，不利于冷水、热水的压力平衡，适用于最冷月平均气温不低于 0℃ 的地区，且对冷、热水压力平衡要求不高的系统中。

② 间接加热

间接加热供水方式是将锅炉、太阳能集热器、热泵机组、电加热器等加热设备产生的热媒，送入水加热器与冷水进行热量交换后制得热水供应系统所需的热水。其特点是：由于热水机组等加热设备只供热媒，不与被加热水接触，有利于保持热效率、可延长使用寿命；因回收的冷凝水可重复利用，只需对少量补充水进行软化处理，故运行费用较低；加热时不产生噪声；蒸汽或高温水热媒不会对热水产生污染，供水安全稳定。但是，由于间接加热供水方式进行二次换热，增加了换热设备（即水加热器），增大了热损失，造价较高。

由于间接加热供水方式能利用冷水系统的供水压力，无需另设热水加压系统，有利于保持整个系统冷、热水压力平衡，故适用于要求供水稳定安全、噪声小的旅馆、住宅、医院、办公楼等建筑。

a. 以高温水、蒸汽为热媒的间接加热供水方式。

b. 太阳能集热系统间接加热供水方式是以集热器集热水为热媒，经水加热器间接加热冷水供给热水。在下列情况时宜采用间接加热供水方式：冷水供水水质硬度大于 150mg/L（以 $CaCO_3$ 计）；有冰冻地区；用户对冷、热水压力平衡要求较高的系统。

c. 水源热泵加热系统和水源热泵机组间接制备热水（两级串联换热）的供水方式，一般采用被加热水通过水加热器与贮热水箱（罐）循环加热的方式。水源热泵加热系统中采用板式换热器和贮热水罐作为换热、贮热、供热的主要设备。该方式不需另设热水供水泵，有利于冷水、热水的压力平衡；且热泵机组不直接接触冷水，维修工作量小。水源热泵机组间接制备热水（两级串联换热）则是采用快速式水加热器和导流型容积式或半容积式水加热器串联换（贮）热，两级换热可提供较高的水温，但系统复杂，设备造价高。

当冷水水质总硬度大于 150mg/L（以 $CaCO_3$ 计）或系统对冷热水压力平衡要求较高时，宜采用热泵机组经水加热器间接加热的供水方式。单级换热的供水水温一般均不超过 50℃，当需要提高出水温度时，宜选用高温型水源热泵机组经两级水加热器串联加热水的方式。

另外，水源进入间接换热的预换热器前，应视水质情况进行除砂、除杂质、污物、灭藻等机械过滤及药剂处理。

d. 空气源热泵机组间接加热制备热水，该方式不需另设热水加压泵，有利于保持系统中冷、热水的压力平衡，适用于最冷月平均气温不低于 10℃ 的地区，且对冷热水压力平衡要求比较高的系统。

3）机械循环与自然循环

按热水供水管网（第二循环系统）的循环动力不同，分为自然循环和机械循环 2 种方式。机械循环是利用循环泵强制一部分水量（即循环流量）在配水与回水管网中循环（如集中热水供应系统和太阳能加热系统），以补偿配水管网的散热损失。集中热水供应系统和高层建筑热水供应系统中，当共用水加热设备时宜采用机械循环方式，设置热水回水管及循环水泵。

自然循环是利用配水管与回水管之间的热水温差（造成循环管网中配水与回水的密度不同）所产生的压差，来维持一部分热水（循环流量）在配水与回水管网中的循环。一般情况下配水管与回水管的水温差为 5～10℃，自然循环作用水头值很小，使用范围有限，只适用于系统小、管路简单、干管水平方向很短但竖向标高差大的热水供应系统，以及对水温要求不严的个别场合。

4）干管循环、立管循环与支管循环

按循环管网的完善程度不同，分为干管循环、立管循环和支管循环。

热水循环的作用是补偿配水管网的散热损失，以维持配水点所需的水温。全循环供水方式是指所有配水干管、立管、和支管都设有相应的回水管道，可保证配水管网任意点的水温。

集中热水供应系统应设置热水循环管道，保证干管和立管中热水循环。

对于要求随时取得不低于规定温度热水的建筑物，应保证支管中的热水循环。当支管循环难以实现时，可采用自控调温电伴热等保证支管中热水温度的措施。

5）上行式与下行式

按热水供水横干管的位置不同，分为上行下给式和下行上给式。

上行下给式的供水横干管位于配水管网的上部，由干管、立管向下供水；下行上给式的供水横干管位于配水管网的下部，由干管、立管向上供水。

6）异程式与同程式

按照热水循环管网（第二循环管网）中每次循环管路的长短是否相同，分为异程式与同程式。异程式是指对应每个配水点的供水与回水管路长度之和不等。同程式是指对应每个配水点的供水与回水管路长度之和基本相等，同程式可防止系统中热水短路循环，同程式可防止系统中热水短路循环，有利于热水系统的有效循环，各用水点能随时取到所需温度的热水。

建筑物内集中热水供应系统的热水循环管道，宜采用同程式布置。当采用同程式有困难时应采用保证干管、立管循环效果的措施：

① 当建筑内各供、回水立管布置相同或相似时，各回水立管采用导流三通与回水干管连接。

② 当建筑内各供、回水立管布置不相同时，应在回水立管上装设温度控制阀等保证循环效果的措施。

7）全日制与定时制

按热水供水制度不同、分为全日制和定时制。

全日制是指全日、工作班或营业时间内不间断供应热水。

定时制是仅在全日、工作班或营业时间内的某一时间段供应热水。

8）单管与双管

按配水管的设置不同，分为单管和双管 2 种方式。

单管热水供应方式是指用一根管道供单一温度的热水，用水点不再调节水温。工业企业生活间和学校的淋浴室，宜采用单管热水供应系统。单管热水供应系统应有热水水温稳定的技术措施。

双管热水供应方式是指配水点的水温由冷、热水混合器或混合龙头将冷水与热水（双管）混合、调节后形成。当卫生器具设有冷、热水混合器或混合龙头时，冷、热水供应系统应使配水点处有相近的水压。

9）分区供水方式

与冷水系统相同，热水供应系统可采用竖向分区解决低区管道静水压力过大的问题，分区时应遵循如下原则：

① 与给水系统的分区应一致，各区水加热器、贮水器的进水均应由同区的给水系统设专管供应。当有困难时，应采用保证系统内冷、热水压力平衡的措施。

② 当减压阀用于热水系统分区时，除满足减压阀的一般设置要求外，其密闭部分材质应按热水温度要求选择，且应保证各分区热水的循环。用减压阀分区可采用支管减压、立管减压和供水干管减压多种方式。

高、低区共用 1 套水加热器、配水立管设减压阀的热水供应系统。其优点是系统简单，有利于冷、热水压力平衡。但是，该方式中的循环水泵扬程需附加减压阀的局部水头损失，不节能；要求减压阀质量安全可靠。不宜用在过高的建筑中，以免能量浪费过大。

高、低区分别设置水加热器、两区独立设置热水管网的热水供应系统。两区的水加热器均由高位冷水箱供水，低区冷水供水管上设减压阀。

2. 管网及设备设置

（1）生活热水

1）集中热水供应系统的热源，宜利用余热、废热、可再生能源或空气源热泵作为热水供应热源，当最高日生活热水量大于 $5m^3$ 时，除电力需求侧管理鼓励用电，且利用谷电加热的情况外，不应采用直接电加热热源作为集中热水供应系统的热源。

2）以燃气或燃油作为热源时，宜采用燃气或燃油机组直接制备热水。当采用锅炉制备生活热水或开水时，锅炉额定工况下热效率不应低于表 5-7 的限定值。

锅炉额定工况下热效率（%）　　　　　　　　　　表 5-7

锅炉类型及燃料种类		$D<1/$ $Q<0.7$	$1≤D≤2/$ $0.7≤Q≤1.4$	$2<D<6/$ $1.4<Q<4.2$	$6≤D≤8/$ $4.2≤Q≤5.6$	$8<D≤20/$ $5.6<Q≤14.0$	$D>20/$ $Q>14.0$
燃油燃气锅炉	重油	86			88		
	轻油	88			90		
	燃气	88			90		
层状燃烧锅炉		75	78	80		81	82
抛煤机链条炉 排锅炉	Ⅲ类 烟煤	—	—		82		83
流化床燃烧锅炉		—	—	—	—	—	—

表头中锅炉额定蒸发量 D（t/h）/额定热功率 Q（MW）

3）当采用空气源热泵热水机组制备生活热水时，制热量大于 10kW 的热泵热水机在名义制热工况和规定条件下，性能系数（COP）不宜低于表 5-8 的规定，并应有保证水质的有效措施。

热泵热水机性能系数限定值　　　　　　　　　　表 5-8

制热量 H（kW）	热水机型式		普通型	低温型
$H≥10$	一次加热式		4.40	3.70
	循环加热	不提供水泵	4.40	3.70
		提供水泵	4.30	3.60

4）小区内设有集中热水供应系统的热水循环管网服务半径不应大于 500m。水加热、热交换站室宜设置在小区的中心位置。

5）仅设有洗手盆的建筑不宜设计集中生活热水供应系统。设有集中热水供应系统的建筑中，日热水用量设计值大于或等于 5m³ 或定时供应热水的用户宜设置单独的热水循环系统。

6）集中热水供应系统的供水分区宜与用水点处的冷水分区同区，并应采取保证用水点处冷、热水供水压力平衡和保证循环管网有效循环的措施。

7）集中热水供应系统的管网及设备应采取保温措施，保温层厚度应按现行国家标准《设备及管道绝热设计导则》GB/T 8175 中经济厚度计算方法确定。

8）集中热水供应系统的检测和控制宜符合下列规定：

① 对系统热水耗量和系统总供热量宜进行检测；

② 对设备运行状态宜进行检测及故障报警；

③ 对每日用水量、供水温度宜进行检测；

④ 装机数量大于或等于 3 台的工程，宜采用机组群控方式。

（2）热水供应系统选择

1）集中热水供应系统的分区及供水压力的稳定、平衡，应遵循下列原则：

① 应与给水系统的分区一致，并应符合下列规定：

a. 闭式热水供应系统的各区水加热器、贮热水罐的进水均应由同区的给水系统专管供应；

b. 由热水箱和热水供水泵联合供水的热水供应系统的热水供水泵扬程与相应供水范围的给水泵压力协调，保证系统冷热水压力平衡；

c. 当上述条件不能满足时，应采取保证系统冷、热水压力平衡的措施。

② 由城镇给水管网直接向闭式热水供应系统的水加热器、贮热水罐补水的冷水补水管上装有倒流防止器时，其相应供水范围内的给水管宜从该倒流防止器后引出。

③ 当给水管道的水压变化较大且用水点要求水压稳定时，宜采用设高位热水箱重力供水的开式热水供应系统或采取稳压措施。

④ 当卫生设备设有冷热水混合器或混合龙头时，冷、热水供应系统在配水点处应有相近的水压。

⑤ 公共浴室淋浴器出水水温应稳定，并宜采取下列措施：

a. 采用开式热水供应系统；

b. 给水额定流量较大的用水设备的管道应与淋浴配水管道分开；

c. 多于3个淋浴器的配水管道宜布置成环形；

d. 成组淋浴器的配水管的沿程水头损失，当淋浴器少于或等于6个时，可采用每米不大于300Pa；当淋浴器多于6个时，可采用每米不大于350Pa；配水管不宜变径，且其最小管径不得小于25mm；

e. 公共淋浴室宜采用单管热水供应系统或采用带定温混合阀的双管热水供应系统，单管热水供应系统应采取保证热水水温稳定的技术措施。当采用公共浴池沐浴时，应设循环水处理系统及消毒设备。

2）水加热设备机房的设置宜符合下列规定：

① 宜与给水加压泵房相近设置；

② 宜靠近耗热量最大或设有集中热水供应的最高建筑；

③ 宜位于系统的中部；

④ 集中热水供应系统当设有专用热源站时，水加热设备机房与热源站宜相邻设置。

3）老年人照料设施、安定医院、幼儿园、监狱等建筑中为特殊人群提供沐浴热水的设施，应有防烫伤措施。

4）集中热水供应系统应设热水循环系统，并应符合下列规定：

① 热水配水点保证出水温度不低于45℃的时间，居住建筑不应大于15s，公共建筑不应大于10s；

② 应合理布置循环管道，减小能耗；

③ 对使用水温要求不高且不多于3个的非沐浴用水点，当其热水供水管长度大于15m时，可不设热水回水管。

5）小区集中热水供应系统应设热水回水总管和总循环水泵保证供水总管的热水循环，其所供单栋建筑的热水供、回水循环管道的设置应符合单栋建筑的集中热水供应系统应设热水回水管和循环水泵保证干管和立管中的热水循环。

6）采用干管和立管循环的集中热水供应系统的建筑，当系统布置不能满足本节第4）条的要求时，应采取下列措施：

① 支管应设自调控电伴热保温；

② 不设分户水表的支管应设支管循环系统。

7）热水循环系统应采取下列措施保证循环效果：

① 当居住小区内集中热水供应系统的各单栋建筑的热水管道布置相同，且不增加时外热水回水总管时，宜采用同程布置的循环系统。当无此条件时，宜根据建筑物的布置、各单体建筑物内热水循环管道布置的差异等，在单栋建筑回水干管末端设分循环水泵、温度控制或流量控制的循环阀件。

② 单栋建筑内集中热水供应系统的热水循环管宜根据配水点的分布布置循环管道：

a. 循环管道同程布置；

b. 循环管道异程布置，在回水立管上设导流循环管件、温度控制或流量控制的循环阀件。

③ 采用减压阀分区时，应保证各分区热水的循环。

④ 太阳能热水系统的循环管道设置应符合公共建筑宜采用集中集热、集中供热太阳能热水系统。

⑤ 设有3个或3个以上卫生间的住宅、酒店式公寓、别墅等共用热水器的局部热水供应系统，宜采取下列措施：

a. 设小循环泵机械循环；

b. 设回水配件自然循环；

c. 热水管设自调控电伴热保温。

（3）管材、附件和管道敷设

1）热水系统采用的管材和管件，应符合国家现行标准的有关规定。管道的工作压力和工作温度不得大于现行国家标准规定的许用工作压力和工作温度。

2）热水管道应选用耐腐蚀和安装连接方便可靠的管材，可采用薄壁不锈钢管、薄壁铜管、塑料热水管、复合热水管等。当采用塑料热水管或塑料和金属复合热水管材时，应符合下列规定：

① 管道的工作压力应按相应温度下的许用工作压力选择；

② 设备机房内的管道不应采用塑料热水管。

3）热水管道系统应采取补偿管道热胀冷缩的措施。

4）配水干管和立管最高点应设置排气装置。系统最低点应设置泄水装置。

5）下行上给式系统回水立管可在最高配水点以下与配水立管连接。上行下给式系统可将循环管道与各立管连接。

6）热水管网应在下列管段上装设阀门：

① 与配水、回水干管连接的分干管；

② 配水立管和回水立管；

③ 从立管接出的支管；

④ 室内热水管道向住户、共用卫生间等接出的配水管的起端；

⑤ 水加热设备，水处理设备的进、出水管及系统用于温度、流量、压力等控制阀件连接处的管段上按其安装要求配置阀门。

7）热水管网应在下列管段上设置止回阀：

① 水加热器或贮热水罐的冷水供水管；

② 机械循环的第二循环系统回水管；

③ 冷热水混水器、恒温混合阀等的冷、热水供水管。

8）水加热设备的出水温度应根据其贮热调节容积大小分别采用不同温级精度要求的自动温度控制装置。当采用汽水换热的水加热设备时，应在热媒管上增设切断气源的电动阀。

9）水加热设备的上部、热媒进出口管、贮热水罐、冷热水混合器上和恒温混合阀的本体或连接管上应装温度计、压力表；热水循环泵的进水管上应装温度计及控制循环水泵开庭的温度传感器；热水箱应装温度计、水位计；压力容器设备应装安全阀，安全阀的接管直径应经计算确定，并应符合锅炉及压力容器的有关规定，安全阀前后不得设阀门，其泄水管应引至安全处。

10）水加热设备的冷水供水管上应装冷水表，设有集中热水供应系统的住宅应装分户热水水表，洗衣房、厨房、游乐设施、公共浴池等需要单独计量的热水供水管上应装热水水表，其设有回水管者应在回水管上装热水水表。

11）热水横干管的敷设坡度上行下给式系统不宜小于 0.005，下行上给式系统不宜小于 0.003。

12）塑料热水管宜暗设，明设时宜布置在不受撞击处。当不能避免时，应在管外采取保护措施。

13）热水锅炉、燃油（气）热水机组、水加热设备、贮热水罐、分（集）水器、热水输（配）水、循环回水干（立）管应做保温。

14）室外热水供、回水管道宜采用管沟敷设。当采用直埋敷设时，应采用憎水型保温材料保温，保温层外应做密封的防潮防水层，其外再做硬质保护层。

15）热水管穿越建筑物墙壁、楼板和基础处应设置金属套管，穿越屋面及地下室外墙时应设置金属防水套管。

16）用蒸汽作热媒间接加热的水加热器应在每台开水器凝结水回水管上单独设疏水器，在蒸汽立管最低处、蒸汽管下凹处的下部应设疏水器。

17）疏水器口径应经计算确定，疏水器前应装过滤器，旁边不宜附设旁通阀。

5.3.3　冷却循环水系统

1. 一般规定

（1）系统特点

1）设备均采用配套的系列定型产品，对冷却塔可不作热力、风阻和填料等计算。

2）冷水机组的循环冷却水系统宜由制冷站统一管理。

3）当建筑物设置楼宇自控系统时，循环冷却水系统应纳入自动控制范围。

（2）设计循环冷却水系统时，应符合下列要求：

1）循环冷却水系统宜采用敞开式，当需要间接换热时，可采用密闭式。

2）对水温、水质、运行等要求差别较大的设备，循环冷却水系统宜分开设置，对小型分散的水冷柜式空调器或小型户式冷水机组可以合用冷却水系统。

3）循环冷却水量、水压、水温和水质均应满足被冷却设备的要求。

4）设备、管道设计时，应能使余压充分利用。

5）冷却塔的热量宜回收利用，当建筑物有需要全年供冷的区域时，过渡季及冬季宜用冷却塔出水作为冷源提供空调用冷水。

6）间歇运行的循环冷却水应考虑冷却塔填料及集水设施和循环管道的冲洗条件。

（3）当敞开式循环冷却水系统不能满足某些制冷设备的水质要求时，可采用密闭式循环冷却水系统。

2. 系统设置

（1）系统组成：敞开式循环冷却水系统一般由制冷机、冷却塔、集水设施、循环水泵、循环管道和循环水处理装置等组成。

（2）系统形式

1）从循环水泵在系统中相对制冷机位置可分为前置水泵式（如图 5-1 所示）和后置水泵式（如图 5-2 所示）两种形式。

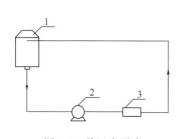
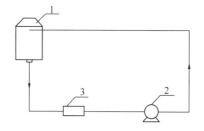

图 5-1　前置水泵式　　　　　　　　图 5-2　后置水泵式

1—冷却塔；2—循环水泵；3—制冷机　　　1—冷却塔；2—循环水泵；3—制冷机

前置水泵式使用较多，冷却塔位置不受限制，可设在屋面上，也可设在地面上，但冷却塔的安装高度，宜保证循环水泵为灌入式吸水。其缺点是系统运行压力大，且不稳定。后置水泵式冷却塔只能设在高处，且位差能满足制冷机及其连接管的水头损失要求的场所，其优点是制冷机进水压力比较稳定，循环泵压较小。

2）从冷却塔与制冷机对应关系可分为单元制（如图5-3所示）和干管制（又称并联制，如图5-4所示）。

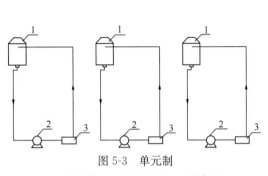

图 5-3　单元制

1—冷却塔；2—循环水泵；3—制冷机

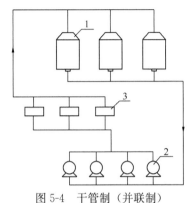

图 5-4　干管制（并联制）

1—冷却塔；2—循环水泵；3—制冷机

干管制和单元制各有优缺点，单元制的优点是冷却塔与制冷机（或空调机）可以一对一配置，运行和管理方便；缺点是系统管道复杂，工程费用高。干管制的优点是系统管道简单，工程费用较低；缺点是冷却塔安装要求高，必须保证各冷却塔集水盘内的水位在同一高度，而且制冷机组、冷却塔的进水流量难于精确控制。在工程实际中，选用何种系统形式，应与空调制冷专业协调一致，对民用建筑空调循环冷却水系统宜选用干管制但并联机组不宜超过3台，当需多台机组并联时，应避免一台水泵工作时电动机过载的可能，并应采取措施，保证各冷却塔集水盘水位平衡。

（3）循环冷却水及水塔

1）设计循环冷却水系统时，应符合下列规定：

① 循环冷却水系统宜采用敞开式，当需采用间接换热时，可采用密闭式。

② 对于水温、水质、运行等要求差别较大的设备，循环冷却水系统宜分开设置。

③ 敞开式循环冷却水系统的水质，应满足被冷却设备的水质要求。

④ 设备、管道设计时应能使循环系统的余压充分利用。

⑤ 冷却水的热量宜回收利用。

⑥ 当建筑物内有需要全年供冷的区域，冬季气候条件适宜时宜利用冷却塔作为冷源提供空调用冷水。

⑦ 循环冷却水系统补水水质宜符合现行国家标准《生活饮用水卫生标准》GB 5749的规定。当采用非生活饮用水时，其水质应符合现行国家标准《采暖空调系统水质》GB/T 29044的规定。

2）冷却塔设计计算所采用的空气干球温度和湿球温度，应与所服务的空调等系统的设计空气干球温度和湿球温度相吻合，应采用历年平均不保证50h的干球温度和湿球温度。

3）冷却塔设置位置应根据下列因素综合确定：

① 气流应通畅，湿热空气回流影响小，且应布置在建筑物的最小频率风向的上风侧。

② 冷却塔不应布置在热源、废弃和烟气排放口附近，不宜布置在高大建筑物中间的狭长地带上。

③ 冷却塔与相邻建筑物之间的距离，除满足塔的通风要求外，还应考虑噪声、飘水等对建筑物的影响。

4）选用成品冷却塔时，应符合下列规定：

① 按生产厂家提供的热力特性曲线选定，设计循环水量不宜超过冷却塔的额定水量；当循环水量达不到额定水量的 80％时，应对冷却塔的配水系统进行校核。

② 冷却塔应选用冷效高、能源省、噪声低、重量轻、体积小、寿命长、安装维护简单、飘水少的产品。

③ 材料应为阻燃型，并应符合防火规定。

④ 数量宜与冷却水用水设备的数量、控制运行相匹配。

⑤ 塔的形状应按建筑要求、占地面积及设置地点确定。

5）当可能有结冻危险时，冬季运行的冷却塔应采取防冻措施。

6）冷却塔的布置应符合下列规定：

① 冷却塔宜单独布置；当需多排布置时，塔排之间的距离应保证塔排同时工作的进风量，并不宜小于冷却塔进风口高度的 4 倍。

② 单侧进风塔的进风面宜面向夏季主导风向；双侧进风塔的进风面宜平行夏季主导风向。

③ 冷却塔进风侧与建筑物的距离，宜大于冷却塔进风口高度的两倍；冷却塔的四周除满足通风要求和管道安装位置外，尚应留有检修通道，通道净距不宜小于 1.0m。

7）冷却塔应安装在专用的基础上，不得直接设置在楼板或屋面上。当一个系统内有不同规格的冷却塔组合布置时，各塔基础高度应保证集水盘内水位在同一水平面上。

8）环境对噪声要求较高时，冷却塔可采取下列措施：

① 冷却塔的位置宜远离对噪声敏感的区域。

② 应采用低噪声型或超低噪声型冷却塔。

③ 进水管、出水管、补充水管上应设置隔振防噪装置。

④ 冷却塔基础应设置隔振装置。

⑤ 建筑上应采取隔声吸音屏障。

9）循环水泵的台数宜与冷水机组相匹配。循环水泵的出水量应按冷却水循环水量确定，扬程应按设备和管网循环水压要求确定，并应复核水泵泵壳承压能力。

10）当循环水泵并联设置时，系统流量应考虑水泵并联的流量衰减影响。循环水泵并联台数不宜大于 3 台。当循环水泵并联台数大于 3 台时，应采取流量均衡技术措施。

11）冷却水循环干管流速和循环水泵吸水管流速，应符合表 5-9 和表 5-10 的规定。

循环干管流速表　　　　　　　　　　　　表 5-9

循环干管管径（mm）	流速（m/s）
$DN \leqslant 250$	1.0～2.0
$250 < DN < 500$	2.0～2.5
$DN \geqslant 500$	2.5～3.0

循环水泵吸水管流速表　　　　　　　　　　表 5-10

循环水泵吸水管	流速（m/s）
从冷却塔集水池吸水	1.0～1.2
从循环管道吸水且 $DN \leqslant 250$	1.0～1.5
从循环管道吸水且 $DN > 250$	1.5～2.0

注：循环水泵出水管可采用循环干管下限流速。

12）当循环冷却水系统设有冷却塔集水池时，设计应符合下列规定：

① 集水池容积应按第 1 项、第 2 项因素的水量之和确定，并应满足第 3 项的要求。

a. 布水装置和淋水填料的附着水量宜按循环水量的 1.2%～1.5%确定。

b. 停泵时因重力流入的管道水容量。

c. 水泵吸水口所需最小淹没深度应根据吸水管内流速确定，当流速小于或等于 0.6m/s 时，最小淹没深度不应小于 0.3m；当流速为 1.2m/s 时，最小淹没深度不应小于 0.6m。

② 当多台冷却塔共用集水池时，可设置一套补充水管、泄水管、排污及溢流管。

13）当循环冷却水系统不设冷却塔集水池时，设计应符合下列规定：

① 当选用成品冷却塔并联使用时，应对其集水盘的容积进行核算。当不满足要求时，应加大集水盘深度或另设集水池。

② 不设集水池的多台冷却塔并联使用时，各塔的集水盘宜设连通管。当无法设置连通管时，回水横干管的管径应放大一级。连通管、回水管与各塔出水管的连接应为管顶平接。塔的出水口应采取防止空气吸入的措施。

③ 每台（组）冷却塔应分别设置补充水管、泄水管、排污及溢流管；补水方式宜采用浮球阀或补充水箱。

14）冷却塔补充水量可按下式计算：

$$q_{bc} = q_z \cdot \frac{N_n}{N_n - 1} \tag{5-12}$$

式中　q_{bc}——补充水水量；对于建筑物空调、冷冻设备的补充水量，应按冷却水循环水量的 1%～2%确定，m^3/h；

　　　q_z——冷却塔蒸发损失损失水量，m^3/h；

　　　N_n——浓缩倍数，设计浓缩倍数不宜小于 3.0。

15）循环冷却水系统补给水总管上应设置水表等计量装置。

16）建筑空调系统的循环冷却水系统应有过滤、缓蚀、阻垢、杀菌、灭藻等水处理措施。

17）旁流处理水量可根据去除悬浮物或溶解固体分别计算。当采用过滤处理去除悬浮物时，过滤水量宜为冷却水循环水量的 1%～5%。

18）循环冷却水系统排水应排入室外污水管道。

（4）循环水系统

1）冷却塔水循环系统设计应满足下列要求：

① 循环冷却水的水源应满足系统的水质和水量要求，宜优先使用雨水等非传统水源。

② 冷却水应循环使用。

③ 多台冷却塔同时使用时宜设置集水盘连通管等水量平衡设施。

④ 建筑空调系统的循环冷却水的水质稳定处理应结合水质情况，合理选择处理方法及设备，应保证冷却水循环率不低于 98%。

⑤ 旁流处理水量可根据去除悬浮物或溶解固体分别计算。当采用过滤处理去除悬浮物时，过滤水量宜为冷却水循环水量的 1%～5%。

⑥ 冷却塔补充水总管上应设阀门及计量等装置。

⑦ 集水池、集水盘或补水池宜设溢流信号，并将信号送入机房。

2）游泳池、水上娱乐池等水循环系统设计应满足下列要求：

① 游泳池、水上娱乐池等应采用循环给水系统。

② 游泳池、水上娱乐池等水循环系统的排水应重复利用。

3）蒸汽凝结水应回收再利用或循环使用，不得直接排放。

4）洗车场宜采用无水洗车、微水洗车技术，当采用微水洗车时，洗车水系统设计应满足下列要求：

① 营业性洗车场或洗车点应优先使用非传统水源。

② 当以自来水洗车时，洗车水应循环使用。

③ 机动车清洗设备应符合国家有关标准的规定。

5）空调冷凝水的收集及回用应符合下列要求：

① 设有中水、雨水回用供水系统的建筑，其集中空调部分的冷凝水宜回收汇集至中水、雨水清水池，作为杂用水。

② 设有集中空调系统的建筑，当无中水、雨水回用供水系统时，可设置单独的空调冷凝水回收系统，将其用于水景、绿化等用水。

6）水源热泵用水应循环使用，并应符合下列要求：

① 当采用地下水、地表水作水源热泵热源时，应进行建设项目水资源论证。

② 采用地下水为热源的水源热泵换热后的地下水应全部回灌至同一含水层，抽、灌井的水量应能在线监测。

3. 水处理

（1）一般要求

1）为了控制循环冷却水系统内由水质引起的结垢、污垢、菌藻和腐蚀，保证制冷机组的换热效率和使用年限，应对循环冷却水进行水质处理。

2）采用化学药剂法进行水质处理时，敞开式系统循环冷却水的水质和微生物控制指标宜符合现行国家标准《工业循环冷却水处理设计规范》GB 50050 中的有关规定。

3）循环冷却水处理方法有化学药剂法和物理水处理法两种，应结合水质条件、循环水量大小和浓缩倍数等因素，合理选择处理方法和设备。

（2）化学药剂法

1）化学药剂法是循环冷却水进行阻垢、缓蚀、杀菌、灭藻的有效方法，近年来的实践表明，该法也是当前防止冷却塔内军团菌的生长、繁殖和传播的首选方法。

2）药剂品种配方可采用处于同一地区，水系相同的类似系统的运行经验配方。选择药剂类型时，要注意其阻垢、缓蚀、杀菌、灭藻的协同效应。

3）药剂投加方式

① 小型循环冷却水系统，可由专业水处理公司承包，配置好液体药剂，可采取手动控制投加方式。

② 大、中型循环冷却水系统，宜设置带搅拌配制槽和计量泵的自动投药装置，药剂可在给水池出水口处投加；也可在水泵吸水管段适当位置投加，也可定期投加，计量泵应与循环水泵控制进行连锁。

③ 加氯剂宜用次氯酸钠，可连续投加，也可定期投加，连续投加时宜控制水中余氯 $0.1 \sim 0.5$mg/L，定期投加时宜每天投加 $1 \sim 3$ 次，每次投加时间宜控制水中余氯 $0.5 \sim 1.0$mg/L 保持 $2 \sim 3$h。

④ 当用加氯方法不能达到处理效果时，宜采用非氧化型杀生剂配合使用，根据微生物监测数据不定期投加。

4）清洗和预膜处理

① 系统投入运行前，对管道应采用自来水冲洗，冷凝器应采用药剂清洗。

② 预膜时常以 $7 \sim 8$ 倍的正常投药量作为预膜剂，pH $5.5 \sim 6.5$，持续时间为 120h。

（3）物理水处理法

1）处理设备分以下几种类型：

① 静电水处理器：利用高压静电场进行水处理。

② 电子水处理器：利用低压静电场进行水处理。

③ 内磁水处理器：利用磁场进行水处理。

2）物理水处理法具有除垢、杀菌灭藻功能，易于安装、便于管理，运行费用较低等特点。与化学药剂法比较，存在缓蚀、阻垢效果不明显，处理效果不够稳定，一次投资较大的弱点。因此，该法可在水量小于 $300\text{m}^3/\text{h}$、水质以结垢型为主、浓缩倍数小的条件下采用，并应严格控制其适用条件。

（4）旁流水处理

1）对去除水中碱度、硬度或某种离子的敞开式循环冷却水系统的旁滤设施，应根据需要处理的物质，合理确定处理流程和设备。

2）当旁流处理用于去除循环冷却水中悬浮物时，敞开式系统的旁流水量可按循环水量的 1％～5％，对于多沙尘地区或空气灰尘指数偏高地区可适当提高。

3）对去除水中悬浮物的敞开式循环冷却水系统的旁滤设施，宜采用砂、纤维等介质过滤器。旁流过滤器的出水浊度应小于 3NTU。对小型系统可采用蜂房滤芯过滤器或全自动水力清洗过滤器等进行过滤。

（5）全程水处理器

1）全程水处理器是采用"物理法"来解决给水系统中腐蚀、结垢、菌藻、水质恶化的一种综合性水处理设备，可在小型空调制冷循环冷却水系统中采用。

2）选用和安装要求：

① 垂直安装。

② 设备可装在系统总干管上。

③ 设备以旁通形式与管道连接，以便在不停机状态下排污及维修。

④ 禁止在无水状态下长时间开启设备。

⑤ 当设备进出口压力表显示压力差大于 0.03～0.06MPa（或根据系统选择压差）时，即应停机反冲排污。

4. 冷却塔水量分布器

（1）冷却水温度不能有效降低的主要原因：

各塔间不能均匀布水。

冷却塔群的水流量变化会引起冷却塔间布水不均，冷却塔布水盘内也会出现因水流量变化，出现布水不匀现象，冷却塔群的填料利用率不高，导致冷却效果降低，严重者冷却水温度降不下来，直接导致空调水冷主机跳机。

（2）目前水量调节方式所存在的弊端：

1）目前调节水量的方式，主要是采用手动阀、电动阀或恒流阀调节，一是调节不精确，二是需要消耗大量的时间以及人工，不能从根本上解决水量分布的问题。

2）很多项目中，当开塔数量发生变化时，现场并没有进行相应调节。

3）电动调节阀不能完全实现完全自动的调节。

4）阀体调节会产生额外阻力，增加水泵的运行负担。

5）阀体由运动部件构成，长期调节，易产生堵塞和损坏。

（3）冷却塔水量分布器技术路线

采用水与空气密度不同的自封闭系统，水量分布器利用 U 形管原理，在冷却水流量 30％～100％变化时，可自动、快速实现冷却水在各冷却塔间均匀分水，解决冷却塔群布水不均的问题，从而提高冷却塔群的填料利用率，使冷却塔效率得到极大提高。

5.3.4　游泳池节水设计

1. 池水循环

（1）池水循环系统应根据下列原则选定：

1）游泳池的池水应采用循环净化水系统，以节约水资源。

2）游泳池水的循环应保证被净化过的水能均匀到达游泳池的各个部位，使用过的水能均匀、有序地有效排除，并回到池水净化处理系统进行处理。

3）竞赛类、训练教学类、专用类和特殊类等游泳池，由于水温、水质和循环周期要求不同，为了使用、操作运行和管理上的方便，对于不同使用要求的游泳池，应分别设置各自独立的池水循环净化处理过滤系统。

4）水上游乐池采用多座互不连通的池子共用一套池水循环净化系统时，应符合下列规定：

① 净化后的池水应经过分水装置分别接至不同用途的游乐池。

② 应有确保每个池子的循环水流量、水温的措施。

5）功能性和水景等循环给水系统的设置，应符合下列规定：

① 滑道润滑水和环流河的水推流系统应采用独立的循环给水系统。

② 瀑布和喷泉宜采用独立的循环给水系统。

③ 一般水景应根据数量、水量、水压和分布地点等因素，宜组合成一个或若干组循环给水系统。

6）儿童戏水池设置的水滑梯的润滑水供应，应符合下列规定：

① 儿童戏水池补充水利用城市自来水直接供应时，该供水管应设真空破坏器。

② 从池水循环水净化系统单独接出管道供水时，该供水管应设调节控制阀门。

③ 润滑水供水量和供水管径由供应商产品要求确定，但设计应进行核算。

（2）池水循环方式应符合下列要求：

1）游泳池池水循环的水流组织应符合下列规定：

① 净化后的水与池内待净化的水，能有序更新、交换和混合。

② 游泳池的给水口与回水口的布置，应使净化后的水在不同水深区内分布均匀、不出现短流、涡流和死水区。

③ 能使游泳池的表面水得到有效溢流至溢水槽或溢流回水槽。

④ 设有应对突然状况快速通畅的泄水口。

⑤ 满足循环水泵自灌式吸水。

⑥ 有利于环境卫生的保持和管道、附件及设备的施工安装、维修管理。

2）池水循环方式的选择应根据下列原则确定：

① 竞赛和训练用游泳池、团体专用游泳池，应采用逆流式或混合流式的池水循环方式。

② 公共游泳池宜采用逆流式或混合流式的池水循环方式。

③ 露天游泳池及季节性组装游泳池，宜采用顺流式池水循环方式。

④ 水上游乐池宜采用混合流式或顺流式的池水循环方式。

3）混合流式池水循环应符合下列规定：

① 从池表面溢流的回水量不得小于游泳池循环水量的60%。

② 从池底回水口回流的回水管上应设置流量控制装置。

4）池水循环宜按 24h 连续循环进行设计。

5）造浪池的池水循环应符合下列规定：

① 采用逆流式池水循环方式。

② 池子浅水段应设带格栅宜填有砂石的排水回水沟；水面低于池岸的水域应在池岸设置撇沫器。

③ 造浪机房与制浪水池间应采取防止池水回流淹没机房的措施。

6）滑道跌落池的池水循环应符合下列规定：

① 滑道跌落池宜采用高沿游泳池，池水宜采用顺流式池水循环方式。

② 滑道润滑水水源采用滑道跌落池池水。

③ 滑道润滑水量和滑道跌落水池的规格尺寸、水深、容积应由水上娱乐设施专业公司提供。

7）环流河的池水循环应符合下列规定：

① 环流河应采用高沿游泳池，池水采用顺流式池水循环方式。

② 环流河的水流速度应不大于 1.0m/s。

③ 环流河应根据河流形状设置若干座推流水泵站。

④ 推流水泵在河道底吸水口的流速不得大于 0.5m/s，在河道侧壁的水泵出水口流速宜大于 3.0m/s。

⑤ 吸水口和出水口应设格栅。出水口位置应远离上、下河道的扶梯。

⑥ 推流水泵宜设在河道侧壁的地下，且泵房应设配电、照明、通风和排水设施。

8）放松池的设计应符合下列规定：

① 池体应采用高沿水池。水源可采用跳水池经净化处理后的池水。

② 放松池的功能循环水系统应为独立的系统，并宜采用气—水分流循环系统。

③ 供水系统应采用环状管道，且水流速度不得大于 3.0m/s；回水管道水流速度不得大于 1.8m/s。

④ 供气管道应高于池内水表面 0.45m，且送入池内的空气应清洁、卫生、无二次污染。

2. 排水及回收利用

（1）游泳池应设置排水及废水回收利用系统，并符合下列要求：

1）顺流式池水循环系统的溢流水应回收利用。

2）游泳池池岸冲洗排水、过滤设备反冲洗排水和初滤水应优先回收作为建筑中水的原水，经处理后用于建筑内冲厕及绿化等用水水源。

3）强制淋浴、跳水池池岸淋浴的排水和露天游泳池的池面、地面雨水宜回收利用。

4）如果用臭氧消毒时，臭氧发生器一般采用自来水进行冷却，因其仅温度升高，未改变水质，故应回收，并宜用于游泳池的补充水水源。

（2）池岸排水的设计应符合下列要求：

1）游泳池溢水槽为非淹没式时，如溢流水不循环利用，冲洗池岸的排水可排入溢水槽内，并按上条的规定予以回收利用。

2）游泳池溢流回水槽为淹没式时，冲洗池岸的排水不得排入溢流回水槽内。池岸应于远离游泳池溢流回水槽的观众看台底部另设排水沟，作冲洗池岸排水之用。该排水也应回收作为中水原水。

3）游泳池溢水槽如需排放时应排入雨水管道，但不得与雨水管道直接连接，应设置防止雨水回流污染游泳池池水的有效措施。

（3）游泳池的泄水系统应符合下列要求：

1）游泳池的应急和检修需泄空池水时间不宜超过 8h。

2）如为重力流泄水并排至排水管道时，应设置防止雨水或污水回流污染的有效措施。

3）如为压力流泄水时，宜采用循环水泵和设备机房内集水坑内潜水排水泵兼做泄水排水泵，但必须关闭进入各类设备内管道的阀门。

4）如因池水出现传染性致病微生物或病毒需要泄水时，必须按当地卫生监督部门的要求，对池水进行处理达到排放标准后可排放。

（4）游泳池的其他排水应符合下列要求：

1）硅藻土反冲洗排水中的污染杂质经过与其他排水混合稀释后，仍达不到排放要求时，应设置废弃硅藻土回收装置。

2）清洗化学药品设备、容器的废水，应与其他排水进行中和、稀释或处理并达到排放标准后，方可直接排入排水管道。

3）室外露天游泳池应考虑雨季雨水的排除或回收利用措施，雨水量可按重现期 5～10a 计算。

5.3.5 节水浇灌浇洒系统

1. 一般规定

（1）我国是一个水资源短缺的国家，人均水资源量约为世界平均水平的四分之一。据预测，到 2030 年全国城市绿地灌溉年需水量为 82.7 亿 m^3，约占城市总需水量的 6%，因此，利用雨水、中水等非传统水源代替自来水等传统水源，已成为最重要的节水措施之一。

采用非传统水源作为浇洒系统水源时，其水质应达到相应的水质标准，且不应对公共卫生造成威胁。

（2）传统的浇洒系统一般采用大水漫灌或人工洒水，不但造成水的浪费，而且会产生不能及时浇洒、过量浇洒或浇洒不足等一系列问题，对植物的正常生长也极为不利。随着水资源危机的日益严重，传统的地面大水漫灌已不能适应节水技术的要求，采用高效的节水灌溉方式势在必行。

有资料显示，喷灌比地面漫灌要省水 30%～50%，微灌（包括滴灌、微喷灌、涌流灌和地下渗灌）比地面漫灌省水约 50%～70%。

浇洒方式应根据水源、气候、地形、植物种类等各种因素综合确定，其中喷灌适用于植物集中连片的场所，微灌系统适用于植物小块或零碎的场所。

采用中水浇洒时，因水中微生物在空气中易传播，故应避免喷灌方式，宜采用微灌方式。

采用滴灌系统时，由于滴灌管一般敷设于地面上，对人员的活动有一定影响。

（3）鼓励采用湿度传感器或根据气候变化的调节控制器，根据土壤的湿度或气候的变化，自动控制浇洒系统的启停，从而提高浇洒效率，节约用水。

2. 水源选择

（1）应优先选择雨水、中水等非传统水源。

（2）水质应符合现行国家标准《城市污水再生利用 景观环境用水水质》GB/T 18921和《城市污水再生利用 城市杂用水水质》GB/T 18920 的规定。

3. 浇灌方式

（1）绿化浇洒应采用喷灌、微灌等高效节水灌溉方式。应根据喷灌区域的浇洒管理形式、地形地貌、当地气象条件、水源条件、绿地面积大小、土地渗透率、植物类型和水压等因素，选择不同类型的喷灌系统，并应符合下列要求：

1）绿地浇洒采用中水时，宜采用以微灌为主的浇洒方式。

2）人员活动频繁的绿地，宜采用以微喷灌为主的浇洒方式。

3）土壤易板结的绿地，不宜采用地下渗灌的浇洒方式。

4）乔、灌木和花卉宜采用以滴灌、微喷灌等为主的浇洒方式。

5）带有绿化的停车场，其灌水方式宜按表 5-11 规定选用。

带有绿化的停车场的灌水方式 表 5-11

绿化部位	种植品种及布置	灌水方式
周界绿化	较密集	滴灌
车位间绿化	不宜种植花卉，绿化带一般宽位 1.5～2m，乔木沿绿带排列，间距应不小于 2.5m	滴灌或微喷灌
地面绿化	种植耐碾压草种	微喷灌

6）平台绿化的灌水方式宜按表 5-12 的规定选用。

平台绿化的停车场的灌水方式 表 5-12

植物类别	种植土最小厚度（mm）			灌水方式
	南方地区	中部地区	北方地区	
花卉草坪地	200	400	500	微喷灌
灌木	500	600	800	滴灌或微喷灌
乔木、藤本植物	600	800	1000	滴灌或微喷灌
中高乔木	800	1000	1500	滴灌

（2）浇洒系统宜采用湿度传感器等自动控制其启停。

（3）浇洒系统的支管上任意两个喷头处的压力差不应超过喷头设计工作压力的 20%。

5.3.6 智慧监控及分项计量（含物联网）

1. 一般规定

（1）设置分类、分级用能自动远传计量系统，且设置能源管理系统实现对建筑能耗的监测、数据分析和管理，评价分值为 8 分。

（2）设置 PM10、PM2.5、CO_2 浓度的空气质量监测系统，且具有存储至少一年的监测数据和实时显示等功能，评价分值为 5 分。

（3）设置用水远传计量系统、水质在线监测系统，评价总分值为 7 分，并按下列规则分别评分并累计：

① 设置用水量远传计量系统，能分类、分级记录、统计分析各种用水情况，得 3 分。

② 利用计量数据进行管网漏损自检测动、分析与整改，管道漏损率低于 5%，得 2 分。

（4）设置水质在线监测系统、监测生活饮用水、管道直饮水、游泳池水、非传统水源、空调冷却水的水质指标，记录并保存水质监测结果，且能随时供用户查询，得 2 分。

（5）具有智能化服务系统，评价总分值为 9 分，并按下列规则分别评分并累计。

（6）具有家电控制、照明控制、安全报警、环境监测、建筑设备控制、工作生活服务等至少 3 种类型的服务功能，得 3 分。

（7）具有远程监控的功能，得 3 分。

（8）具有接入智慧城市（城区、社区）的功能，得 3 分。

2. 常见控制

（1）建筑给水排水系统中采用的卫生器具、水嘴、淋浴器等应根据适用对象、设置场所、建筑标准等因素确定，且均应符合现行行业标准《节水型生活用水器具》CJ/T 164 的规定。

（2）坐式大便器宜采用设有大、小便分档的冲洗水箱。

（3）居住类建筑中不得使用一次冲洗水量大于 6L 的坐便器。

（4）小便器、蹲式大便器应配套采用延时自闭式冲洗阀、感应式冲洗阀、脚踏冲洗阀。

（5）公共场所的卫生间洗手盆应采用感应式或延时自闭式水嘴。

（6）洗脸盆等卫生器具应采用陶瓷片等密闭性能良好耐用的水嘴。

（7）水嘴、淋浴喷头内部宜设置限流配件。

（8）采用双管供水的公共浴室宜采用带恒温控制与温度显示功能的冷热水混合淋浴器。

（9）民用建筑的给水、热水、中水，以及直饮水等给水管道设置计量水表应符合下列规定：

1）住宅入户管上应设计量水表。

2）公共建筑应根据不同性质及计费标准分类分别设计量水表。

3）单体建筑引入管上应设计量水表。

4）加压分区供水的贮水池或水箱前的补水管上宜设计量水表。

5）采用高位水箱供水系统的水箱出水管上宜设计量水表。

6）冷却塔、游泳池、水景、公共建筑中的厨房、洗衣房、游乐设施、公共浴池、中水贮水池或水箱补水等的补水管上应设计量水表。

7）机动车清洗用水管上应安装水表计量。

8）采用地下水水源热泵为热源时，抽、回灌管道应设计量水表。

9）满足水量平衡测试及合理用水分析要求的管段上应设计量水表。

（10）民用建筑所采用的计量水表应符合下列规定：

1）产品应符合国家现行标准《饮用冷水水表和热水水表》GB/T 778.1～778.5、《IC卡冷水水表》CJ/T 133、《电子远传水表》CJ/T 224、《冷水水表检定规程》JJG 162 和《饮用水冷水水表安全规则》CJ 266 的规定。

2）口径 DN15～DN25 的水表，使用期限不得超过 6a；口径大于 DN25 的水表，使用期限不得超过 4a。

（11）学校、学生公寓、集体宿舍公共浴室等集中用水部位宜采用智能流量控制装置。

（12）减压阀的设置应满足下列要求：

1）不宜采用共用供水立管串联减压分区供水。

2）热水系统采用减压阀分区时，减压阀的设置不得影响循环系统的运行效果。

3）用水点处水压大于 0.2 MPa 的配水支管应设置减压阀，但因满足给水配件最低工作压力的要求。

4）减压阀的设置还满足现行国家标准《建筑给水排水设计标准》GB 50015 的有关规定。

3. 分项原则

（1）采用远传计量系统对各类用水进行计量，可准确掌握项目用水现状，如水系管网分布情况，各类用水设备、设施、仪器、仪表分布及运转状态，用水总量和各用水单元之间的定量关系，找出薄弱环节和节水潜力，制定出切实可行的节水管理措施和规划。

（2）远传水表可以实时的将用水量数据上传给管理系统，远传水表应根据水平衡测试的要求分级安装。物业管理方应通过远传水表的数据进行管道漏损情况检测，随时了解管道漏损情况，及时查找漏损点并进行整改。

（3）建筑中设有的各类供水系统均设置了在线监测系统，"智慧运行"第 3 款方可得分。根据相应水质标准规范要求，可选择对浊度、余氯、pH、电导率（TDS）等指标进行监测，例如管道直饮水可不监测浊度、余氯，对终端直饮水设备没有在线监测的要求。对建筑内各类水质实施在线监测，能够帮助物业管理部门随时掌握水质指标状况，及时发现水质异常变化并采取有效措施。水质在线监测系统应有报警记录功能，其存储介质和数据库应能记录连续一年以上的运行数据，且能随时供用户查询。水质监测的关键性位置和代表性测点包括：水源、水处理设施出水及最不利用水点。

本条的评价方法为：预评价查阅相关设计文件（含远传计量系统设置说明、分级水表设置示意图、水质监测点位说明、设置示意图等）；评价查阅相关竣工图（含远传计量系统设置说明、分级水表设置示意图、水质监测点位说明、设置示意图等）、监测与发布系统设计说明，投入使用的项目尚应查阅漏损检测管理制度（或漏损检测、分析及整改情况报告）、水质监测管理制度（或水质监测记录）。

5.3.7 设计示例

1. 工程简介

项目地处上海市虹口区北外滩沿黄浦江滨江地区的核心区域，优越的地理位置为人们提供了便捷的交通。通过南侧上海港国际客运中心可达黄浦江边，有面向黄浦江的无任何遮挡的景观视觉通道，北侧直通轨交 12 号线国际客运中心站，拥有极强的交通便捷优势。其设计理念来自于上海市花"白玉兰"，320m 的建筑高度刷新了浦西的天际线，成为沿黄浦江的地标性建筑及浦西最具标志性的第一高楼。同浦东的陆家嘴建筑建筑群和浦西的外滩建筑群隔江相望，共同形成上海独有的黄浦江风景线。将带动该地区形成新的上海 CBD 核心环。

项目总用地面积 56670m²，总建筑面积 414798m²，其中地上建筑面积 249983m²，地下建筑面积 164815m²。包括一座 66 层高 320m 的办公塔楼，并于顶部设置了上海最高的直升机停机坪；一座 39 层高 171.7m 的酒店塔楼和一座 2 层 57.2m 高的展馆建筑连接着 3 层高的裙楼，地下室共 4 层。如图 5-5 所示。

图 5-5 项目效果图

2. 节能节水措施

（1）项目获得绿色二星认证，办公以及裙房获得 LEED 金奖，酒店获得 LEED 银奖。

（2）地下室车库、绿化用水及景观用水采用中水（收集下沉广场雨水，处理后回用）供给。

（3）裙房卫生间便器用水采用中水（收集酒店标准层生活废水，处理后回用）供给。

（4）收集办公、酒店的空调冷凝水，回用给办公冷却塔补水和酒店冷却塔补水。

（5）冷却塔风机采用双速风机，根据空调负荷变化的需要进行调节。

（6）给水系统采取竖向合理分区方式，并采取适当措施控制各层用水器具的流出水头，除酒店集中供热水区域外，保证各用水点供水压力不大于 0.20MPa。

（7）局部淋浴间采用太阳能热水系统。

3. 给水系统

（1）给水系统

水源：在旅顺路、东大名路分别引入一根 DN300 引入管，以满足本项目的生活和消防用水。在基地内形成 DN300 消防环管。根据计量要求，设置酒店（DN200）和办公、商业（DN300）的两只计量总水表。生活用水量：Q（最高日）$=4043\mathrm{m^3/d}$，Q（最大时）$=436\mathrm{m^3/h}$。

合理的分质给水系统：不同的区域采用了不同的给水系统，并结合了市政直供水、中水回用水、雨水回用水、洁净水等不同的水源，充分体现了绿色建筑和 LEED 建筑的特点。

供水方式：

1）裙房商业：B4F 裙房商业水泵房内单独设置生活水池，采用变频恒压供水方式。

2）办公：B4F 设置办公生活原水池，经过净水处理后，与办公消防用水一起贮存在办公消防生活净水池内，采用二级串联水泵-水箱联合供水方式。办公塔楼分为 65F 水箱供水的高区和 34F 中间水箱供水的低区。生活供水与重力消防系统共用办公消防传输泵：B4 的消防一级传输泵输水至 34F 的消防生活共用中间水箱，再由二级消防传输泵把水供至 65F 的消防生活共用屋顶水箱。

3）酒店：酒店生活、消防用水，由 B4F 生活原水池经过净水处理后，与消防用水一起贮存在酒店消防生活净水池内。酒店裙房采用变频恒压供水方式；酒店主楼采用水泵-水箱联合供水方式，通过 B4F 的加压泵供至 39MF 消防生活共用屋顶水箱。酒店洗衣房单独设置一套软水系统，软水处理装置和软水贮存池设置于 B4F，由变频泵恒压供水至 B2F。

4）地下室车库、绿化用水及景观用水考虑采用中水（收集下沉广场雨水，处理后回用）供给。

裙房卫生间便器用水采用中水（收集酒店标准层生活废水，处理后回用）供给。

水质处理：酒店及办公用水采用处理之后的洁净水，卫生间便器冲洗用水、停车库地面冲洗水、抹车、道路冲洗和绿化浇洒用水等采用杂用水，即由下沉广场雨水和酒店标准层生活废水处理后回用供给，洗衣房采用软水，其余采用自来水。

（2）热水系统

办公和裙房卫生间洗手盆由电加热热水器供给。酒店采用集中制备的方式，热媒采用高温热水，由半容积式热交换器提供。局部淋浴间采用太阳能热水系统。

4. 雨水回用系统

楼屋顶雨水重现期取50a，采用虹吸排水。宾馆及部分裙房屋面雨水采用虹吸雨水系统，按50a设计。部分裙房屋面采用重力排水，重现期取10a。下沉式广场等区域重现期取50a。

雨水系统图如图5-6所示。

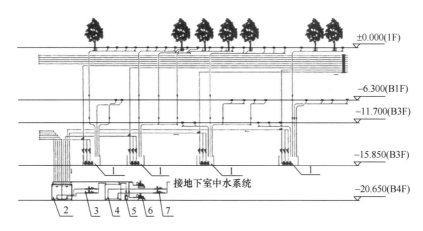

图5-6　下沉式广场雨水系统图

1—雨水井；2—雨水调节池；3—加压泵；4—MBR池；5—膜清洗装置；6—鼓风机；7—加压泵

雨水系统设计计算示例：

（1）总体雨水

基地占地面积：56670m²，绿化面积：17675m²

场地雨水有2个排出口，排到东大名路和旅顺路上的市政雨水管内。

硬地面积=39020m²，草地面积=17675m²

$$\psi = (39020 \times 0.9 + 17675 \times 0.15) \div 56670 = 0.67$$

$$t = t_1 + 2t_2 = 7 + 2 \times 306 \div 0.9 \div 60 \text{（最短管路长306m）}$$

$$t = 18.3\text{min}$$

上海地区暴雨强度公式（P=2）：

$$q = \frac{5544(p^{0.3} - 0.42)}{(t + 10 + 7\lg P)^{0.82 + 0.07\lg P}}$$

$$q = 255\text{L/(s} \cdot \text{hm}^2)$$

$$Q = \psi \times q \times F = 0.67 \times 255 \times 5.667 \times 0.6$$

$$Q = 581\text{L/s}$$

雨水排出管管径：

$DN800$，$i=0.002$，$v=1.176\text{m/s}$，$Q=591\text{L/s}$

（2）排入地下室的雨水

上海地区 5min 暴雨强度：10a 560L/（s·hm²）；50a 709L/（s·hm²）

排入地下室的绿化范围面积：2846m²、侧墙雨水汇水面积：12800m²（地铁收部分）和总体道路汇至下沉式广场的面积：3670＋2024（上面有顶盖）＝5694m²，其中上面有顶盖的部分和其余部分由分水线分开，所以不会有大量雨水，最多会有侧面飘来的雨水。直接开口面积：1824m²。

总汇水面积为：2846＋12800＋3670＋1824＝21140m²

收集以上水量共设有 8 个雨水集水井，每个雨水集水井收集 2643m² 雨水，雨水泵的流量按照 50a 5min 暴雨强度考虑，从而满足溢流要求。

$$Q=\psi \times q \times F=0.9 \times 709 \times 0.2643=170\text{L/a}$$

每台雨水泵 $Q_1=170 \div 2 \times 3.6=306\text{m}^3/\text{h}$（一般情况下为 2 用 1 备，雨量大时为三用。）

考虑到下沉式广场的重要性，每台雨水泵流量为 306m³/h，而雨水集水井的容积由于实际情况限制，按照规范要求的 1 台雨水泵 30s 的出水流量考虑。

$$V=306 \div 120=2.55\text{m}^3$$

雨水集水井尺寸为 5m×3m×2.5m，所以 2.55÷5÷3＝0.2m，实际雨水集水井有效水深为 1.3m，所选水泵采用自动耦合式安装，水泵高度为 1.91m 左右，所以雨水集水井 2.5m 的深度可以满足要求。

1F 的排水沟汇水面积 15000m²，$Q=\psi \times q \times F=0.9 \times 709 \times 1.5=957\text{L/s}$，设置 $DN150$ 的雨水斗，每个排水能力 30 L/s，需设置 30 个雨水斗。

B2F 的排水沟汇水面积 4000m²，$Q=\psi \times q \times F=0.9 \times 709 \times 0.4=255\text{L/s}$，设置 $DN150$ 的雨水斗，每个排水能力 26 L/s，设置 15 个雨水斗。

（3）下沉式广场的雨水收集及中水回用系统

收集的雨水作为景观绿化、总体绿化以及车库冲洗水使用。回收的中水供裙房商业用以冲厕。所以整个处理流程如图 5-7 所示。

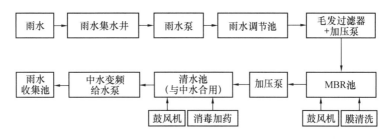

图 5-7　雨水回用处理流程

$$V=10 \times 0.9 \times 2.114 \times 20=381\text{m}^3$$

根据前面计算：地下车库冲洗水用量为 130m³/d。

景观绿化和总体绿化最高日用水量为 34m³/d。

雨水系统的清水池 $V=(130+34)\times1.1\times40\%=72\mathrm{m}^3$。

系统的处理能力为 $(130+34)\times1.1/20=9\mathrm{m}^3/\mathrm{h}$，取 $10\mathrm{m}^3/\mathrm{h}$。

宾馆的淋浴、盥洗用水为：$283\times(50\%+14\%)\times1.1=199\mathrm{m}^3/\mathrm{d}$。

中水原水量 $Q=0.67\times199\times0.9=120\mathrm{m}^3/\mathrm{d}$。

中水系统调节池连续运行，原水调节池 $V=120\times35\%=42\mathrm{m}^3$。

回收的中水供裙房商业用以冲厕，裙房用水量为 $1577\mathrm{m}^3/\mathrm{d}$，按照餐饮业的冲厕水占给水百分比为 $5\%\sim6.7\%$，考虑到有零售商业，取 10%，所以裙房商业的冲厕用水量为：$Q=1577\times10\%=158\mathrm{m}^3$。

所以中水系统的清水池：$V=158\times40\%-42=21\mathrm{m}^3$。

系统的处理能力为：$(1577\times10\%)\times1.1/20=9\mathrm{m}^3/\mathrm{h}$，取 $10\mathrm{m}^3/\mathrm{h}$。

5.4 非传统水源利用

5.4.1 一般规定

（1）节水设计应因地制宜采取措施综合利用雨水、中水、海水等非传统水源，合理确定供水水质指标，并应符合国家现行有关标准的规定。

（2）民用建筑采用非传统水源时，处理出水必须保障用水终端的日常供水水质安全可靠，严禁对人体健康和室内卫生环境产生负面影响。

（3）非传统水源的水质处理工艺应根据源水特征、污染物和出水水质要求确定。

（4）雨水和中水利用工程应根据现行国家标准《建筑与小区雨水控制及利用工程技术规范》GB 50400 和《建筑中水设计标准》GB 50336 的有关规定进行设计。

（5）雨水和中水等非传统水源可用于景观用水、绿化用水、汽车冲洗用水、路面地面冲洗用水、冲厕用水、消防用水等非与人身接触的生活用水，雨水，还可用于建筑空调循环冷却系统的补水。

（6）中水、雨水不得用于生活饮用水及游泳池等用水。与人身接触的景观娱乐用水不宜使用中水或城市污水再生水。

（7）景观水体的平均日补水量 W_{jd} 和年用水量 W_{ja} 应分别按下式计算：

$$W_{\mathrm{jd}} = W_{\mathrm{zd}} + W_{\mathrm{sd}} + W_{\mathrm{fd}} \tag{5-13}$$

$$W_{\mathrm{ja}} = W_{\mathrm{jd}} \times D_{\mathrm{j}} \tag{5-14}$$

式中　W_{jd}——平均日补水量，m^3/d；

　　　W_{zd}——日均蒸发量、根据当地水面日均蒸发厚度与面积计算，m^3/d；

　　　W_{sd}——渗透量，为水体渗透面积与入渗速率的乘积，m^3/d；

　　　W_{fd}——处理站机房自用水量等，m^3/d；

　　　W_{ja}——景观水体年用水量，m^3/a；

　　　D_{j}——年平均运行天数，d/a。

（8）绿化灌溉的年用水量应按表 5-4 的规定确定，平均日喷灌水量 W_{ld} 应按下式计算：

$$W_{ld} = 0.001 \cdot q_l \cdot F_l \qquad (5-15)$$

式中　W_{ld}——日喷灌水量，m^3/d；

　　　q_l——浇水定额，$L/(m^2 \cdot d)$，可取 $2L/(m^2 \cdot d)$；

　　　F_l——绿地面积，m^2。

（9）冲洗路面、地面等用水量应按表 5-3 的规定确定，年浇洒次数可按 30 次计。

（10）洗车场洗车用水可按表 5-2 的规定和日均洗车数量及年洗车数量计算确定。

（11）冷却塔循环冷却水系统补水的日均补水量 W_{td} 和补水年用水量 W_{ta} 应分别按下列公式进行计算：

$$W_{td} = K q_q T \qquad (5-16)$$

$$W_{ta} = W_{td} \times D_t \qquad (5-17)$$

式中　W_{td}——冷却塔日均补水量，m^3/d；

　　　q_q——补水定额，可按冷却循环水量的 $1\% \sim 2\%$ 计算，使用雨水时宜取高限，m^3/h；

　　　T——冷却塔每天运行时间，h/d；

　　　D_t——冷却塔每年运行天数，d/a；

　　　W_{ta}——冷却塔补水年用水量，m^3/a。

（12）冲厕用水年用水量应按下式计算：

$$W_{ca} = \frac{q_c n_c D_c}{1000} \qquad (5-18)$$

式中　W_{ca}——年冲厕用水量，m^3/a；

　　　q_c——日均用水定额，可按表 5-1 和表 5-6 的规定采用 $L/(人 \cdot d)$；

　　　n_c——年平均使用人数，对于酒店客房，应考虑年入住率，人；

　　　D_c——年平均使用天数，d/a。

（13）当具有城市污水再生水供应管网时，建筑中水应优先采用城市再生水。

（14）观赏性景观环境用水应优先采用雨水、中水、城市再生水及天然水源等。

（15）建筑或小区中设有雨水回用和中水合用系统时，原水应分别调蓄和净化处理，出水可在清水池混合。

（16）建筑或小区中设有雨水回用和中水合用系统时，在雨季应优先利用雨水，需要排放原水时应优先排放中水原水。

（17）非传统水源利用率应按下式计算：

$$R = \frac{\sum W_a}{\sum Q_a} \times 100\% \qquad (5-19)$$

式中　R——非传统水源利用率；

　　　$\sum Q_a$——年总用水量，包含自来水用量和非传统水源用量，可根据 5.2 节和本节的规定计算，m^3/a；

$\sum W_a$——非传统水源年使用量，m^3/a。

5.4.2 雨水回用系统

（1）建筑与小区应根据海绵城市建设的指标要求，采取渗、滞、蓄、净、用、排等雨水控制与利用的技术措施。雨水控制与利用系统可采用雨水入渗、收集回用和调蓄排放的单一系统或多种系统组合。

（2）绿地与道路、广场和建筑散水等硬化地面连接时，宜低于硬化地面 $50\sim100mm$，当有排水要求时，绿地内宜设置雨水口，其顶面标高应高于绿地 $20\sim50mm$，且不应高于道路路面。

（3）收集回用系统宜用于年降雨量大于 $400mm$ 的地区，应优先采用屋面雨水收集回用方式。

（4）建设用地内的雨水排水口应设置在雨水控制与利用设施的末端，以溢流方式排放。超过雨水控制与利用要求的雨水应溢流进入市政雨水管道。

（5）雨水回用系统的年用雨水量应按下式计算：

$$W_{ya} = 10\Psi_c h_a F f_y \qquad (5-20)$$

式中　W_{ya}——年用雨水量，m^3；

$\quad\ \Psi_c$——雨量径流系数；

$\quad\ h_a$——常年降雨厚度，mm；

$\quad\ F$——建设场地总汇水面积，hm^2；

$\quad\ f_y$——建设场地降雨利用率，$\%$。

（6）建设场地降雨利用率应根据降雨利用厚度 h_1 对应的年径流总量控制率取值，降雨利用厚度应根据下式计算：

$$h_1 = 0.1V/F \qquad (5-21)$$

式中　h_1——降雨利用厚度，mm；

$\quad\ V$——雨水回用系统的有效利用雨量，m^3。

（7）雨水回用系统的有效利用雨量应通过水量平衡计算，并按雨水储存设施的有效容积、汇水面日降雨径流量、雨水回用系统 3d 用水量中的最小者确定。

（8）雨水入渗面积的计算应包括透水铺砌面积、地面和屋面绿地面积、室外埋地入渗设施的有效渗透面积，室外下凹绿地面积可按 2 倍透水地面面积计算。

（9）不透水地面的雨水径流采用回用或入渗方式利用时，配置的雨水储存设施应使设计日雨水径流量溢流外排的量小于 20%，并且储存的雨水能在 3d 之内入渗完毕或使用完毕。

（10）雨水回用系统的自来水替代率或雨水利用率 R_y 应按下式计算：

$$R_y = \frac{W_{ya}}{\sum Q_a} \qquad (5-22)$$

式中　R_y——自来水替代率或雨水利用率。

5.4.3　中水回用系统

（1）资源型缺水地区新建和扩建的下列建筑宜设置中水处理设施：

1）建筑面积大于 2 万 m^2 的宾馆、饭店；

2）建筑面积大于 5 万 m^2 且可回收水量大于 $100m^3/d$ 的办公、公寓式办公等其他公共建筑。

注：① 若地方有相关规定，则按地方规定执行。

② 不包括传染病医院、结核病医院建筑。

（2）建筑与小区采用城市再生水作为景观水体的补水时，宜在进入景观水体前设置人工湿地等生态设施。

（3）中水原水的可回收利用水量宜按优质杂排水或杂排水量计算。

（4）当建筑周边没有市政污水管网时，建筑内污、废水应进行处理并宜再生回用。

（5）当中水由建筑中水处理站供应时，建筑中水系统的年回用中水量应按下列公式进行计算，并应选取三个水量中的最小数值：

$$W_{ma} = 0.8 \times Q_{sa} \tag{5-23}$$

$$W_{ma} = 0.8 \times 365 Q_{cd} \tag{5-24}$$

$$W_{ma} = 0.9 \times Q_{xa} \tag{5-25}$$

式中　W_{ma}——中水的年回用量，m^3；

$\quad Q_{sa}$——中水原水的年收集量，m^3/a；应根据本手册第 5.2 章的年用水量乘 0.9 计算；

$\quad Q_{cd}$——中水处理设施的日处理水量，应按经过水量平衡计算后的中水原水量取值，m^3/d；

$\quad Q_{xa}$——中水供应管网系统的年需水量，m^3/a，应根据本手册第 5.4.1 节的规定计算。

5.4.4　设计示例

1. 雨水回用系统设计计算示例

【例】某公共建筑小区有屋面面积 2.45 万 m^2，其中 30％的屋面为绿化屋面，70％的屋面未绿化做雨水控制及利用，并优先考虑雨水资源化直接利用，用于小区的杂用水。杂用水管网系统平均日用水量为 $186.6m^3$，其中冲厕 $106.6m^3$，绿化浇洒 $80m^3$。最高日用水量 $224m^3$。补水采用市政中水。当地常年最大 24h 降雨量为 71mm，外排径流系数控制在 0.4 以内。请确定雨水回用系统规模。

【解】（1）日雨水径流量

根据规范，屋面雨量径流系数 ψ_c 取 0.9，则屋面雨水 24h 径流总量为：

$$W = 10(\psi_c - \psi_o)h_y F$$

$$= 10 \times (0.9 - 0.4) \times 71 \times 2.45 \times 70\%$$
$$= 608.8 \text{m}^3$$

（2）弃流雨水量

考虑 2mm 初期径流雨水弃流，则弃流雨水量为：

$$W_i = 10 \times B \times F = 10 \times 2 \times 2.45 \times 70\% = 34.3 \text{m}^3$$

（3）蓄水池容积

蓄水池有效容积为：608.8－34.3＝574.5m³。

设蓄水池贮水容积为 580m³。

（4）复核

平均日用水量为 186.6m³，占蓄水池有效容积的比例为：

$$186.6/580 = 32.2\%$$

平均日用水量稍大于蓄水池雨水量的 30%，配置合适，无需再添设调蓄排放设备或入渗设施。

（5）雨水处理设备

雨水用途有冲厕和洗车，需要过滤处理。过滤设备规模根据最高日用水量确定为：

$$Q_y = W_y / T = 224/22 = 10.2 \text{m}^3/\text{h}$$

取整数 10m³/h 选择过滤设备。

2. 中水回用系统设计计算示例

【例】某市某单位宿舍（Ⅱ类）小区拟建设中水处理站 1 座，原水为区内化粪池出水，中水用于冲厕和绿化。公寓共 3450 户，每户平均为 2 人，绿地面积约 10 万 m²，预留用地（室外空地）面积为 300m²，竖向布置无特殊要求，中水处理工艺采用膜生物反应器（MBR），请完成该中水处理站的方案设计。

【解】（1）水量计算

本工程服务范围内的全部生活污水均可作为中水水源，中水原水量远大于中水用水量，因此，本中水工程的建设规模由中水用水量所确定。

根据《建筑给水排水设计标准》GB 50015—2019、《民用建筑节水设计标准》GB 50555—2010 和《建筑中水设计标准》GB 50336—2018 中相关规定，取每人每天冲厕用水量为 40L/（人·d），绿化用水量为 2L/（m²·d），

则冲厕用水量 $Q_c = 3450$ 户$\times 2$ 人/户$\times 40$L/（人·d）$= 276$m³/d。

绿化用水量 $Q_s = 100000$m²$\times 2$L/（m²·d）$= 200$m³/d。

中水总用水量 $Q_z = 276$m³/d$+200$m³/d$= 476$m³/d。

取中水处理站自耗水系数为 1.05。

本中水工程设计处理规模为 $Q = 500$m³/d$= 20.83$m³/h。

（2）站址选择

根据中水处理站位置选择要求和本小区总体规划，中水处理站设于小区内的室外空地，与周边建筑物最小距离为 30m。

（3）处理工艺流程

设计工艺流程如图 5-8 所示。

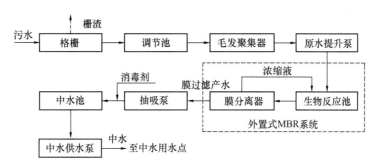

图 5-8 中水工艺流程图

（4）主要构筑物及工艺设备选择

1）格栅间

① 设计计算

总变化系数取 1.8，则格栅的过流能力应为 $20.83 \times 1.8 = 37.49 \mathrm{m^3/h}$。

根据膜分离器制造商提供的技术条件，格栅栅隙不应大于 2mm。

② 建筑物

结构形式：钢筋混凝土。

设计尺寸：$L \times W = 4.0 \times 2.0$（m）（净空高 3m）。

数量：1 座。

③ 格栅

设备类型：回转式格栅除污机。

设备规格：过流能力 $Q = 40 \mathrm{m^3/h}$，栅隙 2mm，有效栅宽 400mm，功率 0.37kW。

设备数量：1 台。

2）调节池

① 设计计算

小区为新建小区，暂无中水原水量逐时变化数据，根据《建筑中水设计标准》GB 50336—2018，调节池有效容积取日处理水量的 46%，即 $500 \times 46\% = 230 \mathrm{m^3/d}$。

调节池有效水深取 3.5m，则调节池面积为 $230 \mathrm{m^3}/3.5 \mathrm{m} = 65.71 \mathrm{m^2}$。

调节池设高液位保护，保护高度 0.5m。

② 调节池

结构形式：钢筋混凝土。

设计尺寸：$L \times W \times H = 16.5 \times 4.0 \times 4.0$（m）。

有效水深 3.5m，有效容积 $231 \mathrm{m^3}$，水力停留时间 11h。

数量：1 座。

3）MBR 生物反应池（生化池）

① 设计计算

设计流量为 $Q=20.83m^3/h$，进、出水 COD 分别取为 500mg/L 和 45mg/L，根据相关设计规范以及类似 MBR 实际工程相关数据，本 MBR 系统 COD 容积负荷取为 1.9kg/$(m^3 \cdot d)$，则生物反应池：

有效容积 $=500m^3/d \times (500-45) \times 10^{-3} kg/m^3 \div 1.9kg/(m^3 \cdot d) =119.74m^3$。

水力停留时间 $=119.74m^3/20.83m^3/h=5.75h$。

为了便于中水处理站的日后检修，将生物反应池分为 2 格，每格的有效容积为 60m³。

② 构筑物

结构形式：钢筋混凝土。

设计尺寸：$L \times B \times H=10 \times 3.5 \times 4.0$（m）。

分为 2 格，每格尺寸为 $L \times B \times H=5 \times 3.5 \times 4.0$（m）。

有效水深 3.5m，有效容积 122.5m³，水力停留时间 5.88h。

数量：1 座。

③ 曝气器

盘式微孔曝气器。

设备规格：通风量 1.5～4.5m³/h，服务面积 0.5～0.8m/套，氧转移效率大于 20%。

设备数量：72 套（每格生物反应池 36 套）。

4）中水池

① 设计计算

本小区为新建小区，暂无中水用水址逐时变化数据，根据《建筑中水设计标准》GB 50336—2018 和同类工程经验，中水池有效容积取日处理水量的 25%，即：

中水池有效容积为 $500 \times 25\%=125m^3$。

中水池有效水深取 6m，则中水池面积为 $125m^3/6m=20.83m^2$。

中水池设高液位保护，保护高度 0.5m。

中水池内进水端设独立的接触消毒区，接触消毒区的水力停留时间至少为 0.5h，则其有效容积至少为 $20.83m^3/h \times 0.5h=10.42m^3$。

② 构筑物

结构形式：钢筋混凝土。

设计尺寸：$L \times B \times H=6 \times 3.5 \times 6.5$（m）。

有效水深 6.0m，有效容积 126m³，水力停留时间 6.05h。

其中接触消毒区尺寸为 $L \times B \times H=0.8 \times 3.5 \times 6.5$（m），有效水深 6.0m，有效容积 16.8m³，水力停留时间 0.8h。

数量：1 座。

5）鼓风机房

① 设计计算

为了便于对鼓风机运转时产生的噪声进行控制，将全部鼓风机集中设置于独立的鼓风机房内部。根据膜分离器制造商提供的技术条件，鼓风机分为 2 组，其中 1 组为生物反应池供气，另 1 组为膜分离器供气，这样更便于生物反应池与膜分离器各自独立调控曝气量。根据相关设计规范以及膜分离器制造商提供的技术条件，生物反应池所需曝气量约为处理水量的 7 倍，则生物反应池曝气量为：$20.83m^3/h \times 7 = 145.81m^3/h$。

若取生化池鼓风机的数量为 3 台，2 用 1 备，则每台生化池鼓风机的风量为 $145.81m^3/h \div 2 = 72.91m^3/h = 1.22m^3/min$。

根据膜分离器制造商提供的技术条件，膜分离器空气擦洗所需曝气约为处理水的 8 倍，则膜分离器曝气量为 $20.83m^3/h \times 8 = 166.64m^3/h$。

若取膜组器鼓风机的数量为 3 台，2 用 1 备，则每台膜组器鼓风机的风量为 $166.64m^3/h \div 2 = 83.32m^3/h = 1.39m^3/min$。

② 工艺设备

生化池鼓风机

a. 设备类型：回转式鼓风机。

b. 设备规格：$Q = 1.36m^3/min$，$\Delta P = 4.0kPa$，$N = 2.2kW$。

c. 设备数量：3 台（2 用 1 备），每格生物反应池对应 1 台。

分离器鼓风机

a. 设备类型：回转式鼓风机。

b. 设备规格：$Q = 1.77m^3/min$，$\Delta P = 40kPa$，$N = 2.2 kW$。

c. 设备数量：3 台（2 用 1 备），每个膜分离器对应 1 台。

6）设备间

为了便于对中水处理站内主要工艺设备进行巡视和检修，将毛发聚集器、原水提升泵、膜分离器、出水抽吸泵、膜清洗器、消毒装置、中水供水泵等均集中设置设备间内。在设备间内适当位置设集水坑，将调节池、生物反应池、中水池溢流、泄空或其他情况的排水通过地沟引至集水坑，集水坑内设置排污泵，将集水坑内的污水提升排至调节池或邻近市政污水管道。

5.5　国内外相关评价标准认证体系的节水设计

"绿色、环保、生态、节能、节水"的可持续发展理念目前已成为世界各国的普遍共识，建设面向未来的绿色可持续的人居环境成为全社会与行业发展的共识。虽然各国可持续发展评价体系叫法不同，但其技术发展路径却殊途同归，落实到具体的建筑项目设计上有较多的设计手法可以互通互用，特别是在节水设计方面。

目前全球可持续发展建筑评价体系主要包括中国《绿色建筑评价标准》（以下简称"绿色标准"）、美国绿色建筑评估体系（LEED）（以下简称"LEED 标准"）、英国绿色建筑评估体系（BREE—AM）、日本建筑物综合环境性能评价体系（CASBEE）、法国绿色建筑评估体系（HQE）、德国生态建筑导则（LNB）等。在国内应用最广泛、影响力最大的是"绿色标准"和"LEED标准"。2015年3月，绿色建筑认证协会（GBCI）和美国WELL建筑研究所（IWBI）正式将WELL建筑标准引入我国，迅速引起了房地产商、建筑学术界和建筑工程界的极大关注，成为三足鼎立的第三极。我们将主要对应用最广泛的这三大评价体系进行比较。

我国绿色标准由"控制项基础分值""安全耐久""健康舒适""生活便利""资源节约""环境宜居""提高与创新加分项"7类指标组成。控制项必须满足，总共400分，满分值最高1100分，总得分应按照加权后得分，满分110分。

美国LEED标准对建筑物进行评估是从"选址与交通""可持续场地""节水""能源与大气""材料与资源""室内环境质量""创新""区域优先"8个方面进行考察，含有12个先决条件（必须满足），43个得分点，满分也是110分。

美国WELL建筑标准包括空气（Air）、水（Water）、营养（Nourishment）、光（Light）、健身（Fitness）、舒适（Comfort）、精神（Mind）7大类别，其中先决条件（必须满足）41条、优选项61项，合计102个条款。与前两者不同的是，WELL标准不设置总分数，而是通过判断满足的条款数量来划分等级。

5.5.1 国家绿色标准中节水相关要求

1. 控制性指标在设计中的要求

应制定水资源利用方案，统筹利用各种水资源，并应符合下列规定：应按使用用途、付费或管理单元，分别设置用水计量装置；用水点处水压大于0.2MPa的配水支管应设置减压设施，并应满足给水配件最低工作压力的要求；用水器具和设备应满足节水产品的要求。

2. 得分性指标在设计中的要求

（1）储水

生活饮用水水池、水箱等储水设施采取措施满足卫生要求，使用符合国家现行有关标准要求的成品水箱并采取保证储水不变质的措施。

（2）高效卫生器具

设计中应注明全部卫生器具的用水效率等级达到1级或2级。用水效率等级越高，其节水效果越高，得分也越高。根据设计经验，用水效率的提高虽然可以减少单次用水量，但对于便器这类卫生器具，当采用1级产品时，其一次冲水量偏小，造成排水充满度低而对污物输送距离有直接影响，影响排水效果，应采用用水效率等级2级产品。

（3）节水灌溉

绿化应采用喷灌、微灌、滴灌等高效节水浇灌方式，当经济条件允许时，应设置土壤湿度感应器、雨天自动关闭装置等节水控制措施。

（4）循环冷却水

循环冷却水系统采取设置水处理措施技术措施，提供浓缩倍数，同时采取加大集水盘、设置平衡管或平衡水箱等方式，避免冷却水泵停泵时冷却水溢出，并可采用无蒸发耗水量的冷却技术。

（5）景观水体

结合雨水综合利用设施营造室外景观水体，室外景观水体利用雨水的补水量宜大于水体蒸发量的 60%，且采用保障水体水质的生态水处理技术。对进入室外景观水体的雨水，利用生态设施削减径流污染，利用水生动植物保障室外景观水体水质。

（6）非传统水源利用

当有条件时，绿化灌溉、车库及道路冲洗、洗车用水采用非传统水源的用水量占其总用水量的比例不低于 40%；冲厕采用非传统水源的用水量占其总用水量的比例按照不低于 30% 或 50% 进行方案规划；冷却水补水采用非传统水源的用水量占其总用水量的比例按照不低于 20% 和 40% 进行方案规划。

（7）能耗监测

分级计量水表，采用具有当前累计水流量采集功能并带有计量数据输出和标准通信接口的数字水泵，并应接入能耗管理平台。

（8）公共浴室

公共浴室应采用带恒温控制与温度显示功能的冷热水混合淋浴器，或设置用者付费的设施，带有无人自动关闭装置的淋浴器。

5.5.2　美国 LEED 标准要求

LEED 认证（Leadership in Energy & Environmental Design Building Rating System）是美国绿色节能建筑委员会（USGBC）建立并推行的《绿色建筑评估体系》，国际上简称 LEEDTM，也就是国内所称的 LEED 认证。目前在世界各国的各类建筑环保评估、绿色建筑评估以及建筑可持续性评估标准中，LEEDTM 被认为是最完善、最有影响力的评估标准。已成为世界各国建立各自建筑绿色及可持续性评估标准的范本。

LEEDTM 是绿色节能生态可持续性建筑的综合评估体系标准，主要目的是规范一个完整、准确的绿色建筑概念，防止建筑的滥绿色化，推动建筑的绿色集成技术发展，为建造绿色建筑提供一套可实施的技术路线。LEEDTM 是性能性标准（Performance Standard），主要强调建筑在整体、综合性能方面达到建筑的绿色化要求，很少设置硬性指标，各指标间可通过相关调整形成相互补充，以方便使用者根据本地区的技术经济条件建造绿色建筑。由于各地方的自然条件不同，环境保护和生活要求不尽一致，性能性的要求可充分发挥地方的资源和特色，采用适合当地的技术手段，达到统一的绿色建筑水准。

在常用得分方面，节水一般有以下几方面的要求：

1. 水资源综合利用

在节水方面需要制定水资源利用方案，统筹利用各种水资源，进行水量平衡计算分析，进行非传统水源利用率计算。

2. 管网要求

选用密闭性能好的阀门、设备，使用耐腐蚀、耐久性能好的管材、管件，并符合现行产品标准的要求。

室外埋地管道采取有效措施避免管网漏损，做好室外管道基础处理和覆土，控制管道埋深，加强管道施工监督。

3. 用水计量

安装分级水表，不得出现无计量支路，要求安装至用水等级三级。

按使用用途，对厨房、卫生间、空调系统、游泳池、绿化、景观等用水分别设置用水计量装置。

按付费或管理单元，分别设置用水计量装置。

4. 节水器具要求

用水器具的选择流量及类型满足表 5-13 要求。

用水器具的流量及类型选择

表 5-13

科目	流量要求	类型要求
水龙头	≤1.9L/min（0.4MPa 动压下）	感应型
坐便器	≤4.5/3L/次	双档
小便器	≤1L/次	
淋浴器	≤4.8L/min（0.6MPa 动压下）	
厨房水龙头（包括茶水间水龙头）	≤8.3L/min（0.4MPa 动压下）	
车库及道路冲洗		节水型高压水枪

5. 公共淋浴间设施要求

公共淋浴间要求使用带恒温控制和温度显示功能的冷热水混合淋浴器。

公共淋浴间设置用者付费功能的设施，或者采用带有感应开关、延时自闭阀、脚踏式开关等无人自动关闭装置的淋浴器，避免"长流水"现象的发生。

6. 超压出流

用水点供水压力不大于 0.2 MPa，且不小于用水器具的最低工作压力。要求提供各楼层用水点用水压力计算表。

7. 集中热水系统

集中热水供应系统的设计应采取保证用水温度的措施，应符合下列规定：全日热水供应系统的用水点出水温度达到 45℃ 的放水时间不应大于 10s。热水供应系统的保温层厚度应符合现行国家标准《公共建筑节能设计标准》GB 50189 的规定。

8. 集中热水系统

集中热水供应系统的设计应采取保证用水温度的措施，应符合下列规定：全日热水供应系统的用水点出水温度达到 45℃ 的放水时间不应大于 10s。热水供应系统的保温层厚度应符合现行国家标准《公共建筑节能设计标准》GB 50189 的规定。

9. 雨水/中水回用系统

设置雨水/中水回用系统，用于灌溉、道路、车库冲洗以及办公楼层冲厕。得分与用水比例有对应关系。非传统水水质应符合现行国家标准《城市污水再生水利用　城市杂用水水质》GB/T 18920、《城市污水再生利用　景观环境用水水质》GB/T 18921 的相关规定，保证水质安全。

5.5.3　美国 WELL 标准要求

在美国 WELL 认证中，与水专业相关的主要是水质指标和安装直饮水过滤系统。

（1）水质要求

给水排水系统应能够将水质保持在一定水平，在 WELL 性能验证（工艺场检测）期间将进行浊度、大肠菌群、金属、有机污染物、添加物的测试。因此当水质不达标时需要增设水质净化系统。

（2）直饮水系统

安装直饮水过滤系统，以确保输送到项目中的供用户使用的直饮水能够满足某些阈值：铝、氯化物、氟化物、锰、钠、硫酸盐、铁、锌、总溶解固体。可以在茶水间设置末端直饮水净化处理系统来满足要求。在建筑物内部，按照下述方法处理所有饮用水器中的水：

1）可以去除孔径为 $1.5\mu m$ 或更小的悬浮固体的过滤器。

2）由 NSF/ANSI 标准 55（A 或 B 级）评定的紫外线消毒系统，或由 NSF/ANSI 标准 53 或 58 评定的用于去除或减少孢子孢囊的装置。

3）由 NSF/ANSI 标准 53 或 58 评定的用于减少铜和铅的装置。

第6章 节水设备与材料

6.1 节水设备与材料的概念及分类

6.1.1 节水设备与材料的概念

前面章节介绍了公共建筑设计常用的节水措施,好的节水措施要有好的节水设备与材料与之配套,才能最大限度地达到节水效果,这也与我国现阶段高质量发展的战略相适应。所谓的节水设备即为符合质量、安全和环保的要求,能提高用水效率,减少用水量及水资源损失的机械设备和存储及输送设备的统称。节水设备既要满足节水措施的需求,还应符合现行国家标准《民用建筑节水设计标准》GB 50555 和《节水型产品通用技术条件》GB/T 18870 等对节水设备及材料要求。

6.1.2 节水设备与材料的分类

1. 提高用水效率类产品

用水效率就是指特定范围内水资源的有效投入与水资源初始的总的投入量的比值,用水效率越高,节水效果越明显。该类产品主要是通过提高水泵性能,严格控制变频泵组出水压力,控制用水点出水流量,增加热水循环,缩小热水系统冷水区范围,减少热水使用过程中的冷水放空问题等措施,从而达到节水目的的设备,如智慧型全变频供水设备、无负压全变频供水设备、高效换热设备、滴灌技术等。

2. 水量监测和漏损检视类产品

及时掌握用水量数据,控制高消耗用水单元数量,及时发现给水排水管路漏损情况,是给水排水系统运行的常用手段。该类产品主要是通过在给水管路上设置流量计量设备和管道漏损监测设备等措施,掌握用户用水量信息及管路漏损情况的设备,如智能流量控制器、IC 卡水表、远传智能水表、智能漏水检测阀等。

3. 减少水资源损失类产品

用水设备漏损是建筑类水资源损失的重大原因,而用水设备漏损与设备的性能息息相关,提高设备水密性能是产品的重要技术难点。该类产品主要有各类软密封阀门、各类高效减压阀、各类耐腐蚀整体式给水管材、密封良好的水泵轴承、耐腐蚀水箱、水罐等。

4. 非传统水资源利用类产品

非传统水资源利用是节水设计的重要措施,该类产品主要通过收集、处理各类非传水源，然后将处理后的回用水用于绿化浇洒、地面冲洗、冲厕等与人体不直接接触的场合用水，如中水回用设备、雨水收集利用设备等。

6.2 给水节水设备

6.2.1 水泵

水泵是输送液体或使液体增压的机械，主要由泵体、泵盖、叶轮、泵轴、机械密封、电机等零件组成，广泛应用于工业、农业、建筑业等各行各业。水泵也是建筑给水排水工程中最重要的设备之一，使用范围非常广泛，主要的水泵类型有离心泵、轴流泵等。

1. 水泵产品现状

我国水泵行业的现状是行业准入门槛低，品牌众多，产品质量档次不高，水泵生产自动化程度低，水泵性能检测手段落后。在实际工程中多存在水泵运行性能低于水泵宣传性能的现象，水泵运行效率低，密封性能差，跑冒滴漏现象严重。水泵漏水，出水压力不稳定，额定流量扬程达不到设计要求也是制约建筑物节水能否达标的重要因素（如图 6-1 所示）。

图 6-1 生活泵房水泵漏水现场照片

2. 水泵产品节水性能要求

近年来，随着生活水平提高，人们节水节能意识逐步加强，通过吸收国外先进技术经验，国内也涌现出一批质量较好的水泵品牌，国家高质量发展也对水泵的性能提出了更高的要求，出水压力稳定的低漏损水泵不断出现，水泵与节水有关的主要性能要求如下：

（1）对水泵流量扬程性能的要求。水泵宜选择满足 ISO 标准制定和推行的标准化水泵，《民用建筑节水设计标准》GB 50555—2010 要求水泵 $Q\text{-}H$ 曲线要选用水平向下的曲线。设计扬程与水泵铭牌扬程的偏差应控制在 20％之内。

（2）对水泵密封性能的要求

泵壳和泵盖：泵壳、泵盖及密封室应由优质球墨铸铁材质制作，过流断面平滑，泵壳试验压力不低于 1.5 倍工作压力，泵壳与泵壳支撑脚应为一体铸造。

主轴和轴套：主轴应采用高强度 SUS316 或 SUS329 不锈钢材质制成，要有足够的机械强度、刚度、耐疲劳强度，不易变形。主轴、轴套和轴承的最大表面粗超度不大于 $25\mu m$，主轴长度方向每毫米最大扭转偏差为 $1\mu m$。

密封环：叶轮或泵体上应固定密封环，密封环止水间隙小且均匀，采用抗气蚀性能及抗磨蚀性能良好的青铜制作，并符合现行国家标准《铸造铜及铜合金》GB/T 1176 的要求。

轴承：水泵轴承应采用耐磨损和润滑性能良好的材料制成，一般选用润滑脂润滑的深槽滚珠轴承，工作平均寿命应不小于 20 万 h，并配有标准的润滑剂添加嘴。

主轴密封：轴封应采用机械密封，应可承受有关水泵所要求的压力，寿命要大于 5 万 h，静环采用石墨材质，动环采用硬质合金，动环和静环之间应采用耐磨耐蚀的非脆性材料。

耐水压试验：在 1.5 倍额定工作压力下，保压应不少于 5min，承受水压的零部件不应出现泄漏、渗水、冒汗等现象。

（3）对水泵变频性能的要求

对于长时间运行，且水量需求变化较大的场所，宜采用变频水泵（见图 6-2），用微电脑控制技术，将变频调速器与水泵电机结合在一起，实现水泵机电一体化，保证每台水泵均能变频运行，从而保证水泵在不同流量工况下出水压力稳定。

图 6-2　各类自带变频离心水泵外形图

6.2.2　模块化全变频智能供水设备

传统变频给水泵房设计，均由设计师根据设计流量、扬程搭配水泵，每套变频泵组共用一套变频器。现场施工单位根据设计要求，从市场随意采购水泵和变频器进行搭配施工，现场施工单位自行调试。此类工程项目往往会导致最终完成泵房流量、扬程与设计要求不一致，变频控制效果不佳，泵组出水口压力不稳定，影响用水舒适性和节水性能，施工单位采购水泵往往品质较难控制，跑冒滴漏现象严重，出现问题互相推诿，责任不清晰，存在较多问题。

随着二次供水技术的发展，最近几年涌现出一批模块化全变频智能供水设备。模块化全变频智能供水设备是采用一对一变频技术，配套模块化水泵基础、进出水管路、气压罐和 PID 控制柜等，实现每台水泵均能变频运行的供水泵组。

　　模块化全变频智能供水设备较传统一对多的变频供水设备，水泵泵组的供水能力与用水点的实际需求也越来越匹配，具有出水流量、压力更加恒定，舒适性高，节水节能效果好，模块化设备现场安装简易、质量高、责任清晰的优点。模块化全变频智能供水设备是建筑二次供水的主要发展方向，目前全国各地已有较多的自来水公司要求采用该设备技术，有些甚至要求配套智慧泵房建设。

　　模块化全变频智能供水设备主要由模块化底座、变频水泵、气压罐、压力传感器、控制柜、进出水管路等组成，目前市场上较主流的全变频供水设备组主要有以下几种：

　　1. KQGV 第五代数字集成全变频供水设备

　　（1）产品节水特点

　　全变频水泵和数字 PID 控制，能根据用水量的变化智能调节水泵机组的转速，实时动态调节，有效保障用户末端水压恒定，提高用水舒适性。

　　（2）KQGV 第五代数字集成全变频供水设备外形如图 6-3 所示。

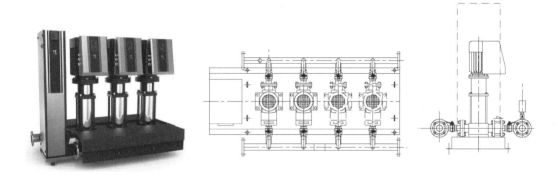

图 6-3　KQGV 全变频恒压供水设备外形图

　　（3）KQGV 第五代数字集成全变频供水设备技术性能参数见表 6-1。

KQGV 第五代数字集成全变频供水设备技术性能参数表　　　　表 6-1

序号	设备型号	供水流量 (m³/h)	供水扬程 (m)	配套水泵		
				型号	台数 (台)	单台功率 (kW)
1	50KQGV-5-58～134	5	58～134	KQDQE32-5-58～134	2	1.5～4
2	50KQGV-8-46～142	8	46～142	KQDQE40-8-46～142	2	2.2～5.5
3	65KQGV-10-58～134	10	58～134	KQDQE32-5-58～134	3	1.5～4
4	65KQGV-16-46～142	16	46～142	KQDQE40-8-46～142	3	2.2～5.5
5	65KQGV-20-43～133	20	43～133	KQDQE40-10-43～133	3	2.2～5.5
6	100KQGV-30-43～133	30	43～133	KQDQE50-15-43～133	3	3～11
7	100KQGV-40-43～135	40	43～135	KQDQE50-20-43～135	3	4～15
8	150KQGV-48-42～130	48	42～130	KQDQE50-16-42～130	4	3～11
9	150KQGV-64-29～106	64	29～106	KQDQE65-32-29～106	3	4～15
10	150KQGV-90-26～79	90	26～79	KQDQE80-45-26～79	3	5.5～15
11	200KQGV-135-26～79	135	26～79	KQDQE80-45-26～79	4	5.5～15
12	250KQGV-192-28～84	192	28～84	KQDQE100-64-28～84	4	7.5～22
生产企业	上海凯泉泵业（集团）有限公司					

2. NSQ 型数字集成全变频恒压给水设备

（1）产品特点

设备实时通过压力传感器检测设备总出水口压力，将检测值与设定值进行比较运算，确定水泵投入台数和变频器输出频率，调节水泵转速，从而实现恒压供水的目的。

（2）NSQ 型数字集成全变频恒压给水设备外形如图 6-4 所示。

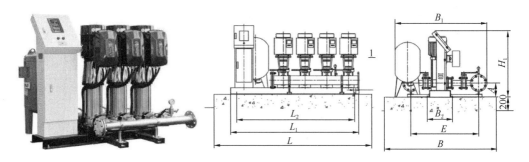

图 6-4　NSQ 型数字集成全变频恒压给水设备外形图

（3）NSQ 型数字集成全变频恒压给水设备技术性能参数及外形尺寸表见表 6-2。

NSQ 型数字集成全变频恒压给水设备技术性能参数　　　　表 6-2

序号	设备型号	供水流量（m³/h）	供水扬程（m）	配套水泵		
				型号	台数（台）	单台功率（kW）
1	NSQ-2DRL5-2～36	5	9～203	DRL5-2～36	2	0.37～5.5
2	NSQ-2DRL10-1～22	10	7～180	DRL10-1～22	2	0.75～7.5
3	NSQ-2DRL15-1～17	15	11～204	DRL15-1～17	2	1.1～15
4	NSQ-3DRL20-1～22	20	7～180	DRL10-1～22	3	0.75～7.5
5	NSQ-3DRL15-1～17	30	11～204	DRL15-1～17	3	1.1～15
6	NSQ-3DRL20-1～17	40	10～209	DRL20-1～17	3	1.1～18.5
7	NSQ-3DRL32-1～12	64	10～175	DRL32-1～12	3	1.5～22
8	NSQ-3DRL45-1～6	90	14.9～121	DRL45-1～6	3	3～22
9	NSQ-4DRL45-1～6	135	14.9～121	DRL45-1～6	4	3～22
10	NSQ-4DRL64-1～4	192	14～90	DRL64-1～4	4	4～22
11	NSQ-4DRL90-1～3	270	13～65	DRL90-1～3	4	5.5～22
生产企业		上海中韩杜科泵业制造有限公司				

注：单泵功率大于11kW时，可按工作泵流量的1/2～1/3配置一台小泵，扬程与工作泵一致。

6.2.3　模块化全变频智能叠压供水设备

《民用建筑节水设计标准》GB 50555—2010 要求，在市政条件许可并取得当地供水部门批准的地区，宜采用全变频控制的叠压供水设备。模块化全变频智能叠压供水设备是传统叠压供水技术与模块化全变频智能供水设备相结合的产物，不但吸收了模块化全变频智能供水设备的优点，而且从市政管网直接抽水，取消生活水池，减少了水池二次污染和清洗水池时造成的水资源浪费，充分利用市政管网压力，降低水泵扬程，能更好达到节能节水的目的。

模块化全变频智能叠压供水设备主要由模块化底座、变频水泵、测压稳压罐、压力传感器、控制柜、进出水管路等组成，目前市场上较主流的模块化全变频智能叠压供水设备组主要有以下几种：

1. ZBD 系列无负压多用途给水设备

（1）产品节水特点

设备与市政自来水管道直接串接，充分利用市政供水压力，节能可达 50% 以上。设备不存在水池或水箱的跑、冒、滴、漏、渗等水资源浪费，同时节省了水池、水箱定期排放、清洗和冲刷等用水，具有较好的节水效果。

（2）ZBD 系列无负压多用途给水设备外形如图 6-5 所示。

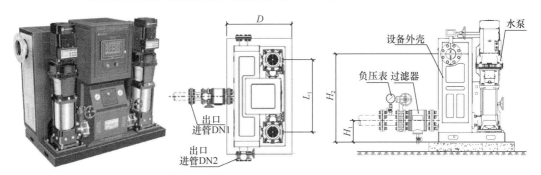

图 6-5　ZBD-2 无负压多用途给水设备外形图

（3）ZBD 系列无负压多用途给水设备技术性能参数及外形尺寸见表 6-3。

ZBD 系列无负压多用途给水设备技术性能参数及外形尺寸表　　表 6-3

序号	参考户数	设备型号	流量 (m³/h)	扬程 (m)	推荐水泵		
					型号	台数 (台)	功率 (kW)
1	40	ZBD15-18～192-2	15	18～192	SLB10-2～20	2	0.75～7.5
2	75	ZBD21-22～160-2	21	22～160	SLB10-3～20	2	1.1～7.5
3	150	ZBD30-23～167-2	30	23～167	SLB15-2～14	2	2.2～11
4	250	ZBD39-20～173-2	39	20～173	SLB15-2～17	2	2.2～15
5	350	ZBD48-17～190-2	48	17～190	SLB32-1～11	2	2.2～22
6	500	ZBD63-21～196-2	63	21～196	SLB32-2～13	2	3～30
7	600	ZBD72-15～190-3	72	15～190	SLB32-1～11	3	2.2～22
8	800	ZBD90-22～197-3	90	22～190	SLB32-2～13	3	3～30
9	1000	ZBD107-21～185-3	107	21～185	SLB45-1～8	3	4～30
10	1250	ZBD132-20～178-3	132	20～178	SLB45-1～9	3	4～30
11	1500	ZBD154-24～139-3	154	24～139	SLB64-1～6	3	5.5～30
12	2000	ZBD195-20～123-3	195	20～123	SLB64-2～6	3	5.5～30
生产企业			青岛三利集团有限公司				

2. DNP-NSQ 型管网叠压（无负压）变频给水设备

（1）产品特点

设备由市政自来水管网直接取水，利用市政管网压力，减小水泵扬程，降低水泵配置功率，具有节能效果。同时设备通过压力传感器检测出口压力，将检测值与设定值比对，确定水泵投入台数和变频器输出频率，实现恒压供水，达到节水的目的。

（2）DNP-NSQ 型管网叠压（无负压）变频给水设备外形如图 6-6 所示。

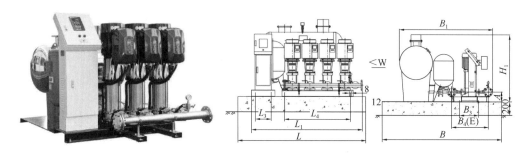

图 6-6　DNP-NSQ 型管网叠压（无负压）变频给水设备外形图

（3）NSQ 型数字集成全变频恒压给水设备技术性能参数及外形尺寸表见表 6-4。

DNP-NSQ 型管网叠压（无负压）变频给水设备技术性能参数　　表 6-4

序号	设备型号	供水流量（m³/h）	供水扬程（m）	配套水泵		
				型号	台数（台）	单台功率（kW）
1	DNP-NSQ-2DRL5-2～36	5	9～203	DRL5-2～36	2	0.37～5.5
2	DNP-NSQ-2DRL10-1～22	10	7～180	DRL10-1～22	2	0.75～7.5
3	DNP-NSQ-2DRL15-1～17	15	11～204	DRL15-1～17	2	1.1～15
4	DNP-NSQ-3DRL20-1～22	20	7～180	DRL10-1～22	3	0.75～7.5
5	DNP-NSQ-3DRL15-1～17	30	11～204	DRL15-1～17	3	1.1～15
6	DNP-NSQ-3DRL20-1～17	40	10～209	DRL20-1～17	3	1.1～18.5
7	DNP-NSQ-3DRL32-1～12	64	10～175	DRL32-1～12	3	1.5～22
8	DNP-NSQ-3DRL45-1～6	90	14.9～121	DRL45-1～6	3	3～22
9	DNP-NSQ-4DRL45-1～6	135	14.9～121	DRL45-1～6	4	3～22
10	DNP-NSQ-4DRL64-1～4	192	14～90	DRL64-1～4	4	4～22
11	DNP-NSQ-4DRL90-1～3	270	13～65	DRL90-1～3	4	5.5～22
生产企业	上海中韩杜科泵业制造有限公司					

注：单泵功率大于 11kW 时，可按工作泵流量的 1/2～1/3 配置一台小泵，扬程与工作泵一致。

6.3　热　水　节　水　设　备

6.3.1　概述

热水系统是公共建筑中给水排水系统的重要组成部分，在给人们使用热水带来方便的同时，也经常会遇到出热水之前要放掉很多冷水的情况，对水资源造成了很大的浪费。所以热水系统节水技术措施的主要手段就是尽量优化热水系统循环管路设计，使热水管路水温稳定，冷热水压力平衡，尽量缩小热水系统无效冷水区的范围。同时也可利用一些先进的感温设备、电子控制元件，加强热水循环效率，减少系统冷水区域，以此达到节约水资源的目的。目前市场上用于热水系统节水的设备主要有以下产品。

6.3.2　恒温混水阀

恒温混水阀的工作原理是在其混合出水口处，装有一个热敏元件，利用感温原件的特性推动阀体内阀芯移动，封堵或者开启冷、热水的进水口，在封堵冷水的同时开启热水。用户可以根据需要自行调节冷热水混水温度，当温度调节旋钮设定某一温度后，不论冷、热水进水温度、压力如何变化，进入出水口的冷、热水比例也随之变化，从而使出水温度始终保持恒定，可有效解决热水水温忽冷忽热的问题。当冷水中断时，混水阀可以在几秒钟之内自动关闭热水，起到安全保护作用。

根据恒温混水阀使用的位置，可以分为系统用恒温混水阀和末端用恒温混水阀。系统用恒温混水阀一般安装在热水系统的热源处，整个热水管路均为恒温混水阀的混合出水温度，系统热水温度较低，可降低管路老化漏水、结垢等问题。末端用恒温混水阀是根据需求在用水点设置恒温混水阀，这种方式设计及施工较灵活，检修方便，而且整个热水系统管路保持高温，可有效解决军团菌滋生问题。下面介绍几款混水阀的具体性能参数。

1. 数字中央恒温混水阀

数字中央恒温混水阀是一种系统用恒温混水阀（图 6-7），一般安装于热水系统起端，

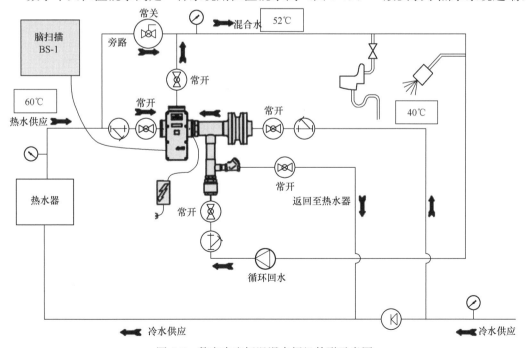

图 6-7　数字中央恒温混水阀组外形示意图

可集中安装于热水机房内，也可分散安装于各用水单元，通过数字温度控制技术，自动维持热水出水总管温度。

该阀由主阀和电子执行器组成，该阀能将热水出水温度波动控制在±1℃，阀门进口与出口最小温度差要求为1℃，具有自我故障诊断功能，内置楼宇自控系统 BAS 接口，可设定高温灭菌模式，可设定两级超温报警。多用于酒店、老年公寓、幼儿园等对热水出水水温有较高要求的场所。数字中央恒温混水阀选型见表6-5。

数字中央恒温混水阀选型表　　　　　　　　表 6-5

型号	流量 q (m^3/h)	水头损失 h (MPa)	型号	流量 q (m^3/h)	水头损失 h (MPa)
DRV40/R	10.90	≤0.03	DMC80	21.35	≤0.03
DMC40	10.90	≤0.03	DMC80-80	42.70	≤0.03
DMC40-40	21.80	≤0.03	DMC80-80-80	64.05	≤0.03
DRV80/R	21.35	≤0.03			

2. 末端恒温混水阀

末端恒温混水阀一般安装于用水点，调温旋钮可在产品规定温度范围内任意设定温度，恒温混水阀将自动维持出水温度。主要由阀体、调温阀芯、调温手轮组成，阀体上有热水进水口、冷水进水口、恒温水出水口，调温阀芯由调温轴、传动螺母、活塞顶针、活塞、感温包和回位弹簧组成。具体如图 6-8、图 6-9 所示。恒温混水阀选型参数见表 6-6。

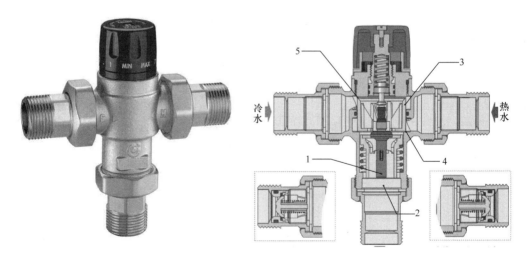

图 6-8　常见末端恒温混水阀外观及内部构造图
（意大利卡莱菲北京办事处）
1—感温热敏元件；2—混水出口；3—柱状活塞；4—冷水进水口；5—热水进水口

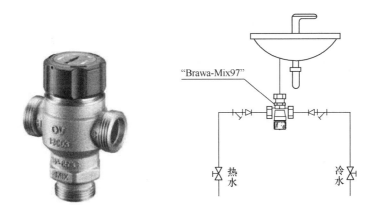

图 6-9　Brawa-Mix 型恒温混水阀外观图

Brawa-Mix 型恒温混水阀选型参数表　　　　　　　　　　表 6-6

型号	管径	流量 q（L/s）	水头损失 h（MPa）
DMV2	DN15	0.15～0.32	0.02～0.10
DMV3	DN15	0.30～0.63	0.02～0.10
DMV23	DN20	0.30～0.63	0.02～0.10
RADA320	DN25	0.45～0.82	0.02～0.10
RADA450	DN32	0.90～1.70	0.02～0.10
生产企业	欧文托普阀门有限公司		

6.3.3　高效节水换热器

水加热设备主要有容积式、半容积式、半即热式或快速式水加热器等，公共建筑设计中常选用（半）容积式水加热器，且宜优先选用换热效率更高的导流型容积式水加热器、浮动盘管型、大波节管型半容积式水加热器等。导流型水加热器的容积利用率一般为85％～90％，半容积水加热器的容积利用率可为 95％以上，而普通容积式水加热器的容积利用率为 75％～80％，换热器冷水区容积大，易造成水资源浪费。同时要求水加热设备的被加热水侧阻力损失不宜大于 0.01MPa，目的是为了保证冷热水用水点处的压力平衡，不因用水点处冷热水压力的波动而浪费水资源。目前市场上主要的高效节水换热器主要有以下几种：

1. NBHRV 型高效恒温波节管半容积式水加热器

NBHRV 型高效恒温波节管半容积式水加热器是传统容积式、半容积式换热器的换代升级产品。采用波节管技术，热媒多流程，热水多流道折流后经过外循环管路进入罐内倒流稳流器，旋流底部进水，层流推进，换热效率和换热量相当于传统换热器的 5～8 倍，结构紧凑，占地面积小。热媒温降大，换热迅速，充分吸热，具有节能环保、安全、节水、用水舒适的特点。罐内全部贮存热水，真正做到无冷温水滞水区，容积利用率达到100％，较好解决换热器罐底滋生“军团菌”的现象，可用于医院、酒店等热水用水要求高的场所。

水加热器的热媒入口管上装设自动温控装置，自动温控装置应根据壳程内水温的变化，通过水温传感器可靠灵活的控制热媒的流量，使（半）容积式水加热器被加热水与设定温度的温差为±5℃。水加热器外观及原理如图6-10所示，主要技术参数见表6-7。

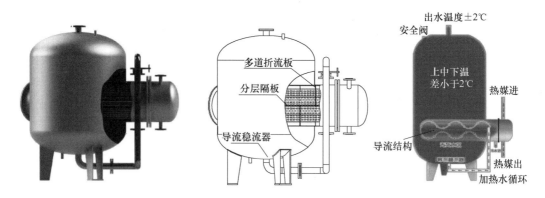

图6-10　NBHRV 型高效恒温波节管半容积式水加热器外观图及原理图

NBHRV 型高效恒温波节管半容积式水加热器主要技术参数表　　　　表 6-7

参数型号	总容积 V（m³）	罐体直径（mm）	总高 H（mm）	质量 G（kg）	换热面积（m²）	产热水量（m³/h）	
						热媒为饱和蒸汽	热媒为高温热水
NBHRV-02-0.8（1.0/1.0）	0.8	900	1752	751	4.7	12.8～15.4	4.4～6.2
NBHRV-02-1.0（1.0/1.0）	1.0	900	2052	805	4.7	12.8～15.4	4.4～6.2
NBHRV-02-1.5（1.0/1.0）	1.5	1200	1914	1278	11.9	32.5～39.1	11.2～15.6
NBHRV-02-2.0（1.0/1.0）	2.0	1200	2314	1398	11.9	32.5～39.1	11.2～15.6
NBHRV-02-2.5（1.0/1.0）	2.5	1200	2764	1531	11.9	32.5～39.1	11.2～15.6
NBHRV-02-3.0（1.0/1.0）	3.0	1600	2119	1862	15.2	41.6～49.9	14.4～20
NBHRV-02-4.0（1.0/1.0）	4.0	1600	2619	2091	15.2	41.6～49.9	14.4～20
NBHRV-02-5.0（1.0/1.0）	5.0	1800	2652	2780	22.9	62.6～75.2	21.7～33.8
生产企业	中外合资浙江杭特容器有限公司						

2. IHT 型板壳式热交换器

IHT 型板壳式热交换器是一种新型（半）容积式热交换器，采用板壳式热交换器，具有换热效率高，板片容易更换的优点。罐体自带热水循环泵，可以将罐体底部冷温水区热水送回热交换器加热至设定温度，回到罐体上部。储水罐容积利用率可达到100％利用，罐体还自带除菌功能，满足卫生防疫要求。同时热交换器可采用集成控制面板数字化控制水泵及水温，具有出水温度稳定、节水、检修方便等优点，可用于酒店、医院等热水要求高的场所。板壳式（半）容积式换热器如图6-11所示，主要参数见表6-8。

图 6-11　IHT 型板壳式（半）容积式换热器外观图

IHT 型板壳式（半）容积式换热器主要技术参数表　　　　　表 6-8

产品代号	容积	直径	宽度		高度		净重		换热量（kW）
		D	W_1	W_2	H_1	H_2	10bar	16bar	水—水
	L	（mm）	（mm）		（mm）		（kg）		一循：80℃/60℃
									二循：15℃/60℃
IHT	200	500	1070	1210	1330	840	200	230	25
	500	650	1220	1720	1850	990	230	270	60
	750	750	750	1920	2040	1090	280	310	80
	800	800	800	1820	1940	1140	295	350	90
	1000	900	900	1820	1935	1240	345	430	110
	1500	1000	1000	2170	2290	1340	430	520	160
	2000	1100	1100	2380	2500	1440	590	680	210
	2500	1300	1300	2190	2310	1640	680	830	270
	3000	1300	1300	2560	2680	1640	780	1020	320
	4000	1300	1300	3320	3440	1640	1000	1350	420
	5000	1500	1500	3160	3280	1840	1250	1650	530
	6000	1600	1600	3330	3450	1940	1620	2180	630
	7000	1600	1600	3820	3940	1940	1950	2460	740
	8000	1800	1800	3510	3630	2140	2120	2680	840
	9000	1800	1800	3910	4030	2140	2210	2950	940
	10000	2000	2000	3580	3700	2340	2280	3230	1050
生产企业	东莞恒奥达热能科技有限公司								

3. RegumaqX-80 型模块化生活热水换热站

RegumaqX-80 型模块化生活热水换热站是一款带有智能化电子控制的换热机组，根据热水需求量，通过一次侧储热水罐即时加热热水，是一个即热式换热站，无二次侧储热水罐，避免了水资源浪费，可用于酒店、医院、体育场馆等建筑。模块化生活热水换热站如图 6-12 所示，主要参数曲线图如图 6-13 所示。

图 6-12　RegumaqX-80 型模块化生活热水换热站外形示意图

（欧文托普（中国）暖通空调系统技术有限公司）

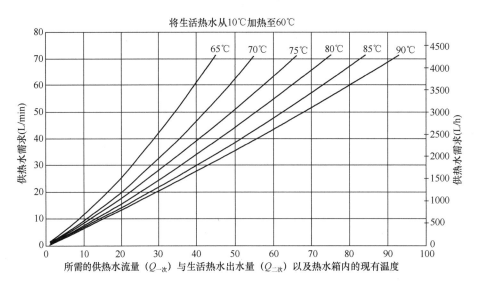

图 6-13　RegumaqX-80 型模块化生活热水换热站产热水量曲线图

6.3.4　局部应用零冷水燃气热水器

对于局部热水应用的公共建筑，出于节水考虑，原则上要求用水点出热水时间不大于 15s，热水支管距离一般不超过 10m。零冷水燃气热水器是一款自带循环的局部应用热水加热器，加热器自带循环泵，根据设定温度自动循环，可以实现管路循环功能，维持热水管路温度恒定，保证用水即时出热水，可避免用水点因放冷水而造成的水资源浪费，节约用水。该局部应用零冷水燃气热水器可用于公寓、幼儿园、老人院等场所。新建项目可提前敷设热水回水管路，对于改造项目，无条件敷设回水管路，可在最不利点处设置定压回水阀，利用冷水管路进行回水，具体详如图 6-14 所示，技术参数见表 6-9。

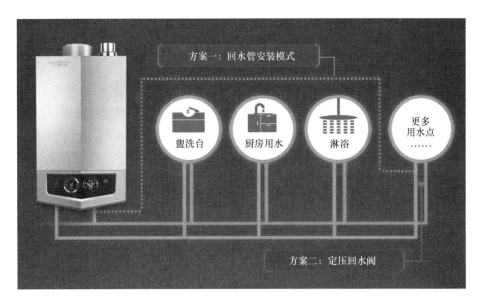

图 6-14　零冷水燃气热水器原理图

(艾欧史密斯（中国）热水器有限公司)

零冷水燃气热水器主要技术参数表　　　　　　　　　　　　　　　表 6-9

产品型号		JSQ33-MJS（X）	JSQ40-MJS（X）	JSQ48-MJS（X）
燃气种类		天然气		
额定燃气压力（Pa）		2000		
额定热负荷（kW）		32.5	40.0	48.0
额定产热水能力（L）（25℃温升）		16	20	24
启动水压（MPa）		0.01		
适用水压（MPa）		0.02～0.8		
外形尺寸（mm）		600×380×207（高×宽×深）		600×380×245（高×宽×深）
连接管	出水管	DN15		DN20
	进水管	DN15		DN20
	燃气管	DN15		DN15
重量		18		25

6.4　绿化节水喷灌设备

　　灌溉用水是我国水资源的主要用途之一，主要包括农业灌溉和建筑园林绿化喷灌等。灌溉节水是节约水资源的重要手段之一，本节主要讲述建筑园林喷灌节水设备。绿化喷灌的方式主要有人工喷灌、自动喷灌和微喷灌三种，有研究表明，自动喷灌比人工喷灌节水约 30%～50%，微喷灌比人工喷灌节水约 50%～70%。《绿色建筑评价标准》GB/T

50378—2019 中明确将是否使用节水灌溉设备和技术作为重要的评分标准，所以喷灌节水应主要围绕自动喷灌和微喷灌的喷灌设备和喷灌控制两方面展开。

喷灌设备主要包括灌溉加压设备、管路、控制阀门和喷灌头。喷灌头的主要性能包括水量控制能力、布水方式和硬度质量等，喷灌头应出水均匀、布水均匀，根据植物需求布水，避免大水漫灌，同时还必须兼顾耐用性，易于破损的喷头是造成水资源浪费的原因之一。

喷灌控制主要包括阀门自动控制，天气自动控制和土壤湿度控制等，该设备能根据天气状况或土壤湿度状况自动控制喷灌系统启停，雨天时和土壤湿度大时可停止喷灌系统启动，还可以自动控制系统按植物浇灌时间自动启动，根据植物特性自动控制浇水时间等。下面介绍几种常用的喷灌头性能及使用范围。

6.4.1　绿化喷灌头

1. 旋转式喷头

性能要求：

（1）耐压性能：在 2 倍最大工作压力下，金属喷头常温保压 10min、塑料喷头常温保压 1h 后，喷头不应出现损伤。

（2）密封性能：

1）对于公称流量≤0.25m³/h 的喷头，旋转轴承处泄漏量不得大于 0.005m³/h。

2）对于公称流量＝0.25～5m³/h 的喷头，旋转轴承处泄漏量不得大于试验压力下喷头流量的 2%。

3）对于公称流量＝5～30m³/h 的喷头，旋转轴承处泄漏量不得大于试验压力下喷头流量的 1%。

4）对于公称流量＞30m³/h 的喷头，旋转轴承处泄漏量不得大于试验压力下喷头流量的 0.5%。

5）喷嘴与喷头连接处的泄漏量应不大于喷头公称流量的 0.25%。

旋转喷头包括旋转喷嘴、地埋式旋转喷头和摆臂喷头等，喷射角度可以是全圆，也可以是固定角度，喷洒半径为 3～25m，工作压力要求 0.15～0.70MPa，设计流量约为 0.3～8m³/h。如图 6-15 所示。

图 6-15　旋转喷头外形图

2. 非旋转式喷头和微喷头

耐压性能：在 2 倍最大工作压力下，喷头常温保压 1h 后，喷头及其零件不应出现损伤，喷头及连接部位不出现泄露，并且喷头不应与组合件分开，如图 6-16 所示。

图 6-16　非旋转喷头和微喷头外形图

3. 滴头和滴灌管

传统喷灌的喷头洒水过程中，尤其是大半径喷头，由于水滴雾化或蒸发，会造成喷水效率降低，从而影响节水效果。为了解决飘水和蒸发问题，近几年滴灌技术在绿化喷灌中的使用越来越多。滴灌是灌溉效率较高的一种绿化喷灌技术，能够使水资源最大化使用于植物的根部，提高水资源使用的效率，是绿化喷灌节水措施的重要手段。

滴灌设备耐静压性能要求：非复用型滴灌管在 1.2 倍最大工作压力、复用型滴灌管和滴头在 1.8 倍最大工作压力下，常温保压 1h，滴头、滴灌管、滴水元件和连接接头均不应出现损坏现象，单位滴灌管不应被拉断，入口接头处不应出现泄漏，管间接头处的允许泄漏量应不超过一个滴水元件的流量。滴灌管耐水压试验前后的流量偏差应不大于 10%，如图 6-17 所示。

图 6-17　滴头和滴灌管外形图

6.4.2　温度湿度传感器控制设备

为更加科学有效地节约用水，自动喷灌系统常常会根据土壤湿度和降雨情况设置自动控制设备，《绿色建筑评价标准》GB/T 50378—2019 也将是否采用土壤湿度控制器和雨天自动关闭装置作为重要的评分项。该设备主要由中央控制器、土壤湿度传感器、降雨传感器、解码器、灌溉电磁阀等组成。

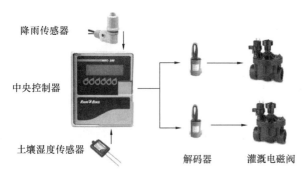

图 6-18　自动喷灌系统控制原理图

土壤湿度传感器是根据土壤湿度控制自动喷灌系统启动的设备，花园、草坪和农作物根据土壤湿度控制自动喷灌，以达到节水、节能、按需供水的目的。降雨传感器根据降雨情况，将降雨信号输入中央控制器，然后中央控制器将指令发给解码器控制灌溉电磁阀打开或关闭，从而控制系统在降雨时停止自动工作，达到节约用水、节约人力的目的。自动喷灌系统控制原理如图 6-18所示。

6.5　水资源计量设备

用水计量是建筑节水的重要手段，是发现管网漏损的有效手段，也是计划用水、科学用水、合理用水、科学节水的重要措施。《绿色建筑评价标准》GB/T 50378—2019 要求公共建筑应设置分类、分级自动远传计量系统，根据用户类型分别计量，根据用水等级分级计量，计量数据能远传读取数据，并且能进行数据分析，发现每级水表之间水量差异，以判断管路是否存在漏水现象。每级水表之间的数据差异宜小于5%，公共建筑宜采用三级计量用水。目前公共建筑上主要使用的水表有旋翼式水表、螺翼式水表、超声波水表和电磁水表，随着信息及节水技术的发展，由此衍生出远传水表、IC卡智能水表等新型智能水表计量产品。

水资源计量产品应符合现行标准《饮用冷水水表和热水水表》GB/T 778.1～3、《IC卡冷水表》CJ/T 133、《电子远传水表》CJ/T 224、《饮用冷水水表检定规程》JJG 162 规定。口径 $DN15$～$DN25$ 的水表，使用期限不得超过 6a；口径＞$DN25$ 的水表，使用期限不得超过 4a。口径＞$DN50$ 或常用流量大于 16m³/h 的水表，检定周期不应大于 2a。设计中选用的水表宜优先采用电子远传水表。

6.5.1　远传计量水表

采用远传计量系统对各类用水进行计量，可准确掌握项目用水现状，如水系管网分布情况，各类用水设备、设施、仪器、仪表分布及运转状态，用水总量和各用水单元之间的定量关系，找出薄弱环节和节水潜力，制定出切实可行的节水管理措施和规划。

　　远传水表可以将实时的水量数据上传给管理系统，远传水表应根据水平衡测试的要求分级安装。物业管理方应通过远传水表的数据进行管道漏损情况检测，随时了解管道漏损情况，及时查找漏损点并进行整改。

　　远传水表应具备储存 12 个月冻结数据的功能，电源中断或通信失败不应丢失数据，远传水表还应能实现累积流量、水表运行状态等数据远传功能（见图 6-19）。

图 6-19　物联网光电远传水表外形图

6.5.2　IC 卡智能流量控制器

　　IC 卡智能流量控制器是智能水表的一种（见图 6-20），该水表可通过刷 IC 卡支付的模式控制水表开启和关闭，并计量费用。该计量设备较多用于学校宿舍、医院、公寓等对用水计量要求较高的场所，能通过价格杠杆较好地控制用水量，从而达到节水的目的。

　　IC 卡智能流量控制器应具有储存购水金额、购水量、水价等信息，当水表欠费金额超过透支消费额度后，水表应自动启动阀控功能关闭阀门，充值后水表打开。

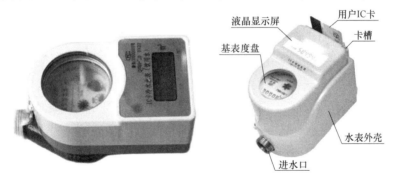

图 6-20　IC 卡智能水表外形图

6.5.3　自动水质监测设备

　　近年来，随着智慧泵房设计理念的提出，公共建筑对于二次供水的要求越来越高。《绿色建筑评价标准》GB/T 50378—2019 除要求公共建筑应设置分类、分级自动远传计量系统外，还要求生活泵房具有自动水质监测设备，随时掌握供水水质状态，避免因水质问题造成水资源浪费。自动水质监测设备（如图 6-21 所示）也是智慧泵房的设置要求之一，应具有控制水质处理设备自动运行的功能。

图 6-21　自动水质监测设备外形图

6.6　减少水资源漏损类节水材料

公共建筑给水系统漏损是造成水资源浪费的重要原因，而系统漏损又与给水排水设备与材料的严密性与耐用性息息相关，所以给水节水材料应是产品严密性良好，耐久性、耐腐蚀性良好的产品材料。

给水节水材料主要包含各类通用阀门、减压阀、新型智能检漏阀，以及常用的各类给水管道。

6.6.1　通用阀门

阀门是给水排水系统中的重要材料，通用阀门按原理可分为截止阀、闸阀、蝶阀、球阀、减压阀、止回阀等，主要由阀体、阀芯、仪表等组成。

1. 阀门选用原则

（1）$DN \leqslant 50$ 的单向流管道上宜采用截止阀。

（2）$50 < DN \leqslant 400$ 的双向流管路，管道水损要求小且安装空间充足的场所宜采用闸阀。

（3）$15 \leqslant DN \leqslant 500$ 的管路，管道水损要求小，安装空间充足，有要求快速启闭的场所宜采用球阀。

（4）$DN \geqslant 200$ 的管路，安装空间不足的场所宜采用蝶阀。

（5）超压管道，给水分区等要求减压功能的场所宜采用减压阀。

（6）水泵出水管，具有止回要求的支管上宜采用止回阀。

（7）阀门关闭后有严密闭水要求的优先采用软密封阀门，含有较多杂质或污水采用硬密封阀门。

（8）阀门材质要求：$DN \leqslant 100$ 的给水系统阀门宜优先采用全铜阀门或全不锈钢阀门，阀芯与阀体材质一致。$DN > 100$ 的阀门宜采用球墨铸铁阀体，环氧树脂喷漆防腐，SUS316 不锈钢阀芯材质。阀杆要求采用 SUS316 不锈钢材质，阀杆与阀体采用石墨密封材料密封，不允许采用含有石棉材质材料密封，顶部采用 O 形三元乙丙橡胶圈压盖密封。

阀门选用材质宜与连接管道材质一致，否则应在连接处加设防止电化学腐蚀隔断措施。

2. 阀门密封性要求

阀门的密封性能主要包括两个方面，即内漏和外漏。内漏是指阀座与关闭件之间对介质达到的密封程度，建筑通用阀门考核内漏的标准一般采用《工业阀门 压力试验》GB/T 13927—2008。外漏是指阀杆填料部位的泄漏、垫片部位的泄漏及阀体因铸造缺陷造成的渗漏，外漏是不允许的。规范要求密封试验最大允许泄漏量见表 6-10。

GB/T 13927—2008 的密封试验最大允许泄漏量
表 6-10

试验介质	最大允许泄漏量（mm³/s）			
	A 级	B 级	C 级	D 级
液体	在试验持续时间内无可见泄漏	0.01DN	0.03DN	0.1DN
气体		0.3DN	3DN	30DN

对于消防用通用阀门（如图 6-22 所示），还应满足 3C 质量认证要求，阀门具有启闭标志。阀门强度和密闭性能质量满足《自动喷水灭火系统 第 6 部分：通用阀门》GB 5135.6—2018 的要求。阀体强度要求应能承受 4 倍额定工作压力静水压，保持 5min，试验时阀板全开，试验后阀体应无渗漏、变形和损坏。阀体密闭性要求：阀门关闭时，进水口应能承受 2 倍额定工作压力静水压，保持 5min，阀门各密封处应无渗漏；阀门开启时，应能承受 2 倍额定工作压力静水压，保持 5min，阀体各密封处应无渗漏、永久变形和损坏。两种不同阀门构造及水密封做法如图 6-23 及图 6-24 所示。

图 6-22 各类通用阀门外形图

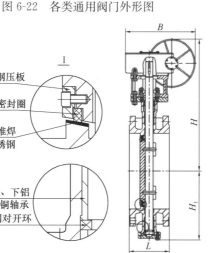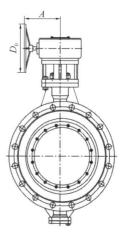

图 6-23 手动法兰蝶阀构造及水密封做法图

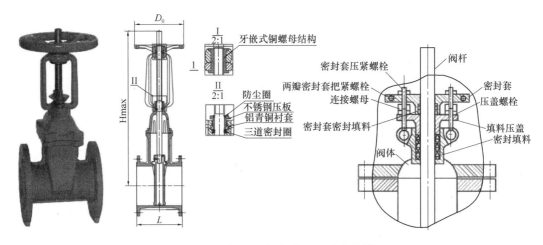

图 6-24　明杆弹性座封闸阀构造及水密封做法图

6.6.2　特殊应用减压阀

1. 智慧型压力控制阀

控制出水压力是节水的重要技术措施,《民用建筑节水技术措施》明确要求用水点出水压力应不大于 0.2MPa。智慧型压力控制阀是一种利用 PLC 自动控制的减压阀,由水力控制阀(主阀)、PLC 控制系统和高频电磁阀组成,主阀出口端压力的变化通过传感器测量送入 PLC 进行运算处理,输出控制信号驱动主阀腔进水端和出水端的两个电磁阀,使主阀瓣动作,以实现压力自动调节。该产品是一种常用的压力控制阀门,主要用于分时段压力控制,对供水管网或建筑物给水系统进行压力调节,使下游压力保持为一定值,不因上游压力的变化或下游用水量的变化而改变。

智慧型压力控制阀(如图 6-25 所示)可以根据建筑物用水规律、用水量和小区供水压力等情况合理布置,将一天 24h 有针对性地分成多个时段进行压力控制,采集建筑物管网中最不利点压力作为控制目标,在用水高峰时保证最不利点的供水压力,在用水低谷时段,将供水压力控制在合理范围,有效降低因超压造成的漏损和出水量增加,从而达到节水的目的。智慧型压力控制阀工作原理如图 6-26 所示。

图 6-25　智慧型压力控制阀外形图

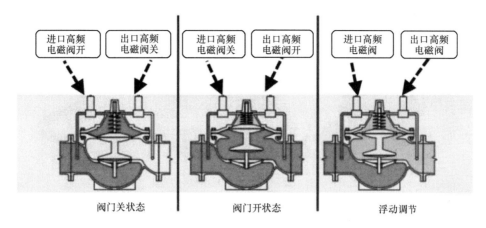

图 6-26 智慧型压力控制阀工作原理图

2. 户用减压阀

户用减压阀是用于建筑物末端用水点的减压阀，主要用于控制末端用水点压力不大于 0.2MPa 节水要求。该阀采用卸荷式结构，出口压力可调，压力稳定，不因阀前压力波动而改变。阀体振动小、噪声低，可用于室内管道减压使用。阀门口径一般为 $DN20\sim DN40$。户用减压阀结构及工作原理如图 6-27 所示。

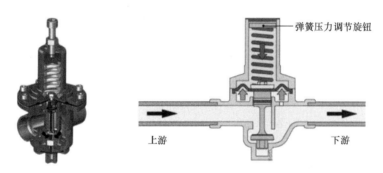

图 6-27 户用减压阀结构图及工作原理图

6.6.3 户用智能漏水检测阀

给水管道漏水一直是给水排水工程设计和物业管理的痛点和难点，因为漏水时较难及时发现，漏水点位置较难确定，故而对建筑造成的损失非常大。户用智能漏水检测阀（如图 6-28 所示）是一种可以及时发现漏水的设备，一般用于建筑户内或末端用水点，该产品由主阀和水感应器组成，主阀安装于总进水管，用水末端设置水感应器，当水感应器监测到漏水情况时，智能阀会发出"嘀嘀"的嗡鸣警报声，并自动切断水阀，仪表盘上自动跳转为红色 OFF，提醒用户及时处理并修复漏水问题，降低损失。

6.6.4 耐腐蚀低漏损管道材料

建筑给水管道漏水是造成水资源浪费的重要原因之一，也是影响建筑使用质量的关键

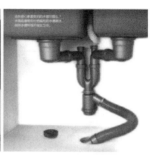

图 6-28　户用智能漏水检测阀外形图

因素，必须予以重视。工程建设中，给水系统中使用的管材、管件，必须符合国家现行产品标准的要求。管件的允许工作压力，除取决于管材、管件的承压能力外，还与管道接口能承受的拉力有关，管材、管件、接口三者允许工作压力中的最低者，为管道系统的允许工作压力。管材与管件采用同一材质，以降低不同材质之间的腐蚀，减少连接处的漏水概率。给水节水设计必须要合理选择耐腐蚀、抗老化、耐久性能好的管材、管件，避免因管道漏损原因造成水资源浪费的情况发生（如图 6-29 所示）。

图 6-29　现状给水管道漏水示意图

传统的管道漏水的原因主要有以下几方面：

一是管道材料性能不足，防腐性能较差，管道强度不足，承压能力不够。

二是管道接口管件设计不合理，密封材料耐用性较差且厚度不足。部分管道采用钢塑管件，由于施工时破坏钢丝保护塑料层后，钢丝与水接触腐蚀，然后造成塑料管道鼓包漏水。

三是施工现场没有按产品要求规范施工，如熔接不足，密封圈位置不正，电热熔接过度，露出钢丝，为管道后期使用留下隐患。

四是投入使用后遭到外力破坏，损坏管道外壁，造成漏水。

五是管道老化后承压能力下降，不能满足管道设计压力要求，造成爆管事故漏水。

建筑给水管道市场经过去十几年以塑代钢的过程后，发现和总结了很多漏水事故。近几年，随着生活水平的提高，人们对于建筑品质的要求也越来越高，同时国家标准《绿色建筑评价标准》也有要求采用耐腐蚀、抗老化、耐久性能好的管材、管件，目前市场上经过大浪淘沙，已经涌现出一批经过市场检验的耐腐蚀、抗老化、耐久性能好管材、管件。

1. 薄壁不锈钢管材、管件及接口

薄壁不锈钢是采用 0.6～4.0mm 厚的不锈钢带或不锈钢板，通过制管设备用自动氩弧焊等熔焊焊接而成的管道。建筑给水薄壁不锈钢管材和管件含铬（Cr）量均在 12% 以上，薄壁不锈钢管管材中铬与氧气、氧化剂反应后，产生钝化作用，在表面形成一层薄而坚韧的致密钝化膜 Cr_2O_3，起抗腐蚀的保护覆膜作用。不锈钢管具有强度高，抗腐蚀性能强、韧性好，抗振动冲击和抗震性能优，低温不变脆，输水过程中可确保输水水质的纯净，且经久耐用又可再生。

具体安装严格按照《建筑给水薄壁不锈钢管道安装》10S407-2 的要求执行。适用条件及常用连接方式见表 6-11、表 6-12。

薄壁不锈钢管的材料牌号及适用条件　　表 6-11

序号	牌号	适用范围	允许氯化物含量≤（mg/L）	
			冷水	热水
1	06Cr19Ni10 （S30408）	可用于直饮水、生活冷热水、污废水、气体等明装管道	200	50
2	022Cr19Ni10 （S30403）			
3	06Cr17Ni12Mo2 （S31608）	各类埋地管道、暗敷管道、海边明装管道等耐腐蚀要求比 S30408、S30403 高的场所	1000	250
4	022Cr17Ni12Mo2 （S31603）			

薄壁不锈钢管的常用连接方式　　表 6-12

序号	连接方式	适用管径	连接特征	备注
1	卡压	DN15～DN100	承插连接，承口设置 O 形胶圈，采用专用卡压工具钳压承口固定胶圈，六边形卡口，可分为单卡压和双卡压	不可拆卸，可暗敷
2	环压	DN15～DN150	承插连接，承口设置 O 形密封圈，采用专用环压工具钳压承口部位固定胶圈，为环状压缩紧固密封	不可拆卸，可暗敷
3	承插压合	DN15～DN300	承插口分内外双层结构，钢管端部涂专用密封胶，插入承口后采用专用压合工具钳压承口部位环状双层密封连接	不可拆卸，可暗敷
4	承插式氩弧焊接	DN15～DN100	将管材插入管件插口，用钨极氩弧焊（TIG 焊）或焊条电弧焊熔焊接成一体	不可拆卸，可暗敷
5	对接式氩弧焊接	DN125～DN300	将管材与管材对接，用钨极氩弧焊（TIG 焊）或焊条电弧焊熔焊接成一体	不可拆卸，不可暗敷
6	卡箍沟槽	DN65～DN300	在管材、管件平口端的接头部位加工成环形沟槽或凸环后，由并合式卡箍件、C 型橡胶密封圈和紧固件组成快速拼接接头	可拆卸，不可暗敷
7	法兰	DN25～DN300	管材、管件两端焊接法兰盘，用紧固件紧固相邻管端上的法兰，连接牢固，法兰盘之间采用密封胶垫密封	可拆卸，不可暗敷

2. 建筑给水铜管、管件及接口

铜管又称紫铜管，是压制的和拉制的无缝管。建筑给水铜管是传统管道，历史悠久，是经过时间检验的优质给水管材，由于材料价格较高，多用于高档项目场所。铜管集金属与非金属管的优点于一身，既有金属管的硬度，又有塑料管的柔性，铜管耐火且耐热，在高温下仍能保持其形状和强度，不会有老化现象。

建筑给水铜管宜采用 TP2 牌号铜管，并宜采用硬质铜管，当管径不大于 DN25 时，可采用半硬质铜管。建筑给水铜管根据硬度状态分为 Y 型（硬态）、Y2 型（半硬态）和 M 型（软型），根据壁厚分为厚壁 A 型、中壁 B 型和薄壁 C 型，相同壁厚，硬度越大，承压能力越强。

管道安装应严格按照《建筑给水铜管道安装》09S407-1 的要求执行，常用连接方式见表 6-13。

建筑给水铜管的常用连接方式　　　　　　　　表 6-13

序号	连接方式	应用场所	管径 DN	管材硬度	最小壁厚类型	工作压力（MPa）	备注
1	钎焊	支管	≤50	Y、Y2、M	C	≤1.0	不可拆卸 可暗敷
		干管	65～200	Y	B	≤1.6	不可拆卸 不可暗敷
2	卡压	支管	≤50	Y2	C	≤1.0	不可拆卸 可暗敷
		干管	15～100	Y、Y2	B	≤1.6	不可拆卸 不可暗敷
3	环压	支管	≤25	Y2、M	B	≤1.0	不可拆卸 可暗敷
		干管	32～100	Y	B	≤1.6	不可拆卸 不可暗敷
4	沟槽	干管	50～200	Y	A	≤1.6	可拆卸 不可暗敷
5	法兰	干管	50～200	Y	A	≤1.6	可拆卸 不可暗敷

3. 无规共聚聚丙烯（PP-R）给水管、管件及接口

无规共聚聚丙烯（PP-R）是市场上最常用的塑料给水管材之一，具有价格低廉、不易漏水的优点。产品接口方式 DN≤100 采用承插热熔连接，DN＞100 采用电熔连接，管道连接操作方便，接口整体性强，不易漏水，施工速度快。

产品符合现行国家标准《冷热水用聚丙烯管道系统　第 1 部分：总则》GB/T 18742.1、《冷热水用聚丙烯管道系统　第 2 部分：管材》GB/T 18742.2 和《冷热水用聚

丙烯管道系统 第 3 部分：管件》GB/T 18742.3 的要求。生活给水管道产品应严格采用原生塑料制造，严禁使用再生塑料管材。

具体设计时应先根据其设计温度及使用年限确定其应用等级，再根据其设计压力确定 S 值，然后根据管径确定壁厚；并结合系统布置、敷设方式、连接形式、补偿温度变化等技术条件，选择质量符合标准的产品。

具体施工安装要求可参考下述要求执行：

（1）埋地管道沟底应平整，不得有突出的尖硬物。原土的粒径不宜大于 12mm，必要时可铺 100mm 厚的砂垫层。管道周围的回填土应填至管顶以上 300mm 处，经夯实后方可回填原土，室内埋地管道的埋深不宜小于 300mm。

（2）严格按生产厂家的设计、使用、安装要求进行施工，充分考虑管道的热膨胀影响，在空间允许的条件下，尽可能采用自由补偿。

（3）小口径管道应尽量直接暗敷。

（4）大管径明装管道应采用密集的管卡固定约束管道变形。明装管道应避免阳光直射，否则应涂刷防紫外线涂料或包裹保护层。

（5）严格按熔接操作规程及其他安全施工规定施工，严禁对管道进行明火烘弯。

（6）施工过程应严禁与有机溶剂等材料接触，如天那水、油漆、防水涂料等。

（7）施工具体做法详见国家建筑标准设计图集《无规共聚聚丙烯（PP-R）给水管安装》02SS405-2，管道规格壁厚见表 6-14。

无规共聚聚丙烯（PP-R）给水管规格壁厚表　　　　表 6-14

公称外径 （mm）	公称壁厚 en（mm）			
	管系列			
	S5（1.25MPa）	S4（1.6MPa）	S3.2（2.0MPa）	S2.5（2.5MPa）
16	—	2.0	2.2	2.7
20	2.0	2.3	2.8	3.4
25	2.3	2.8	3.5	4.2
32	2.9	3.6	4.4	5.4
40	3.7	4.5	5.5	6.7
50	4.6	5.6	6.9	8.3
63	5.8	7.1	8.6	10.5
75	6.8	8.4	10.3	12.5
90	8.2	10.1	12.3	15.0
110	10.0	12.3	15.1	18.3
160	14.6	17.9	21.9	26.6

4. 铝合金衬塑（PE-RT）复合给水管、管件及接口

铝合金衬塑（PE-RT）复合给水管（如图 6-30 所示）是一种轻质刚性新型复合管材，集合了塑料管道安全、卫生、环保的特点，同时解决了塑料管道刚性不足、抗紫外线能力

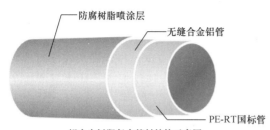

图 6-30　铝合金衬塑（PE-RT）
复合给水管结构示意图

差的缺陷，具有超强的抗腐蚀性。产品外层结构采用 6063 无缝铝合金铝管，表面采用高温静电防腐树脂喷涂，内衬管材为耐热聚乙烯 PE-RT 国标管。

产品生产标准执行《铝合金衬塑复合管材与管件》CJ/T 321—2010。铝合金衬塑（PE-RT）复合给水管具有防渗氧、刚性好、抗冲击性能好、质量轻、耐腐蚀、耐酸碱、耐盐雾、不结露等优

点，其管材与管件采用智能自动化电熔连接，安全、快捷、高效，实现同材质无缝连接，接口整体性强，防漏水性能好。铝合金衬塑（PE-RT）复合给水管无规格壁厚见表 6-15。

铝合金衬塑（PE-RT）复合给水管无规格壁厚表（单位：mm）　　　表 6-15

公称外径 d_n	管材平均外径		内管平均外径		外管壁厚		内管壁厚	
	$d_{n.min}$	$d_{n.max}$	$d_{em.min}$	$d_{em.max}$	壁厚	允许偏差	壁厚	允许偏差
20	21.2	21.6	20.0	20.3	0.6	+0.3	2.3	+0.5
25	26.2	26.6	25.0	25.3	0.6	+0.3	2.8	+0.7
32	33.2	33.6	32.0	32.3	0.6	+0.3	3.6	+0.8
40	41.4	41.9	40.0	40.4	0.7	+0.3	4.5	+1.0
50	51.4	51.9	50.0	50.5	0.7	+0.3	5.6	+1.3
63	64.6	65.2	63.0	63.6	0.8	+0.3	7.1	+1.5
75	76.8	77.4	75.0	75.7	0.9	+0.3	8.4	+1.5
90	92.2	92.8	90.0	90.9	1.1	+0.3	10.1	+1.5
110	112.6	113.2	110.0	111.0	1.3	+0.3	12.3	+1.8
125	128.0	128.7	125.0	126.2	1.5	+0.3	14.0	+2.0
160	163.6	164.3	160.0	161.5	1.8	+0.4	17.9	+2.5
200	205.0	206.5	200.0	201.8	2.5	+0.5	22.2	+2.5
250	257.0	259.0	250.0	252.3	3.5	+0.7	22.8	+3.0
315	323.0	325.0	315.0	317.9	4.0	+0.7	28.7	+3.0

6.7　非传统水资源利用类产品

《民用建筑节水设计标准》GB 50555—2010 明确要求充分利用非传统水源，非传统水源包括中水利用、雨水回用、海水利用等，雨水、中水、海水等非传统水源可用于景观用水、绿化用水、汽车冲洗用水、路面地面冲洗用水、冲厕用水、消防用水等非与人身接触的生活用水，雨水回用还可用于建筑空调循环冷却系统的补水。室外景观用水水源不得采用市政自来水和地下井水。由于海水利用刚刚起步，技术和应用还不太广泛，本节将重点

介绍中水利用设备和雨水回用设备。

中水、雨水回用处理设备宜采用自用水较少的处理设备。

6.7.1　一体化中水回用设备

公共建筑中水利用一般采用一体化中水回用设备处理中水，处理设备可在室外埋地设置，也可设置于地下室设备机房。水池及机房必须设置独立的通风系统，通风管道应引至人类活动空间以上。

一体化中水处理设备出水水质应达到《城市污水再生利用　城市杂用水水质》GB/T 18920—2002 要求，出水水质要求见表 6-16，规格尺寸见表 6-17。

中水出水水质表　　　　　　　　　　　　　　　表 6-16

pH	BOD$_5$	SS	浊度	氨氮	总大肠杆菌	色度
6～9	≤10	≤5	≤10	≤10	≤3	≤30

一体化中水处理设备工艺流程应根据进水水质情况，现场场地情况统筹考虑，工程设计中多采用一体化设备。工艺流程一般由预处理，接触氧化池、MBR 池、消毒池等组成（如图 6-31 所示）。MBR 池又称膜生物反应器，将膜分离技术与传统废水生物处理技术有机结合，大大提高固液分离效率，提高了生物反应速率，减少了剩余污泥量，相较于传统活性污泥法具有工艺运行稳定，出水水质标准高，占地面积小的优点，是常用的小型污水处理设备（如图 6-32 所示）。

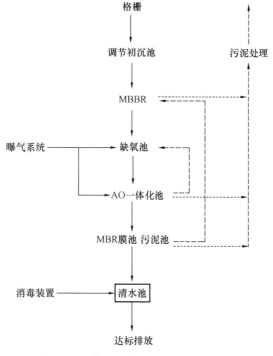

图 6-31　一体化中水处理设备工艺流程图

图 6-32　一体化中水处理设备现场图

一体化中水处理设备规格尺寸表　　　　　　　　　　　　表 6-17

排放标准：《城市污水再生利用　城市杂用水水质》GB/T 18920—2002

《城市污水再生利用　景观环境用水水质》GB/T 18921—2002

序号	日处理量（m³/d）	型号	箱体数量 台	设备尺寸（mm）			开挖面积（m²）	装机功率（kW）	运行成本（元/t）	基础荷载（t/m²）
				L	W	H				
1	2～10	GYZS-0.5	1	3200	2200	2300	15	7	0.8	2
2	10～24	GYZS-1	1	5200	2200	2700	22	9	0.78	3
3	25～48	GYZS-2	1	6200	2700	2700	30	15	0.75	3
4	50～72	GYZS-3	1	9200	2700	2700	40	17	0.7	4
5	80～120	GYZS-5	1	5600	3200	3200	66	23	0.68	4
			1	7700	3200	3200				
6	150	GYZS-6	1	6800	3200	3200	85	28	0.65	4
			2	6200	2700	2600				
7	200	GYZS-8	1	10200	3200	3200	100	35	0.62	5
			2	6200	2700	3200				
8	250	GYZS-11	1	10200	3200	3200	115	40	0.58	5
			2	7200	3200	3200				
9	300	GYZS-13	1	13400	3200	3200	145	45	0.56	5
			2	9200	3200	3200				
10	360	GYZS-15	1	13400	3200	3200	202	50	0.54	5
			3	7700	3200	3200				
11	480	GYZS-20	2	10200	3200	3200	220	60	0.52	5
			3	9200	3200	3200				
12	600	GYZS-25	2	13400	3200	3200	260	68	0.5	5
			3	9200	3200	3200				
13	720	GYZS-30	2	13400	3200	3200	300	75	0.48	5
			4	9200	3200	3200				

续表

排放标准：《城市污水再生利用　城市杂用水水质》GB/T 18920—2002

《城市污水再生利用　景观环境用水水质》GB/T 18921—2002

序号	日处理量 (m³/d)	型号	箱体数量	设备尺寸（mm）			开挖面积	装机功率	运行成本	基础荷载
			台	L	W	H	（m²）	（kW）	（元/t）	（t/m²）
14	950	GYZS-40	3	13400	3200	3200	410	85	0.46	5
			5	9200	3200	3200				
15	1200	GYZS-50	3	13400	3200	3200	440	95	0.45	5
			6	9200	3200	3200				
16	1500	GYZS-65	4	13400	3200	3200	590	110	0.40	5
			8	9200	3200	3200				
17	尺寸仅供参考，具体尺寸需要以出水水质要求、是否选用 MBR 工艺等相关条件决定									

6.7.2　雨水收集利用设备

雨水收集利用设备一般可分五大环节，即雨水收集管道系统、弃流截污装置、雨水收集池、过滤消毒设备和净化回用设备，收集到的雨水可用于景观补水、绿化、车库冲洗、道路冲洗、冷却塔补水、冲厕等非生活用水，可以节约水资源，大大缓解缺水问题。

雨水收集利用设备可结合海绵城市设计统筹考虑，也可单独设置，一般于室外埋地设置，也可将雨水净化设备和雨水收集池设置于地下室，但是雨水收集池不能有与地下室连通的开口。

雨水弃流装置可排除初期雨水，一般为成品。雨水收集池（见图 6-33）可以采用钢筋混凝土现浇、PP 模块雨水池、硅砂缸成品雨水罐或玻璃钢成品雨水池，所有雨水池均应满足荷载等级要求。雨水净化设备一般采用石英砂过滤砂缸和紫外线消毒仪，设备机房布置如图 6-34 所示。雨水收集利用设备应参考国家标准图集《海绵型建筑与小区雨水控制及利用》17S705 的要求执行。雨水收集利用工艺流程如图 6-35 所示。

图 6-33　各类成品雨水收集池现场施工图

图 6-34　一体化雨水净化设备机房布置图

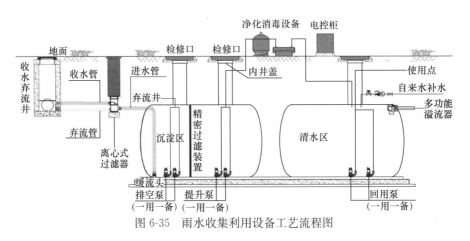

图 6-35　雨水收集利用设备工艺流程图

6.8　节水型冷却塔

6.8.1　冷却塔分类

冷却塔作为空调冷却水系统的重要设备，其作用是将携带空调废热的冷却水在冷却塔塔体内部与空气进行热交换，使空调废热传输给空气并散入大气中。在公共建筑中，冷却塔补水是公共建筑中用水量较大的部分，所以冷却塔节水也是公共建筑节水设计的重要一环。

通常，在民用建筑空调制冷中，宜采用湿式冷却塔，但在冷却水水质要求很高的场所或缺水地区，则宜采用干式冷却塔。冷却塔的类型很多，具体详见表 6-18。

冷却塔的分类及其主要特点汇总表　　　　　　　　　　表 6-18

通风方式	名称	主要特点
自然通风	逆流湿式冷却塔	热水由管道通过管（竖井）送入热水分配系统，然后通过喷溅设备，将水洒到填料上；经填料后成雨状落入蓄水池，冷却后的水抽走重新使用。塔筒底部为进风口，用人字柱或交叉柱支撑，在塔内外空气密度差的作用下，塔外空气从进风口进入塔体，穿过填料下的雨区，和热水流动成相反方向流过填料，受热后通过收水器回收空气中的水滴后，再从塔筒出口推出

通风方式	名称	主要特点
自然通风	横流湿式冷却塔	填料设置在塔筒外，热水通过上水管，流入配水池，池底设布水孔，下连喷嘴，将热水洒到填料上冷却后，进入塔底水池，抽走重复使用。空气从进风口水平方向穿过填料，与水流方向正交，故称横流式。空气出填料后，通过收水器，从塔筒出口推出
机械通风	逆流湿式冷却塔	机械通风逆流湿式冷却塔有方形和圆形两种。 热水通过上水管进入冷却塔，通过配水系统，使热水沿塔平面成网状均匀分布，然后通过喷嘴，将热水洒到填料上，穿过填料，成雨状通过空气分配区，落入塔底水池，变成冷却后的水待重复使用。空气从进风口进入塔内，穿过填料下的雨区，与热水成相反方向（逆流）穿过填料，通过收水器、抽风机，从风筒排出
	横流湿式冷却塔	横流湿式冷却塔的主要原理和自然通风横式冷却塔一样，只是用风机来通风。配水用盘式，盘底打孔，装喷嘴将热水洒向填料，然后流入底部水池
	多风机湿式冷却塔	多风机冷却塔即一座塔上安装多台风机，分横流式和逆流式，其原理与单风机塔相同
	干式冷却塔（密闭式冷却塔）	热水在散热翅管内流动，靠与管外空气的温差，形成接触传热而冷却，特点是：①没有水的蒸发损失，也无风吹和排污损失，所以干式冷却塔适合缺水地区；②水的冷却靠接触传热，冷却极限为空气干球温度，效率低，冷却水温高
	干/湿式冷却塔（密闭式冷却塔）	冷却水在密闭盘管中进行冷却，管外循环水蒸发冷却对盘管间接换热。另有一种是干部在上，湿部在下，采用这种塔的目的，是为了消除从塔出口排出的饱和空气的凝结

6.8.2 冷却塔水损失原因

冷却塔的水损失主要包括三部分：蒸发水量损失、飘水损失以及排污损失。冷却塔运行不可避免会产生蒸发水量损失，而排污损失相对来说比较少，所以冷却塔节水主要体现在减少飘水损失，飘水率是冷却塔节水性能的重要指标。

6.8.3 冷却塔节水通用技术选用原则

（1）宜选用漂水率小于 0.001%，蒸发损失量小于 1% 的高冷效冷却塔。

（2）系统的补水宜优先使用雨水等非传统水源。

（3）集水池、集水盘或补水池宜设溢流信号，并将信号送入机房或中控室。冷却塔补充水总管上宜设阀门及计量等装置。

6.8.4 节水型冷却塔

密闭式混合型冷却塔是利用混合流技术，同时增加干翅片盘管，是集蒸发冷却和干式冷却优点于一身的高能效及节水型的冷却设备。有三种运行模式，分别是干/湿式联合模式、绝热模式以及干式模式，通过不同运行模式的选择，可适用于各种应用场合，诸如要求连续可靠运行、水费高昂的区域，供水受限或需消除白雾的区域等，能为世界上要求最苛刻的项目提供独有的解决方案（见图 6-36）。

图 6-36 节水型冷却塔安装实景图

1. 干/湿式联合模式

流体首先进入干翅片盘管进行冷却，然后再进入主蒸发盘管，流体被进一步冷却后流出。喷淋水从冷水盘由水泵送至主蒸发盘管上方的水分配系统。喷淋水润湿蒸发盘管表面带走管内热量后下落至填料表面，在填料内喷淋水被进一步冷却后循环使用增加换热效果。空气分别流过盘管和填料表面，吸收热量并达到饱和状态。但此时风扇排出的空气温度还比较低，安装在风扇上方的翅片管内的流体还能够从空气中得到显著的冷却效果。

干/湿联合运行模式利用了显热及蒸发潜热。相比于传统的蒸发设备，即使是在尖峰设计条件下，白雾趋势极大降低，还可以节省大量的水。运行模式如图 6-37 所示。

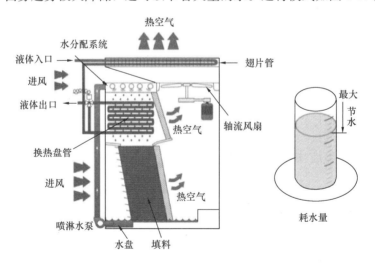

图 6-37 冷却塔干/湿混合运行模式示意图

通过自动阀调节，在部分负荷下或环境温度较等低条件下，蒸发冷却以及水的消耗量因通过蒸发盘管内的流量不断降低而明显减少，同时也控制了出口流体温度。

这种自动控制装置可保证能够最大限度利用翅片管的冷却，并最大限度减小主蒸发盘管蒸发换热量。在干/湿联合运行模式下，这种传热方式和流量控制策略可以实现最大程度的节约用水，由于蒸发水量的减少，同时通过干翅片管对所排放的全部空气加热，从而减少了白雾现象出现。

2. 绝热运行模式

在绝热模式下,被冷却流体被全部旁通,蒸发盘管内无热量交换,循环喷淋水仅用来饱和并在绝热下预冷外面进入的空气,如图 6-38 所示。在大多数气候条件下,周围的空气仍然具有相当大的潜力来吸收水分,被绝热冷却的空气温度会显著降低,因此增加了显热的传递速度。相对于传统的蒸发式冷却设备,可见白雾和耗水量大

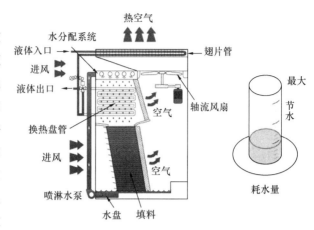

图 6-38　冷却塔绝热运行模式示意图

大大降低,同时还保证了设计流体所需的温度,从而使系统效率最大化。

3. 干式运行模式

在干式运行模式下,喷淋水系统被关闭,节约水泵能耗。待冷却的流体从翅片管进入主蒸发盘管,如图 6-39 所示。流量控制阀保持全开,以确保流体串联流过两个盘管,从而最大限度地利用了换热表面。在这种模式下,没有水的蒸发消耗,并且完全没有白雾产生。密闭式混合型冷却塔可选择在 10℃ 到 15℃ 甚至更高的干球温度切换点,这取决于项目的具体需求。当设备在干式运行模式持续工作时间较长时,建议排空水盘内的水,这样便不需要考虑防冻及水处理。

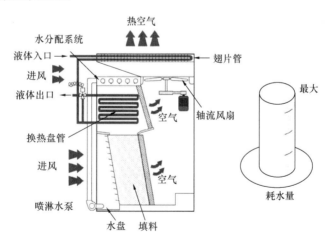

图 6-39　冷却塔干式运行模式示意图

4. 运行成本

密闭式混合型冷却塔可根据项目当地水质相应提高浓缩倍数或通过减少蒸发量来降低水处理化学品用量和向环境的排污量。其节水理念及混合流技术设计全年运行耗水量最少,具有明显的运行成本优势。

　　密闭式混合型冷却塔全年在三个不同操作模式下运行都能够节水。在夏季极端条件运行时有很大一部分热量已经通过翅片管排放。当环境温度或热负荷降低时，通过调节进入湿盘管的流量逐渐减少蒸发换热量，相应的蒸发水量、排污量及水处理的需求也较常规蒸发式换热设备要降低。在绝热模式下，只蒸发很少量的水用来饱和空气，相应的排污水也降低到更小量。最终，在干式运行模式下，关闭喷淋水泵，节省喷淋泵能耗，也没有任何水消耗。

　　采用密闭式混合型冷却塔节水可达 70%，甚至更高。根据当地水费和可用水情况，通过节省用水、水处理药剂、排污的费用以及更高的系统效率，可在短短 2a 时间内实现投资回收。

第7章 节 水 器 具

公共建筑生活用水主要通过给水器具来实现，给水器具是城市供水系统各个环节中最直接与用户接触的产品，可以说给水器具的性能对于节约用水有举足轻重的作用，也是公共建筑节水的重要措施之一。国家为贯彻节约用水政策，各地积极鼓励用水单位、企业、公共用水场所、家庭等优先选择节水器具，淘汰落后产品。随着节水器具理念的普及、节水器具技术发展、相关国家标准及行业标准的实施，公共建筑的给水器具必须为节水器具，使用节水器具也将会产生明显的经济效益和社会效益。

7.1 节水器具概念及分类

7.1.1 节水器具概念

节水器具是公共建筑节水技术中重要的载体，也是提高水资源利用效率的重要环节。节水型器具是指在满足使用要求、保证用水舒适性的条件下，单次使用水量比同类常规产品能减少流量或用水量，提高用水效率、体现节水技术的器件、用具。如：饮用、厨用、洁厕、洗浴、洗衣、绿化浇洒等用水功能器具。

7.1.2 节水器具分类

节水器具按照用途主要分为节水型水嘴（水龙头）、节水型便器、节水型便器系统、节水型便器冲洗阀、节水型淋浴器、节水型洗衣机及其他公用节水器具等。

（1）节水型水嘴（水龙头）是指具有手动或自动启闭和控制出水口水流量功能，使用中能实现节水效果的阀类产品。

（2）节水型便器是指在保证卫生要求、使用功能和排水管道输送能力的条件下，不泄漏，一次冲洗水量不大于6L水的便器。

（3）节水型便器系统是由便器和与其配套使用的水箱及配件、管材、管件、接口和安装施工技术组成，每次冲洗周期的用水量不大于6L，即能将污物冲离便器存水弯，排入重力排放系统的产品体系。

（4）节水型冲洗阀是指具有延时冲洗、自动关闭和流量控制功能的便器用阀类产品。

（5）节水型淋浴器是指采用接触或非接触控制方式启闭，并有水温调节和流量限制功能的淋浴器产品。

（6）节水型洗衣机是指以水为介质，能根据衣物量、脏净程度自动或手动调整用水量，满足洗净功能且耗水量低的洗衣机产品。

7.2 常用的节水器具

7.2.1 常用的节水型水嘴（水龙头）

1. 陶瓷片密封水嘴

陶瓷片密封水嘴以陶瓷片为密封元件，利用陶瓷片的相对运动实现通水、关断及调节出水口流量和温度的一种供水装置。主要用于建筑物内的冷、热水供水管路末端，使用范围：工作压力（静压）不大于 1.0MPa，介质温度为 4～90℃。

陶瓷片密封水嘴的主要优点是陶瓷密封片比较耐磨，水质清洁，使用寿命长，控制水量和温度方便，生产技术成熟，零部件规范，通用性强，更换容易，生产成本也不高，款式新颖。缺点是不适宜做成较大流量的产品，陶瓷密封片是脆性材料，抵抗水中杂质和水击的能力差，易破碎，不具备止回功能。

按照用途可分为普通、面盆、浴盆、洗涤、净身、淋浴、洗衣机等，如图 7-1 所示。

图 7-1　陶瓷片密封水嘴

2. 感应式水龙头

感应式水龙头利用红外反射原理，当手放在水龙头的红外线区域内，红外线发射管发出的红外线由于人体的遮挡反射到接收管，通过集成线路处理后的信号发送给电磁阀，电磁阀接收信号后按指定的指令打开阀芯来控制水龙头出水；当手离开红外线感应范围，电

第 7 章　节水器具

磁阀没有接收到信号，电磁阀阀芯则通过内部的弹簧复位来控制水龙头的关水，如图 7-2 所示。一般用交流供电或直流供电，在感应区域内手伸即来水，离开即停水，开关水由感应器自动完成，无需接触水龙头，可有效避免细菌交叉感染，并设有超时停水功能，避免因异物长时间在感应区域内造成浪费。直流供电一般使用碱性干电池（6V、3V、4.5V），内设过滤网，避免杂质进入电磁阀门，清洗方便，外观精美，结构牢固。适用于酒店、宾馆、写字楼、机场、医疗机构等人流量密集的各类公共场所。

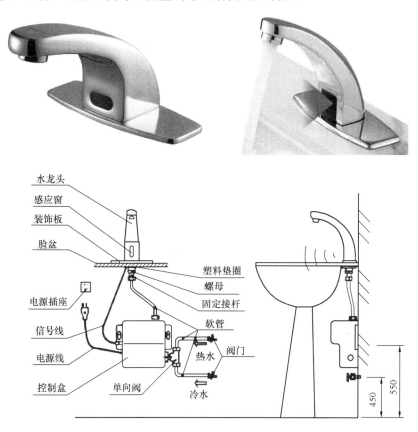

图 7-2　感应式水龙头

3. 节流水龙头

节流水龙头是指加有"节水阀心"（俗称皮钱）、"节流塞""节流短管""节水器"的普通水龙头，可减少因水龙头流量过大时人们无意识浪费的水量，据统计可节水约 30%。

目前新型恒压节水器也是节流水龙头一种，主要利用水压自动调节过流面积的大小，即水压升高时阀门开度自动减小、水压降低时阀门开度自动增大，恒压节水器的流量自动维持在设定值。恒流节水器采用动态节流节水技术，通过提供最适合使用的稳定水流和平均分配流量实现高效节水。对大多数用户而言，多数情况下自来水的供水压力都过高了，打开水龙头、冲洗阀，高速喷射的水流产生的冲击、飞溅不但给使用带来不便，而且造成大量浪费。普通水龙头加装不同型号恒流节水器可成为符合国家《水嘴水效限定值及水效等级》GB 25501—2019 中 1、2、3 级能效的节水龙头，且流量均匀性明显优于国标。节水阀心及节水龙头如图 7-3 所示。

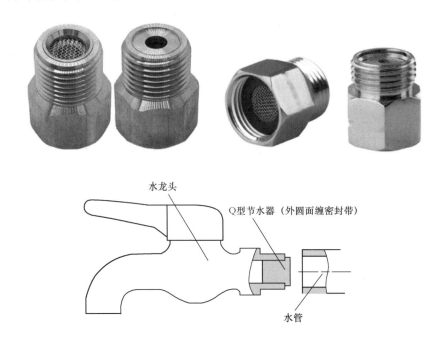

图 7-3　节水阀心及节水龙头（成都其昌）

图 7-4　延时自闭水龙头

4. 延时自闭水龙头

延时自闭水龙头主要利用油压方式和内部的弹簧与阻尼套件，让出水在一定时间内停止的水嘴，如图 7-4 所示。具有龙头出水几秒钟后自动关闭的功能（即延时自闭功能），时间长短可由调节阻尼而改变，克服了普通水龙头长流水、关不严和大流量用水的浪费现象，起到了"人走水停"和合理用水的节水作用。

延时自闭水龙头适用于公共建筑与公共场所，有时也可用于家庭。在公共建筑与公共场所应用延时自闭式水龙头的最大优点是可以减少水的浪费，其节水效果约为 30％，但如要求较大的可靠性，需加强管理。

按作用原理延时自闭水龙头可分为水力式、光电感应式和电容感应式等类型。水力式延时自动关闭式水龙头应用最为广泛，使用时只需轻压阀帽，水流即可持续 3～5s，然后自动关闭断流；其基本原理是靠加压开启阀瓣，然后靠作用于其上下或前后的水压差缓慢关闭阀瓣，延时作用则借助于阀内的各种阻尼装置，延时关闭时间可根据需要调整（延长至 1min）。光电感应式与电容感应式水龙头是借助于手或物体靠近水龙头时产生的光电或电容感应效应及相应的控制电路、执行机构（如电磁开关）的连续作用；其优点是无固定的时间限制，使用方便，尤其适用于医院或其他特定场所，以免交叉感染或污染。

5. 手压、脚踏、肘动式水龙头

手压、脚踏式水龙头的开启借助于手压、脚踏动作及相应传动等机械性作用，释手或松脚即自行关闭。节水效果良好，主要适用于公共场所，如浴室、食堂和大型交通工具（列车、轮船、民航飞机）上。

肘动式水龙头靠肘部动作启闭，避免皮肤直接接触，可有效防止细菌的交叉感染，卫生方便，主要用于医院、学校和科研单位的实验室，以避免污染，同时亦有节水作用。新型肘式充气水龙头，其主要特点是当水流通过散水器时即同少量空气相混合，形成比较柔和的充气水流，便于洗涤。手压、脚踏、肘动式水龙头如图 7-5 所示。

图 7-5　手压、脚踏、肘动式水龙头

6. 节水起泡器水嘴

对于老式水嘴，在使用时存在水流快、水量大、易飞溅等缺点，已经逐渐被带有起泡器的新式水嘴所取代，如图 7-6 所示。起泡器是一种让水流具有发泡效果及节约用水的器具。起泡器可以让流经的水和空气充分混合，有了空气的加入，水的冲刷力提高不少，从而有效减少用水量，节约用水。起泡器作为水嘴的关键元件，已经广泛应用在各种水嘴上。它不仅可以有效降低水流速度，使水流打到手上而不飞溅，很大程度上节约生活用水。一般高档的水龙头水流如雾状柔缓舒适，过滤水中的杂质，还不会四处飞溅这就是起泡器所起到的作用。起泡器主要有节水、过滤、恒定出流、防溅、降噪的作用。

图 7-6　节水起泡器水嘴

7. 停水自动关闭（停水自闭）水龙头

在给水系统供水压力不足或不稳定引起管路"停水"的情况下，如果用户未适时关闭水龙头，则当管路系统再次"来水"时会使水大量流失，甚至会使水到处溢流造成财产损失，这种情况时有发生，停水自闭水龙头就是在这种条件下应运而生，它除具有普通水龙头的用水功能外，还能在管路"停水"时自动关闭，以免使水大量流失。

近几年来我国各地开发过很多停水自闭水龙头，其类型繁多、构造各异、质量性能不一，但基本原理是在管路"停水"时，靠阀瓣或活塞的自重或弹簧复位关闭水流通道，管路"来水"时由于水压作用水流通道被阀瓣或活塞压得更加紧密故不致漏水。如需重新开启水龙头则需靠外力提升、推动阀瓣或活塞打开通道，这时作用于阀瓣或活塞上下侧的力在水流作用下应处于平衡状态。为了使阀瓣或活塞在管路停水时能移动，停水自闭水龙头的关闭与开启（即上下运动）通常不靠螺旋旋转作用。使用停水自闭水龙头会产生一定节水效果，可以根据具体情况推广；但是从根源来讲，应改善给水系统运行状况，提高系统供水可靠性、加强用水户的节水意识、培养良好的用水习惯。

8. 节水淋浴器

在生活用水中沐浴用水约占生活用水量的 20%～35%，其中淋浴用水量占相当大的比例。淋浴时因调节水温和不需水擦拭身体的时间较长，若不及时调节会浪费大量的水，这种情况在公共浴室尤其严重，不关闭阀门或因设备损坏造成"长流水"现象也经常发生。节水淋浴器具主要有脚踏式淋浴器、感应式淋浴器、增压淋浴器等。

脚踏式淋浴器是各地公共浴室多年沿用的节水设施，其节水效果显著，但是使用不甚方便、卫生条件差、易损坏，此外由于阀件整体性差，存在漏水问题。近年已逐渐被新型节水淋浴器具所取代。

感应式淋浴器不用开关，人走到喷头下，喷头自动喷水，离开自动停水。杜绝了洗浴中打肥皂、搓澡期间不关阀门长流水等现象。同大多数的感应洁具产品一样，感应淋浴器也应用红外线反射原理，当人体进入有效感应范围后，控制器自动发出信号，令电磁阀或电动阀的开关打开，自动进行放水，人离开后，控制器自动发出信号，令电磁阀或电动阀的开关关闭，停止流水。在感应淋浴器的内部装有电磁阀头、控制器等设备，控制器中又包含了微型电脑、红外线发射器和红外器接收器。感应式淋浴器主要适用于机关、厂矿、学校、宾馆等公共浴池，游泳池、洗浴中心、海滨浴场等公共场所。

脚踏式淋浴器、感应式淋浴器如图 7-7 所示。

图 7-7　脚踏式、感应式节水淋浴器

增压淋浴器主要是增压淋浴喷头可根据水压大小自动改变进水面积，水压小时开启进水面积大，出水量达到平衡，既能达到增压的目的，又能节水。增压淋浴喷头基本工作原理是：在花洒的尾部安装节能增压入水装置并与花洒手柄的文氏孔相通，当水流进入花洒时，外界的空气压力迫使水流提速出水，提升大约 30% 的出水速度，起到自动增压 30% 的效果，当水流持续通过时，不停地从文氏孔吸入空气，水流中含有氧离子，当水柱从出水片射出时，氧离子气泡占据了水柱的内部空间，出水比原来减少 50% 左右的流量，起到自动节水 50% 的效果；当水柱射到身体皮肤表面，氧离子自动爆破，增大淋浴覆盖面，具有节水效果。需要注意的是增压淋浴器只是通过改变进水面积增加了花洒出水的水压，

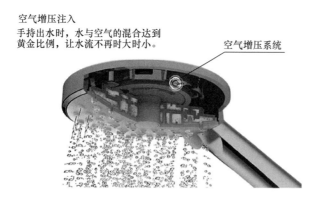

空气增压注入
手持出水时，水与空气的混合达到
黄金比例，让水流不再时大时小。

空气增压系统

图 7-8 节水增压淋浴器

而并不是真正地解决了水压不足的问题。节水增压淋浴器如图 7-8 所示。

7.2.2 常见的节水型便器

1. 节水型坐便器

节水型坐便器是指每个冲洗周期冲洗用水量不大于 6L 的坐便器，主要有直冲式（冲落式）和虹吸式两种，虹吸式又分为虹吸喷射式和虹吸漩涡式坐便器两种，如图 7-9 所示。

直冲式坐便器是利用被压缩的空气形成推力的后排水式坐便器，冲水管路简单、路径短、管径粗（一般直径在 9～10cm），利用被压缩的空气可以形成的很大的推力，具有冲水速度快、冲力大、强排污、速度快、用水少的特点。与虹吸式坐便器相比，从排污能力上来说，容易冲下较大的污物，在冲刷过程中不容易造成堵塞，从节水方面来说，也比虹吸式效果好。缺点是冲水噪声大、存水面较小、容易返臭。

虹吸式坐便器在内部有一个完整的管道，形状呈侧倒状的"S"，池壁坡度较缓，噪声问题有所改善。具有排污能力强，选净面大的特点，所以绝大多数坐便器尤其是连体的均采用虹吸式。虹吸式坐便器的最大优点就是冲水噪声小，从排污能力上来说，虹吸式容易冲掉粘附在表面的污物，因为虹吸的存水量较高，防臭效果优于直冲式。

虹吸喷射式是在虹吸式坐便器上做

直冲式坐便器

虹吸式坐便器

● 直冲管道如图所示，管道较大，弧度小

● 虹吸管道如图所示，管道较小，弧度大

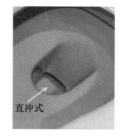
直冲式

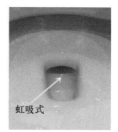
虹吸式

图 7-9 节水型坐便器

了进一步改进，在坐便器底部增加一个喷射副道，对准排污口的中心，冲水时，水一部分从便圈周围的布水孔流出，一部分由喷射口喷出，虹吸喷射式坐便器是在虹吸的基础上借助较大的水流冲力，将污物快速冲走。缺点是虹吸式坐便器冲水时先要放水至很高的水面，然后才能将污物冲下去，所以要具备一定水量才可达到冲净的目的，相对来说不够节水。

虹吸漩涡式坐便器将冲水口设于坐便器底部的一侧，冲水时水流沿池壁形成旋涡，会加大水流对池壁的冲洗力度，也加大了虹吸作用的吸力，更利于将污物排出。

2. 感应式坐便器

感应式坐便器自动冲水原理是通过红外感应开关接通电磁阀来实现，如图 7-10 所示。

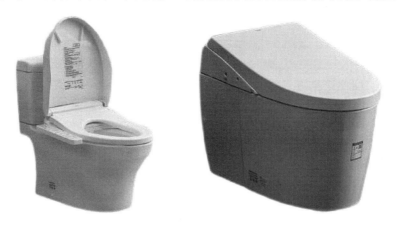

图 7-10　感应式坐便器（TOTO 卫浴）

3. 低位、高位冲洗水箱蹲便器

一般来说，高水箱的安装高度是底边距地 2.0m，低水箱的安装高度是底边距地 0.9m 左右，分别如图 7-11、图 7-12 所示。公共建筑和企业的公共厕所常采用大、小便槽，由于使用集中，一般设置集中（自动）冲洗水箱，用水量及漏水量均较少，如图 7-13 所示。

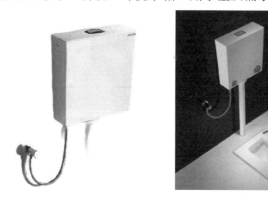

图 7-11　低位冲洗水箱

图 7-12　高位冲洗水箱

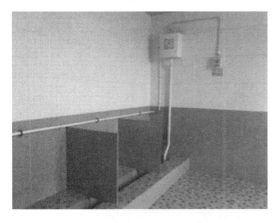

图 7-13　大便槽集中（自动）冲洗高位水箱

4. 隐蔽式水箱

隐蔽式水箱是相对于传统落地式坐便器而言的，将水箱作为给水排水系统的组成部分隐蔽在墙内，令洁具彻底"瘦身"，由此带来更佳的冲水效果、更小的冲水噪声、更灵活的设计可能。隐蔽式水箱高度一般 1.10m，高于传统落地式坐便器，可带来更强劲的水流，冲水效果更佳。隐藏式水箱适用于壁挂式坐便器、落地式坐便器和蹲便器。适用于各种场所，广泛用于机场、高铁、商场、办公、星级酒店等公共场所以及居民住宅等私人场所，如图 7-14 所示。

图 7-14　隐蔽式水箱（瑞士吉博力）

5. 免冲式小便器

免冲式小便器，就是使用后不用冲水的小便器。目前主要有油封技术、薄膜气相吸合封堵技术、板式下水封堵技术或者单向阀技。能够有效将尿液和大气隔开，达到不用水冲洗而且防臭、不结垢、卫生的目标。

板式下水封堵技术是当今主流及常见的技术。当尿液流经隔臭装置后，密封挡板自动开启闭合。密封挡板结合自生的重力形成了良好的密封，完全阻隔下水管道异味的上返，主要缺点：易被异物卡住，影响防反味效果。

单向阀技术是板式下水封堵装置技术的升级版，最大的特点就是从有轴工作到无轴工作的过渡。不仅降低板式内芯被杂物卡的可能性，软硬结合（无铰链体和阀板）更提高了密封效果和不残留的效果。单向阀技术是免冲水小便器（无水小便斗）较新的技术，如图 7-15 所示。

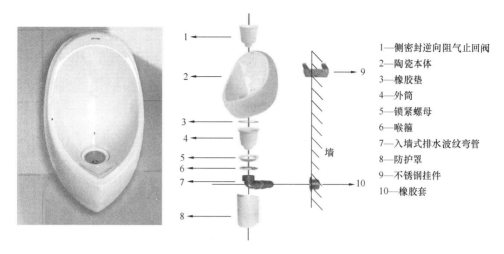

1—侧密封逆向阻气止回阀
2—陶瓷本体
3—橡胶垫
4—外筒
5—锁紧螺母
6—喉箍
7—入墙式排水波纹弯管
8—防护罩
9—不锈钢挂件
10—橡胶套

图 7-15　免冲式小便器（唐山华世东升）

6. 感应式小便器

通过红外线感应控制小便器出水冲洗的设施，相对传统小便器的主要优势为卫生、节水、方便，如图 7-16 所示。感应小便器是通过红外线反射原理，当人体站在小便器的红外线区域内，红外线发射管发出的红外线由于人体的撼挡反射到红外线接收管，通过集成

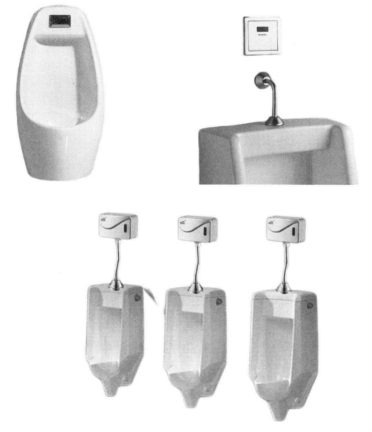

图 7-16　感应式小便器

线路内的微电脑处理后的信号发送给脉冲电磁阀，电磁阀接收信号后按指定的指令打开阀芯来控制小便器出水；当人体离开红外线感应范围，电磁阀没有接收信号，电磁阀阀芯则通过内部的弹簧进行复位来控制小便器的关水，冲洗时间和关闭时间按设定的指令工作。感应式小便器在使用频率高的场所平均每次冲水量为 1.2～3L；在使用频率低的场所平均每次冲水量为 2～4L（注：水压为 0.05～0.7MPa）。适用于酒店、宾馆、写字楼、机场等公共场所。

7.2.3 常见的节水型便器系统

便器系统按冲水装置分为重力式冲水便器系统和压力式冲水便器系统。

1. 重力式冲水便器系统

主要用于安装在静压力不大于 0.6MPa 的冷水供水管路上，靠水的重力作用为各种便器配套的冲水装置和为壁挂式洁具提供支撑的机架，目前使用重力式冲水装置的便器为主导产品。

2. 压力式冲水便器系统

分为冲洗阀和压力式冲洗水箱两类。压力式冲洗水箱是一种密封水箱，与供水管道相接。供水管道的水通过进水阀和稳压阀组件进入密封水箱，水箱中的空气随着水量的增加而不断压缩，水箱中的压力不断增加，使水箱成为有蓄能作用的压力包。当便器需冲水时，通过开启机构开启系统，依靠密封水箱形成的压力将水箱中的水快速冲至便器管道进行冲洗。冲洗阀将在下一节内容介绍。

7.2.4 常用的节水型便器冲洗阀

节水型便器冲洗阀主要是指具有延时冲洗、自动关闭和流量控制功能的便器通用阀类产品。主要包括机械式便器冲洗阀、压力式便器冲洗阀、非接触类便器冲洗阀。

1. 机械式便器冲洗阀

机械式便器冲洗阀是指需要直接接触启动的便器冲洗阀，用于卫生间等场所的供水管路上，主要包括脚踏式、按钮和手柄式等形式。便器冲洗阀在冲洗过程中，出水后应快速达到最大瞬时流量（出水中的最大流量），出水量必须要逐渐减少直至关闭。

2. 压力式便器冲洗阀

压力式便器冲洗阀是指利用供水压力，将水预先加入密闭水箱，然后只利用密闭箱的加压水进行冲洗的便器冲洗阀。

3. 非接触类便器冲洗阀

非接触类便器冲洗阀是主要利用红外线、热释电、微波，超声波以及其他媒介做传感器，不需直接接触即可运行的便器冲洗阀，如图 7-17 所示。

节水型便器冲洗阀在满足峰值流量要求的条件下，

图 7-17　脚踏式压力冲洗阀

依据产品冲洗水量的大小，大便器冲洗阀划分为 1、2、3、4、5 五个等级，1 级表示用水效率最高，5 级表示用水效率最低；小便器冲洗阀划分为 1、2、3 三个等级，1 级表示用水效率最高，3 级为表示用水效率最低。

7.3　新型节水器具

7.3.1　真空排水装置

近年来，随着技术的发展，在建筑给水排水工程中，运用真空技术也是实现节水节能的一种重要方法，真空排水技术主要是用空气代替大部分水，依靠真空负压产生的高速气水混合物，快速将洁具内的污水污物冲吸干净，达到节约用水、排走污浊空气的效果。实践证明，采用真空技术在保证下水道的冲洗方面起到了很好的效果，一定程度上提高了节水的效率。一套完整的真空排水系统主要包括：带真空阀和特制吸水装置的洁具密封管道、真空收集容器、真空泵控制设备及管道等。真空泵在排水管道内产生 40～50kPa 的负压，将污水抽吸到收集容器内，再由污水泵将收集的污水排到市政下水道，真空技术是一种比较先进的节水技术，在建筑节水中效果明显。

图 7-18　一体化真空马桶（杭州聚川环保科技有限公司）

真空马桶就是将整个系统造成真空，系统通往每个马桶必须有一道隔离阀与系统隔离，当冲马桶时打开此道阀，依靠与大气压之间的压差，将马桶中的污物带走，它还可以将大小便分离，如图 7-18 所示。真空系统主要是依靠真空泵自动运行保持的，系统比较复杂，尤其是马桶上的控制阀，优点是节水，普通马桶冲水一次要耗水 6L，真空马桶只要 0.6L。应用于公共厕所间的负压同层排水如图 7-19 所示，

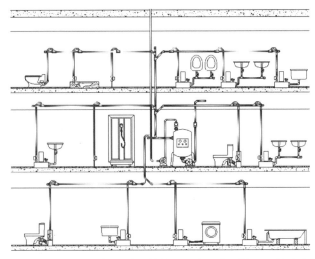

图 7-19　公共厕所间应用负压同层排水（北京万若环境工程技术有限公司）

室外分散污水真空收集系统如图 7-20 所示。

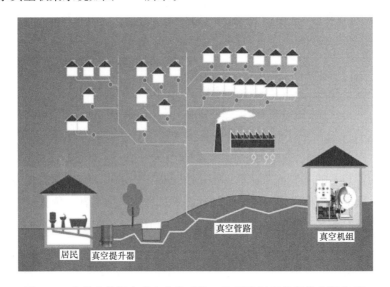

图 7-20 室外分散污水真空收集系统（杭州聚川环保科技有限公司）

7.3.2 节水型微灌、滴管、喷灌设备

随着城市迅速发展和人们对美好生活的向往，城市、小区的绿化率不断提高，绿化灌溉用水量也不断增加，节水型喷灌设备对城市公共建筑节水也起着重要的作用。节水灌溉设备是指具有节水功能用于绿化灌溉的机械设备的统称，其种类主要有喷灌式、微灌式、全塑节水灌溉系统（又包括：软管三通阀、低压出地阀、半固定式喷灌与移动式）。节水型微灌、滴管、喷灌设备在农业、林业等方面也有着广泛的应用。

7.3.3 节水型商用公共洗碗机

商用洗碗机是针对商业用途来设计和使用的，用途比较广，如酒店、酒家、机关食堂、工厂食堂、餐具消毒中心、酒吧等人流量大的公共场所，如图 7-21 所示。由于商用

图 7-21 节水型商用洗碗机

的洗涤量要求比较大，所以通过对商用洗碗机在大容量、适应多种餐具和洗涤剂、提高洗净性能、节能与环保等方面进行研究，商用洗碗机通过改变分水洗净方式、调整分水的分支数、喷射方式和洗净喷嘴的设定，既保证洗干净，又保证节水效果。

7.4　常用节水器具的技术要求

节水器具产品在技术方面，基本要求如下：

（1）要求与水接触的部位不能使用易腐蚀材料制造，直接影响产品寿命的零部件表面应做防腐蚀处理或采用不易腐蚀的材料制造；

（2）产品中不应使用含有害添加物的材料或涂装，所有与饮用水直接接触的材料，不应对水质造成污染；

（3）用于湿热环境下的产品，应能在温度小于6℃，相对湿度不大于90％下长期使用（淋浴器相对湿度不大于95％），并对人体无不良作用，对环境不造成污染。

（4）节水器具的阀体强度、密封性、断电及欠压保护、启闭时间、使用寿命等应符合相关国家标准要求。

7.4.1　节水型陶瓷片密封水嘴（水龙头）

流量、阀体强度、密封性能要求分别见表7-1～表7-3。

节水型陶瓷片密封水嘴流量要求　　　　　　　　　　表7-1

产品类型	测试条件	流量范围（L/min）
面盆、净身器、洗涤器水嘴	动压（0.1±0.02）MPa，带附件	2.0～7.5
淋浴水嘴	动压（0.3±0.02）MPa，不带附件	12.0～15.0

节水型陶瓷片阀体强度技术要求　　　　　　　　　　表7-2

检测部位	出水口状态	试验压力（MPa）	保持时间（s）	技术要求
进水部位（阀座下方）	打开	2.5±0.05	60±5	无变形、无渗漏
进水部位（阀座下方）	关闭	0.4±0.02	60±5	无渗漏

水嘴的密封性能要求　　　　　　　　　　表7-3

检测部位	阀芯及转换开关位置	出水口状态	用冷水进行试验			用空气在水中进行试验		
			试验条件		技术要求	试验条件		技术要求
			压力（MPa）	时间（s）		压力（MPa）	时间（s）	
连接件	用1.5Nm	开	1.6±0.05 0.05±0.01	60±5	无渗漏	0.6±0.02 0.02±0.001	20±2	无气泡
阀芯	关闭	开	1.6±0.05	60±5		0.6±0.02	20±2	
冷、热水隔墙		开	0.4±0.02	60±5		0.2±0.01	20±2	

续表

检测部位		阀芯及转换开关位置	出水口状态	用冷水进行试验			用空气在水中进行试验		
				试验条件		技术要求	试验条件		技术要求
				压力（MPa）	时间（s）		压力（MPa）	时间（s）	
手动转换开关	转换开关在淋浴位	浴盆位关闭	堵住淋浴出水口打开浴盆出水口	0.4±0.02	60±5	浴盆出水口无渗漏	0.2±0.01	20±2	浴盆出水口无气泡
	转换开关在浴盆位	淋浴位关闭	堵住浴盆出水口打开淋浴出水口	0.4±0.02	60±5	淋浴出水口无渗漏	0.2±0.01	20±2	淋浴出水口无气泡
自动复位转换开关	转换开关在浴盆位1	淋浴位关闭	两出水口打开	0.4±0.02（动压）	60±5	淋浴出水口无渗漏	—	—	—
	转换开关在淋浴位2	浴盆位关闭			60±5	浴盆出水口无渗漏	—	—	—
	转换开关在淋浴位3	浴盆位关闭		0.05±0.01（动压）	60±5	浴盆出水口无渗漏	—	—	—
	转换开关在浴盆位4	淋浴位关闭			60±5	淋浴出水口无渗漏	—	—	—

注：表中凡未特别标注的压力均指静态压力。用冷水进行试验和用空气在水中进行试验是等效的。

7.4.2 节水型延时自闭水嘴

节水型延时自闭水嘴开启一次的给水量不应大于 1.0L/s，开启一次给水时间为 4～6s，密封性能、阀体强度要求分别见表 7-4、表 7-5。

延时自闭水嘴密封性能要求　　　　　　　　　　　　表 7-4

检测部位	静态水压（MPa）	保持时间（s）	技术要求
阀体密闭面	1.6±0.05	60±5	阀体密闭面无渗漏
	0.6±0.02	20±5	
上密封	0.3±0.02	60±5	各连接部位无渗漏
连接件	0.05±0.02	60±5	各密封连接部位无渗漏

延时自闭水嘴阀体强度技术要求 表 7-5

检测部位	出水口状态	静态压力（MPa）	保持时间（s）	技术要求
进水部位 （阀座下方）	打开	2.5±0.05	60±5	无变形、无渗漏
进水部位 （阀座下方）	关闭	0.4±0.02	60±5	无渗漏

7.4.3 节水型便器

节水型便器按照表 7-6 规定试验静压力测试方法，分为节水型便器和高效节水型便器。

便器用水量试验静压力 表 7-6

便器类型	坐便器、蹲便器		小便器
冲水装置类型	重力式（MPa）	压力式（MPa）	压力式（MPa）
试验压力	0.14	0.24	0.17
	0.35		
	0.55		

蹲便器、坐便器、小便器对应技术要求如下：

（1）蹲便器

节水型蹲便器名义用水量应符合表 7-7 的规定，实际用水量不得大于名义用水量；双冲式蹲便器的半冲平均用水量不得大于全冲水用水量最大限定值的 70%；

节水型双冲式蹲便器全冲水用水量最大限定值（V_0）不得大于 7.0L；高效节水型双冲式蹲便器全冲水用水量最大限定值（V_0）不得大于 6.0L。

蹲便器名义用水量 表 7-7

分类	用水量（L）
节水型蹲便器	≤6.0
高效节水蹲便器	≤5.0

（2）坐便器

坐便器名义用水量应符合表 7-8 规定，实际用水量不得大于名义用水量；双冲式坐便器的半冲平均用水量不得大于全冲水用水量最大限定值的 70%；节水型双冲式坐便器的全冲水用水量最大限定值（V_0）不得大于 6.0L；高效节水型双冲式坐便器全冲水用水量最大限定值（V_0）不得大于 5.0L。

坐便器名义用水量 表 7-8

分类	用水量（L）
节水型坐便器	≤5.0
高效节水坐便器	≤4.0

（3）小便器

节水型小便器的平均用水量应不大于 3.0L，高效节水型小便器平均用水量应不大于 1.9L。

节水型便器除满足水量技术要求外，还应满足水封回复功能、洗净功能等，具体详见现行国家标准《节水型卫生洁具》GB/T 31436。

7.4.4　节水型机械式压力冲洗阀

节水型机械式压力冲洗阀冲洗水量应符合表 7-9 的要求，冲洗水量可调节的产品，应有明确说明水量调节范围。

节水型机械式压力冲洗阀用水量　　　　　　表 7-9

产品类型	冲洗水量（L）	
	节水型	高效节水型
坐便器冲洗阀	≤5.0	≤4.0
蹲便器冲洗阀	≤6.0	≤5.0
小便器冲洗阀	≤3.0	≤1.9

7.4.5　非接触式给水器具

非接触式给水器具发展很快，技术含量高于传统的给水器具，节水型非接触式给水器具的使用性能要求见表 7-10，冲洗水量可调节的产品，应有明确说明水量调节范围。

节水型非接触式给水器具使用性能技术要求　　　　表 7-10

序号	项目	技术要求				
		水嘴	淋浴器	小便器用冲洗阀	坐便器用冲洗阀	蹲便器用冲洗阀
1	节水型用水量	—	—	≤3.0L	≤5.0L	≤6.0L
	高效节水型用水量	—	—	≤1.9L	≤4.0L	≤5.0L
2	流量	动压(0.10±0.01)MPa：2.0～7.5L/min	动压(0.30±0.02)MPa：12.0～15.0L/min	动压(0.10±0.01)MPa 最大瞬时流量： DN25 或以上：≥72L/min DN15、DN20：≥7.2L/min		
3	控制距离误差/%	±15				
4	开启时间/s	≤1	≤1	—	—	—
5	关断时间/s	≤2	≤2	—	—	—
6	密封性能	在静压 (0.05±0.01) MPa 和 (0.06±0.02) MPa 下保持 30s，出水口处无渗漏				
7	强度性能	在静压 (0.05±0.02) MPa 下保持 30s，阀体及各连接处无渗漏、冒汗等现象，阀体应无敲损或明显变形				

注：冲水用水量不大于 1L 的冲洗阀无此要求。

非接触式水嘴、淋浴器其他技术要求应符合现行行业标准《非接触式给水器具》CJ/T 194的规定；非接触式小便器冲洗阀、坐便器冲洗阀、蹲便器冲洗阀的其他技术要求应符合现行国家标准《卫生洁具、便器用压力冲水装置》GB/T 26750相关规定。

7.4.6 节水型淋浴器

节水型淋浴器的流量应符合表7-11的要求。平均喷射角应为：$0°\leq\alpha\leq8°$；喷洒均匀度要求在直径120mm范围内，接受的水量不大于总水量的70%且不小于40%，在直径420mm范围内，接受的水量不小于总水量的95%。

流量要求（单位：L/s） 表 7-11

流量等级	动压 0.10MPa 时	动压 0.30MPa 时
Ⅰ 级	$Q_2\leq0.10$	$Q_2\leq0.12$
Ⅱ 级	$Q_2\leq0.12$	$Q_2\leq0.15$
Ⅲ 级	$Q_2\leq0.15$	$Q_2\leq0.20$

7.4.7 节水器具用水效率及均匀性要求

节水器具节水水平一般分为3级或5级，Ⅰ级表示节水最好。节水器具的用水量、均匀性等性能均按照相关国家、行业标准规定进行测试。不同类型节水器具用水效率及均匀性要求分别见表7-12～表7-19。

1. 水嘴

水嘴节水要求及水平分级 表 7-12

指标		Ⅰ 级	Ⅱ 级	Ⅲ 级	Ⅳ 级	Ⅴ 级
流量 V (L/min)	洗面器水嘴 厨房水嘴	≤3.0	≤3.5	≤4.0	≤4.5	≤6.0
	普通洗涤水嘴	≤4.5	≤5.0	≤5.5	≤6.0	≤7.5
流量均匀性 ΔF (L/min)	洗面器水嘴 厨房水嘴	≤0.5	≤1.0	≤1.5	≤2.0	≤3.0

2. 淋浴器

淋浴器节水要求及水平分级 表 7-13

指标		Ⅰ 级	Ⅱ 级	Ⅲ 级	Ⅳ 级	Ⅴ 级
流量 V (L/min)	手持式花洒 固定式花洒	≤4.0	≤4.5	≤5.0	≤5.5	≤6.0
流量均匀性 ΔF (L/min)	手持式花洒	≤1.0	≤2.0	≤3.0	≤3.5	≤4.0
喷射力 f (N)	手持式花洒	≥1.20	≥1.10	≥1.00	≥0.90	≥0.85

3. 坐便器

坐便器节水要求及水平分级 表 7-14

指标			Ⅰ级	Ⅱ级	Ⅲ级	Ⅳ级	Ⅴ级
用水量 (L)	单、双冲式坐便器	平均用水量 V	≤3.0	≤3.5	≤4.0	≤4.5	≤5.0
	双冲式坐便器	全冲用水量 V_1	≤4.0	≤4.5	≤5.0	≤5.5	≤6.0
		半冲用水量 V_2	≤2.8	≤3.2	≤3.5	≤3.9	≤4.2
冲洗功能	洗净功能 （总长 L；单段 I）		无残留	$L≤10mm$ $I≤4mm$	$L≤20mm$ $I≤7mm$	$L≤35mm$ $I≤10mm$	$L≤50mm$ $I≤13mm$
	固体物排放功能	球排放 n	100	≥98	≥96	≥93	≥90
		颗粒排放 （3次平均存水弯可见聚乙烯颗粒 n_1；尼龙球 n_2）	$n_1≤10$ n_2 完全排出	$n_1≤35$ $n_2≤1$	$n_1≤65$ $n_2≤3$	$n_1≤95$ $n_2≤4$	$n_1≤125$ $n_2≤5$
		混合介质排放	第一次全部冲出	第一次冲出 27 个，第二次全部冲出	第一次冲出 25～26 个，第二次全部冲出	第一次冲出 23～24 个，第二次全部冲出	第一次冲出 22 个，第二次全部冲出
	排水管道输送特性（d）		18m	≥17m	≥16m	≥14m	≥12m

4. 智能坐便器

智能坐便器节水要求及水平分级 表 7-15

指标			Ⅰ级	Ⅱ级	Ⅲ级	Ⅳ级	Ⅴ级
冲洗用水量 (L)	单、双冲式智能坐便器	平均用水量 V	≤3.0	≤3.5	≤4.0	≤4.5	≤5.0
	双冲式智能坐便器	全冲用水量 V_1	≤4.0	≤4.5	≤5.0	≤5.5	≤6.0
		半冲用水量 V_2	≤2.8	≤3.2	≤3.5	≤3.9	≤4.2
清洗用水量 (L)	单、双冲式智能坐便器	平均清洗用水量 V_3	≤0.25	≤0.30	≤0.35	≤0.40	≤0.50
冲洗功能	洗净功能 （总长 L；单段 I）		无残留	$L≤10mm$ $I≤4mm$	$L≤20mm$ $I≤7mm$	$L≤35mm$ $I≤10mm$	$L≤50mm$ $I≤13mm$
	固体物排放功能	球排放 n	100	≥98	≥96	≥93	≥90
		颗粒排放（3次平均存水弯可见聚乙烯颗粒 n_1；尼龙球 n_2）	$n_1≤10$ n_2 完全排出	$n_1≤35$ $n_2≤1$	$n_1≤65$ $n_2≤3$	$n_1≤95$ $n_2≤4$	$n_1≤125$ $n_2≤5$
		混合介质排放	第一次全部冲出	第一次冲出 27 个，第二次全部冲出	第一次冲出 25～26 个，第二次全部冲出	第一次冲出 23～24 个，第二次全部冲出	第一次冲出 22 个，第二次全部冲出
	排水管道输送特性 d		18m	≥17m	≥16m	≥14m	≥12m

5. 蹲便器

蹲便器节水要求及水平分级　　　　　　　　　　　　　表 7-16

指标			Ⅰ级	Ⅱ级	Ⅲ级	Ⅳ级	Ⅴ级
用水量 （L）	单冲、双冲式 蹲便器	平均用水量 V	≤4.0	≤4.5	≤4.8	≤5.2	≤5.6
	双冲式蹲便器	全冲用水量 V_1	≤5.0	≤5.5	≤6.0	≤6.5	≤7.0
		半冲用水量 V_2	≤3.5	≤3.9	≤4.2	≤4.6	≤4.9
冲洗功能	洗净功能 （总长 L；单段 I）		无残留	$L≤10mm$ $I≤4mm$	$L≤20mm$ $I≤7mm$	$L≤35mm$ $I≤10mm$	$L≤50mm$ $I≤13mm$
	排放功能 n		$n=12$			≥10	

6. 小便器

小便器节水要求及水平分级　　　　　　　　　　　　　表 7-17

指标	Ⅰ级	Ⅱ级	Ⅲ级	Ⅳ级	Ⅴ级
平均用水量 V（L）	≤0.5	≤0.8	≤1.0	≤1.2	≤1.5
洗净功能 （总长 L；单段 I）	无残留	$L≤7mm$ $I≤4mm$	$L≤13mm$ $I≤7mm$	$L≤19mm$ $I≤10mm$	$L≤25mm$ $I≤13mm$

7. 便器冲洗阀

便器冲洗阀节水要求及水平分级　　　　　　　　　　　　表 7-18

指标			Ⅰ级	Ⅱ级	Ⅲ级	Ⅳ级	Ⅴ级
大便器冲洗阀	冲洗水量 V（L）		≤3.6	≤3.8	≤4.0	≤4.5	≤5.0
	峰值流量 （L/min）	机械式、压力式	≥100.2				
		非接触式	≥72.0				
小便器冲洗阀	冲洗水量 V（L）		≤1.0	≤1.5	≤2.0	≤2.5	≤3.0
	峰值流量（L/min）		≥7.2				

8. 旋转式喷头

旋转式喷头节水要求及水平分级　　　　　　　　　　　　表 7-19

指标	公称流量 Q（m³/h）	Ⅰ级	Ⅱ级	Ⅲ级
流量一致性①	$Q≤0.25$	≤4.0%	≤5.0%	≤6.0%
	$0.25<Q≤5.0$	≤2.0%	≤3.0%	≤4.0%
密封性要求②	$Q≤5.0$	≤1.5%		

① 规定试验压力下喷头流量的变化量；

② 旋转轴承处泄漏量相对于试验压力下喷头的流量。

7.4.8　公共建筑节水器具选用原则

节水器具要根据公共建筑实际使用情况进行合理设计、精心选择，才能最大程度发挥节水作用，对于节水器具一般按照下列要求选用：

（1）选用的节水器具应符合现行国家标准《民用建筑节水设计标准》GB 50555 的规定。

（2）节水器具应采用符合现行国家标准《水嘴水效限定值及水效等级》GB 25501、《坐便器水效限定值及水效等级》GB 25502、《小便器水效限定值及水效等级》GB 28377、《淋浴器水效限定值及水效等级》GB 28378、《蹲便器水效限定值及水效等级》GB 30717、《智能坐便器能效水效限定值及等级》GB 38848、《旋转式喷头节水评价技术要求》GB/T 39924 等水效标准的产品。公共建筑宜选用符合标准的Ⅰ级性能要求的节水器具。

（3）公共建筑应采用能自动关闭的节水器具，并宜采用非接触式。

（4）公共建筑淋浴场所淋浴器应采用感应式淋浴器或脚踏式淋浴器；集中供应热水系统中的淋浴器宜采用恒温调温混水阀及具备温度显示功能，具有调节冷热水压力平衡能力且设有止回功能。

（5）临时场所的公共卫生间宜采用无水小便器，并具备处理措施。

（6）坐便器、蹲便器宜采用双冲式坐便器、蹲便器；小便器、蹲便器宜采用延时自闭式冲洗阀、感应式冲洗阀等产品。

（7）水嘴、淋浴用花洒宜选用带有限流配件的产品。

7.4.9 小结

本章主要对公共建筑常用的节水器具进行总结，并对不同节水器具的具体技术要求进行详细阐述，希望能给相关的技术人员和研发人员提供参考。

节水器具真正发挥节水作用需要从产品生产、设计到最后管理运行等多个环节共同努力才能得以实现节水的功效。对于生产企业，要不断提升技术水平，研发更多更好的节水器具；对于设计人员，要根据公共建筑实际情况进行合理设计并精心选择节水型器具；对于业主，要优先选择最优的节水器具，淘汰落后产品；对于管理者，要根据不同的节水器具特征进行针对性的维护管理。在各方共同努力下，才能使节水器具的使用产生明显的节水效益、经济效益和社会效益，将公共建筑节水落到实处，将公共建筑节水精细化控制管理落到实处。

第8章　公共建筑节水管理指标

8.1　公共建筑节水管理概述

节水管理是指在用水过程中，通过计划、组织、协调、控制和监督等手段，实现以提高用水效率为目标的活动。

我国公共建筑数量多、人员集中、节水潜力大，同时，公共建筑的社会影响力大、社会示范带动力强，做好公共建筑的节水管理工作，必会对促进全社会形成节约用水的良好风尚起到重要作用。

公共建筑应设立用水节水管理岗位、明确职责并配备相应的资源；公共建筑应遵守有关用水节水的法律法规、政策、标准和其他要求，制定适宜的节水方针和可量化的节水目标；公共建筑应建立并实施节水宣传和培训制度，有计划地传达节水方针和目标、宣讲节水知识和技能，提高节水意识，培育节水生活工作模式；公共建筑应制定并实施行为节水规范、张贴节水标识和标语；公共建筑应运用价格、财税、金融政策促进水资源节约和高效利用。

8.2　组　织　管　理

8.2.1　政策法规与规章制度

城市水管理机构的法规是以水法为中心的，以相关法律、法规、规章和众多规范性文件的有关内容作为补充的法规体系，其表现形式按照节水法律和原则、制定主体、效力层次、制定程序等可分为以下几种：

（1）水事行政法律。水事行政法律是由国家最高权力机关全国人民代表大会及其常务委员会制定和颁布的规范性文件，是法律中水事行政管理活动的规范性文件的总称。法律可以设定各种行政处罚。

（2）节水行政法规。节水行政法规是最高国家行政机关国务院根据宪法和法律，依据法定程序制定的有关节水行政管理的规范性文件的总称。行政法规可设定除限制人身自由以外的各种行政处罚。

（3）地方性节水法规。地方性节水法规是指由省、自治区、直辖市人民代表大会常务委员会颁布的节水管理规范性文件，以及省、自治区、直辖市人民代表大会常务委员会批准的省、自治区人民政府所在地的市和经国务院批准的较大的市的人民代表大会及其常务委员会制定的节水管理性文件。其中，省、自治区人民政府所在地的市和经国务院批准的较大的市人民代表大会及其常务委员会制定的地方性节水法规，应报省、自治区、直辖市的人民代表大会常务委员会批准后才能施行。所有地方性节水法规的发布，都应报全国人民代表大会常务委员会和国务院备案。地方性节水法规不得与宪法、法律、节水行政法规相抵触。地方性法规可以设定除限制人身自由、吊销企业营业执照以外的行政处罚。

（4）节水行政规章。节水行政规章包括部门规章和人民政府规章。部门节水规章是指国务院城市建设行政主管部门发布的或与国务院其他部委联合发布的节水管理规范性文件的总称。地方性人民政府节水规程是指省、自治区、直辖市人民政府和省、自治区人民政府所在地的市人民政府，以及经国务院批准的较大的市的人民政府制定的节水管理规范性文件的总称。对尚未制定节水相关法规、部门节水规章和地方人民政府节水规章，对违反水行政管理程序的行为，可以设定警告或一定数量罚款的行政处罚。

（5）其他规范性文件。节水法规、规章之外的其他规范性文件是指市、县（区）、镇人民政府以及县级以上人民政府所属城市建设管理部门和其他行业主管部门，依据法律、法规、规章和上级规范性文件，并按法定权限和规定程序制定的，在本地区、本部门具有普遍约束力的规定、办法、实施细则等。除法律、行政法规、地方性法规、部门规章和地方人民政府规章以外的其他规范性文件不得设定行政处罚。

为贯彻落实党的十九大精神，大力推动全社会节水，全面提升水资源利用效率，形成节水型生产生活方式，保障国家水安全，促进高质量发展，发展与改革委员会、水利部特制定《国家节水行动方案》。方案指出，要建立健全节水政策法规体系，完善市场机制，使市场在资源配置中起决定性作用和更好发挥政府作用，激发全社会节水内生动力。到2020年，万元国内生产总值用水量、万元工业增加值用水量较2015年分别降低了23％和20％，以上规模工业用水重复利用率达到91％以上，农田灌溉水有效利用系数提高到0.55以上，全国公共供水管网漏损率控制在10％以内。到2035年，形成健全的节水政策法规体系和标准体系、完善的市场调节机制、先进的技术支撑体系，节水、护水、惜水成为全社会自觉行动，全国用水总量控制在7000亿m³以内，水资源节约和循环利用达到世界先进水平，形成水资源利用与发展规模、产业结构和空间布局等协调发展的现代化新格局。

为深入贯彻落实《国家节水行动方案》，国家机关事务管理局办公室、国家发展和改革委员会办公厅、水利部办公厅联合印发了《公共机构节水管理规范》GB/T 37813—2019，旨在更好地指导公共建筑节水工作，提高其用水效率，切实发挥公共建筑在节水中的引领示范作用。《公共机构节水管理规范》规定了公共机构节水管理的相关术语和定义、基本要求和运行管理要求。该标准适用于公共建筑，其他提供类似社会服务功能的建筑可参照执行。《公共机构节水管理规范》要求，公共机构应有人负责用水节水管理工作，明确职责并配备相应的资源。同时建立并实施节水宣传和培训制度，有计划地向员工传达节水方针和目标，定期宣讲节水知识、培训节水技能，以提高节水意识，培育节水生活和工作模式。公共建筑应遵守国家和地方主管部门制定的有关取水定额和人均水资源消耗指标的要求，合理规划和核算取水量，做到总量控制、定额管理。

8.2.2　监管平台

《国家节水行动方案》指出，要严格实行计划用水监督管理。逐步建立节水目标责任制，将水资源节约和保护的主要指标纳入经济社会发展综合评价体系，实行最严格的水资源管理制度考核。完善监督考核工作机制，强化部门协作，严格执行节水责任追究制度。严重缺水地区要将节水作为约束性指标纳入政绩考核。到 2020 年，建立国家和省级水资源督察和责任追究制度。对重点地区、领域、行业、产品进行专项监督检查。实行用水报告制度，鼓励年用水总量超过 10 万 m^3 的企业或园区设立水务经理。建立倒逼机制，将用水户违规记录纳入全国统一的信用信息共享平台。到 2020 年，建立国家、省、市三级重点监控用水单位名录。到 2022 年，将年用水量 50 万 m^3 以上的工业和服务业用水单位全部纳入重点监控用水单位名录。

切实做好社会各界群众监督、新闻舆论监督等公众监督工作。加强环境决策民主化，让群众参与决策，让公众监督决策，凭借公众的力量，及时准确地找到决策中的漏洞和偏差，及时补救和处置。公众以已经颁布的国家法律或条例为依据，监督环境立法、执法机关的工作，指出环境立法、执法过程中的错误、对于工作懈怠及滥用职权的，造成严重后果的，可以要求相关部门或人员承担相应的责任。充分利用电子管理、电子监控等现代科技手段，全过程、全方位地严密监控具体事务的运作及有关人员的操作等情况。完善科学运行体系。充分利用智能计算机、网络虚拟等科技手段，对事务的决策和实施方案，进行严谨、细致、深入地检验，及时发现问题，堵塞漏洞，完善决策和操作方案。推行电子政务自动化办公手段，消除人为操作的随意性和疏忽性，从而确保决策的科学性、管理的严谨性、操作的规范性和结果的公允性，保障公众的知情权和监督权。并通过采取政务公开、网上公示、开通环境投诉热线等方式，保证公众参与监督渠道的畅通，维护公众的监督权。完善投诉系统，随时接听群众投诉，保证每一起有效投诉在规定的时间内有结果、有回复。对公众投诉、举报查实的重点污染企业应曝光。

为提升水资源配置效率，进一步推进水权市场建设，达到节约用水目的，政府应积极探索创新行政监管职能，形成与水权交易市场配套的监管机制。如水价控制机制、市场监督管理机制、政府履责评价机制等。应积极转换政府角色，将政府水资源分配的决策权、执行权分离，避免有可能出现的权力寻租行为，从源头上保障水权市场运行的公平性。适当利用价格杠杆，既要保障激发市场活力，又要把握好水资源的安全性原则。为提高对水权市场监管的有效性，在建立政府监管政策时，既要注意监管的刚性，也要注意监管政策的弹性。监管体系建设要有可操作性，厘清水权市场监管思路，防止出现过去多头管理的尴尬局面。在进行水权监管的同时，更要对监管者进行必要的约束，防止监管权力分配不合理时，造成扰乱市场及过多干预等不利影响。建立政府责任履行的评估机制，是公共管理中改进政府职能的重要举措。不但是对政府责任履行进行动态监督、提高政府责任意识的有效途径，还可以保障对水权市场建设中出现的政策偏差进行及时矫正。水权市场建设中的政府责任履行评估的实际操作应基于对既定指标全面运用事实评估与价值评估手段。主要以各维度下具体指标的度量，以及对水权市场运行效率的测算、水权交易公众参与度的调查评估、公共和公众利益维护状况的衡量等为基础，通过对政府机构应有的责任承担与实际履行责任状况进行比较得以实现，通过对水权交易中经济、社会和生态三大效益有机统一的测度得以实现。

8.2.3　节水宣传

"世界水日"和"中国水周"是国际社会和我国政府组织的一项广泛宣传水资源的社会性、公益性活动，形式灵活多样，其目的是让公众充分认识节水型社会建设的意义，通过大众传媒，通俗易懂地普及环境保护知识，提高公众的参与热情和参与意识，营造有利于节水型社会建设的舆论氛围，增强公民节水意识，养成良好的用水习惯。通过新闻发布会、研讨会、座谈会等形式，及时宣传重大的水资源保护活动和重要的法律法规的颁布。利用典型调查、专题采访等形式，大力弘扬先进典型事例，公开曝光违法行为，提高公众的环境意识和法律观念。对大中小学生进行环境教育，确保未来全民环境保护意识的形成。政府应加强与民间环保组织的联系，并建立严格、有效的激励机制，充分发挥它们的积极作用。

节水除了依靠科技、机制外，还依靠公众的节水意识和节水观念，尤其是在科技达到一定水平、管理机制逐步完善的情况下，节水更在很大程度上依赖人们的用水行为和用水习惯，依赖于社会节水文化的培育。因此，公共建筑应加强日常节水宣传，将水情和节水教育纳入单位职工教育和培训内容，充分利用单位网络、宣传栏、显示屏等，发挥自身优势，广泛宣传节水技术、节水知识等，结合世界水日、节水宣传周等，组织开展节水主题活动，举办讲座，在主要用水区域和职工活动场所张贴节水标示和标语，营造单位节水氛围，倡导社会节水文化。

组织开展节水活动进企业、进校园、进社区活动。节水活动进企业。向各计划用水单位下发节水宣传活动通知，组织各单位结合实际，开展节水宣传活动，同时对供水管网、用水设施、器具进行全面检查，完善用水、节水管理制度和措施，不断提高节水工作管理水平。节水文化进校园。向校内师生发放节水宣传册、宣传笔袋、宣传海报、宣传手提袋，普及节水知识，弘扬节水文化，组织开展校园节水教育。号召大家从小处做起，节约每一滴水，并鼓励学生小手拉大手，把"珍惜水、爱护水"的意识带到家庭当中，努力培养良好的用水习惯。在食堂门口、教学楼、学生宿舍楼等多处放置节约用水海报，在用水点张贴"节约用水"提示牌，向同学们发放"节约用水"的宣传册，对节水知识进行宣讲，树立大家珍惜水、节约水、保护水的意识。节水宣传进社区。节水志愿者们走进社区组织开展节水宣传活动，以播放节水宣传片、发放节水宣传资料、开展节水知识有奖竞答等形式，向公众普及节水常识及生活节水小窍门，引导人人争当抵制浪费水的践行者，使节水理念更加深入人心。

8.2.4 用户参与

公众参与节水，一是指公众在用水过程中，获取节水信息，节约水资源，参与整个节水型社会的建设；二是指公众通过各种途径和方式，对政府节水政策和项目的确立、实施和评估提出意见和建议，施加影响，进行监督管理，防止决策偏离目标，保证决策的民主与科学，从而保障决策行之有效。以公众为服务对象的节水设施，其修建、使用和维护都离不开公众的内部信息和公众的参与。

知情权、参与权和监督权是公众在节水型社会建设中享有的主要权利，其中知情权是公众参与的前提和基础。公众只有获取准确的环境信息，才能有效地行使参与权。政府应当引导和动员公众积极参与节水型社会建设，通过听证、公开征求意见等形式，鼓励公众参与水量分配、水价制定、水权转让等决策，倡导文明的生产和消费方式；完善公众参与机制，畅通参与渠道，创造和扩大参与机会。建立信息公开制度、增加管理的透明度。通过固定媒体，包括报纸、网络、杂志等及时向全社会公布水资源利用状况、水行政执法监督结果、水价及收费形成细则等相关信息。建立健全水资源环境的信息公开制度，如定期发布水资源状况公报、公开有关决策与管理的信息和程序等，确保公众的知情权和参与权。环境信息公开，健全公众与政府信息互动的制度和工作机制，增加环境管理的透明度。多层次地搭建政府与公众对话平台，各级政府及有关部门应尊重和支持公众对水资源利用和保护的信息知情权，将决策、实施到结果全过程置于公众的监督之下。让公众了解辖区环境质量状况，参与政府的环境决策。创造公众参与环境管理的条件，有关行政主管部门应向公众公开执法依据、环境政策、办事程序、环境标准、收费项目和标准等公务内容。

8.3 工 程 管 理

8.3.1 节水工程设计

公共建筑应根据国家和地方主管部门制定的有关用水定额和人均水资源消耗指标，合理规划和核算用水量，做到总量控制、定额管理的同时，还应制定和实施切实可行的节水措施，以满足主管部门下达的节水指标要求。

公共建筑应依据节水方针和目标制定用水规划和节水措施。公共建筑应根据分质用水原则，合理设置供排水和回用水系统，实现合理用水。公共建筑应合理规划非常规水的利用，包括雨水的收集利用以及市政中水的使用。

按照节水型单位建设标准，依据水平衡测试结果，进行用水设施更新或节水技术改造。一般包括以下几点：安装使用节水器具。公共建筑用水主要包括办公及生活场所（如宿舍、活动中心等）卫生用水、食堂用水、浴室用水。在这些用水部位安装使用节水型器具是节水的一个有效方法，也是节水型单位建设的要求。浴室采用节水喷头具有显著的节水效果。按照《淋浴器水效限定值及水效等级》GB 28378—2019，采用水效 2 级的淋浴器就比水效 3 级的淋浴器节水 20％以上。充分利用中水用于冲厕、保洁、绿化等是公共建筑节约清水资源的有效途径之一。中水利用有两种方式，一是对具备接入市政中水的单位，直接接入市政中水；二是单位自建中水处理设施，将处理后的中水加以利用。尤其是对于学校，学生公寓盥洗间、学生浴室排水都是优质杂排水，是很好的中水水源，加之学校绿化、景观用水需求大，具有很好的中水利用条件。有效利用雨水资源是缺水地区节约用水的又一途径。对于公共建筑，尤其是占地面积大、硬化面积大的单位，应通过多种方式，拦蓄利用雨水，提高雨水利用率。雨水利用有直接利用、间接利用和综合利用三种方式。直接利用是指建设雨水收集回用系统，将一定汇水面积如屋面、路面、广场等上的雨水通过收集系统收集起来，贮存于雨水收集池，经处理后用于绿化、洗车、道路冲洒、冲厕等。间接利用是指通过铺装透水路面、修建下凹式绿地等，增加雨水入渗量，减小地面径流，补充土壤水和地下水。这是合理利用和管理雨水资源，改善生态环境的有效方法之一。与雨水直接排放和雨水集中收集、储存、处理与利用的技术方案相比，它具有技术简单、设计灵活、易于施工、运行方便、投资少、环境效益显著等优点。综合利用是指根据当地的条件，选择直接利用或间接利用，或两种利用方式的结合，以做到经济可行。一些单位办公楼安装有净水机，由于制水技术的限制，目前无论是集中式净水机，还是分散式净水机，都有大量尾水排放，有的设备产水率不足 50％，一半以上的水作为尾水排放。对此，一是改进净水设备，提高产水率；二是对设备尾水加以回收利用，杜绝直排浪费。

8.3.2　完善工程配套

节水设施包括节水器具、工艺、设备、计量设施、再生水回用系统和雨水收集利用系统。节水器具设备是指与同类器具与设备相比具有显著节水功能的用水器具设备或其他检测控制装置，在较长时间内免除维修，不发生跑、冒、滴、漏的无用耗水现象；设计先进合理，制造精良，使用方便，比传统用水器具设备的耗水量明显减少。节水器具设备包括龙头阀门类，淋浴器类，卫生洁具类，水位、水压控制类以及节水装置设备类等。再生水回用系统是指废水、污水经城市管网运送至污水处理厂适当处理后，达到一定的水质指标，满足某种使用要求，再进行有益回收利用。雨水收集利用系统是将雨水根据需求进行收集后，并经过对收集的雨水进行处理后达到符合设计使用标准的系统。

8.3.3　节水工程管理维护

公共建筑应建立供水、用水管道和设备的巡检、维修和养护制度，编制完整的用水管网系统图，定期对供水、用水管道和设备进行检查、维护和保养，保证管道设备运行完好，漏损率小于 2％，杜绝跑冒滴漏。公共建筑应加强重点用水设备管理，制定并实施重点用水设备操作规程。

节水"三同时"是指城市新建、改建、扩建项目的主体工程与节水技术措施同时设计、同时施工、同时投入使用，它是城市节水行政管理的重要措施之一。

节水"三同时"管理，从源头开始就强调节水，将管理的重心前移，在设计阶段就严格把关，为以后的管理打下良好的基础。

建设单位和建筑设计单位在进行设计项目的可行性研究和设计时，必须同时考虑项目的节水技术措施。对用水量较大的项目，应注明节水设施采用的工艺、技术特点、方案分析比较、技术标准和规范等内容，并提供必要的用水参数。按规定必须建设中水设施的项目，应同时规划设计中水设施。节水措施的主要设备（如冷却塔等）以及主要用水器具（如便器、便器水箱配件、水嘴、自闭冲洗阀等）必须符合国家节水有关要求。城市节水主管部门应参与工程项目的设计会审，参与施工图审查，并对节水设计、施工图提出审查意见。否则规划部门不予办理规划许可手续，建设主管部门不予办理施工许可手续。

建设单位必须将节水设施建设和主体工程同时安排施工，施工单位必须按照审查通过的节水设施施工图设计文件进行施工，保证节水设施的工程质量。节水设施的设计确需变更的须经原审图机构批准。擅自变更节水设计内容，造成施工与设计不相符的，由有关主管部门按照国家有关法律、法规和规章的规定进行处理。城市节水主管部门应在施工过程中，会同监理单位对项目的节水设施的施工建设情况进行监督检查，发现问题及时处理，加以整改。节水设施竣工后，城市节水主管部门要参与项目节水设施的竣工验收，不合格的不予通过整体验收。

建成后的节水设施必须与建设项目同时投入使用，未经城市节水主管部门同意，不得停止使用。建设工程项目投入运行前，建设单位应向城市节水主管部门申请用水计划。城市节水主管部门将根据建设项目投入运行后 3 个月的用水情况和相关用水定额按规定对其下达用水计划，并纳入计划管理。

节水型用水器具的管理主要是通过法律和行政措施，对节水型用水器具的生产、销售和使用等环节实施有效管理，杜绝假冒伪劣产品和落后淘汰产品的使用。

随着城市经济的发展和人民生活水平的提高，城市生活用水所占的比例逐渐增大，做好节水型用水器具的开发、推广、使用和管理，意义重大。目前，我国城市节水型用水器具的管理应重点做好以下几点：

（1）建立健全法律法规，完善产品质量标准体系。国家应尽快制定有关节水型用水器具的法律法规，对节水型用水器具的开发研究、生产、销售及推广应用建立一套完整的管理体系，明确各级管理部门的职责，严格依法管理。完善节水型用水器具产品质量标准体系，使各种配件具有同配性，并纳入设计规范。

（2）加强节水型用水器具生产销售和使用的统一管理，严格监督执法。要重点把好生产关，工商行政部门和行业管理部门对生产厂家的资格进行严格审查，对不具备生产资格或技术不达标的厂家限期整改或关停并转。加强对节水型用水器具的市场准入和销售市场监督检查，对销售不合格器具的网点坚决予以取缔。对城市所有新建、改建、扩建项目，严格执行"三同时"规定，对违反规定的严格处罚。

（3）采取措施，加强引导，加快新型节水器具产品的开发研制。

（4）积极宣传，提高市民对节水型用水器具的重视程度，提高节水型器具的普及率。

8.4 经 营 管 理

8.4.1 计量统计技术

统计工作是搜集、整理和分析客观事物总体数量方面资料的工作。城市节水统计工作就是要以科学的态度和方法，全面、系统、及时地搜集、整理和分析研究各种记录报表、数据、资料等，如实、全面地反映用水、节水及各项指标完成情况，为制定各项节水政策、编制节水计划、加强节水管理提供充分的依据。

城市节水统计指标的确定是城市节水统计工作的重要内容，其合理与否将直接影响整个统计工作的效果。城市节水指标只能反映节水状况的一个侧面，为了全面衡量，就需要用若干个指标组成指标体系进行考核评价。城市节水统计指标体系由水量指标和水率指标构成，分别反映总体水平和分体水平。

公共建筑应对公共系统取水和外购水进行严格控制，不得与家属区以及其他用户混用。公共建筑应按照现行国家标准《用水单位水计量器具配备和管理通则》GB 24789 和《公共机构能源资源计量器具配备和管理要求》GB/T 29149 的要求，制定用水计量管理制度，配备用水计量器具和管理人员，实施用水计量。公共建筑应在供暖系统、空调系统、游泳池、中水贮水池等特殊部位用水的补水管道上加装水量计量仪表，对补水量进行计量。公共建筑应定期对各种水量计量数据进行统计，从而分析各种水量的变化趋势和节水潜力。鼓励公共建筑对用水过程进行实时监控，实现动态水平衡和预警。

用水计量是水资源管理的重要内容和手段，也是水行政主管部门落实取水许可、水资源论证、水资源费征收和取用水、排水等管理制度，行使管理权的重要基础。建立和加强用水计量体系建设是水资源管理形式的要求，是有效实施相关制度的重要保证，是进行水资源管理及相关规划的基础。用水单位应当根据实际需要选择适合精度要求的用水计量器具对用水量进行计量，并应按照国家要求对用水计量器具进行首次强检和定期校核。节约用水管理部门根据现行国家标准《用水单位水计量器具配备和管理通则》GB 24789 对各个级别用水计量的用水限定值和水表配置率等要求对用水单位的水表安装情况进行监督检查。推进用水计量器具安装，是实行计划用水、节约用水，实现水资源科学配置的重要基础工作，是水资源管理工作的核心内容之一。建设计量系统、实行用水计量是保障单位合理用水、科学管理必不可少的基础措施。节水型单位标准要求建设节水型单位必须实行用水计量，其一级表计量率要达到100%，同时还要根据单位用水实际和主要用水部位分布设置水表，充分考虑管理需求，合理规划和建设次级水量计量系统，次级用水单位计量率不低于95%。

用水统计的作用，在于随时掌握用水动态、用水节水水平、发展趋势、缺水程度等，为水资源的科学管理奠定基础，并为制定和研究国民经济发展规划提供基本依据。建立一支专人负责、素质较高、能够熟练运用计算机的统计队伍。对用水统计队伍进行专业知识、计算机应用等方面的培训，全面提升用水统计队伍的素质。这是进行用水统计工作的第一要素，有了用水统计队伍，才可以谈用水工作。从中央到地方，建立用水统计数据库管理系统，方便用水统计。数据库管理系统具有统计数据能够永久保存、随时提取、按需要统计、提高工作效率等优点，建议水务主管部门、供水企业和重点单位用户若有条件，可以委托专业的数据库开发人员根据用水统计工作人员的具体需要，进行用水统计数据库管理系统的开发，建立供水、用水和节约用水数据传输系统与共享数据库，方便用水统计工作，提高工作效率。出台用水统计办法（细则）和制度，增强用水统计的可操作性。将用水统计纳入国民经济统计，使用水统计工作常态化。

8.4.2　信息化平台建设

为推动城市节水型社会建设，进一步做好节水管理工作，需进行节水信息管理系统的建设，节水信息管理系统以日常业务管理信息化为主要内容，充分整合用水及地下水位的实时监测数据，为水资源的现代化管理提供信息服务和技术支持，为管理人员提供高效的管理手段，提高工作效率，更好地为社会公众服务。

利用水资源数据采集与传输技术、计算机网络技术、数据库建设及查询技术、地理信息系统、多媒体技术等建立城市节水信息管理系统，为城市水资源管理工作提供工作平台。进行城市水资源相关信息综合数据库建设，包括空间数据库、业务数据库、基础信息数据库、实时数据库、综合数据库等。搭建用水户业务办理平台和中心信息管理平台，实现取水许可申请、审批、用水计划上报及下达、水资源费征收、取用水信息统计上报等日常业务的网络化管理，打通用水户和中心网上业务办理通道，进一步提高工作效率。以水资源信息及取用水信息为基础，与地理信息系统和信息管理系统相结合，实现对全区水资源数据的实时查询、统计分析以及水量的收支平衡分析与综合展示，既为业务人员日常办公及事务处理提供辅助工具，也使管理者能及时、准确、全面地掌握全区的水资源状况，满足辅助决策分析的需求。

信息平台以数据库为核心，以开放式协议语言为基础，采用面向对象和图形化的可编程技术，具有较强的兼容性和可扩展性；运行环境采用故障转移和均衡负载群集技术，保证了监控平台运行的安全性、稳定性以及数据处理的高效性；监控类型的多样化，可以在很短的时间内为用户定制新的服务流程，把新的待监控设备纳入监控平台，可以整合原有不同公司、不同语言开发的系统，实现多种监控设备及数据的集中管理。

8.4.3　水价制度

水价制度包括供水价格形成机制、管理机制和监督机制。水价是供水企业获取资金以维持简单再生产和扩大再生产的主要来源，水价水平的高低在很大程度上影响着供水行业的发展，制定合理的水价首先要考虑对生产成本的补偿，对其成本核算和定价实施监督。要明确水源工程供水的商品属性，制定和调整水价，要考虑投资成本的回收，要建立一种既能吸引投资，又能约束企业粗放经营行为的价格形成机制，鼓励供水单位主动降低成本，提高效率。供水企业既不允许凭借其垄断地位而获取超额利润，也不能因利润水平过低，使之丧失发展的动力，促进供水业健康发展。分析我国供水价格调整情况可知，政府宏观调控或干预的价格变动虽不能随物价指数变动作迅速反应，但都能根据水的供求关系及时调整水价。水是不可替代的资源，是关系国计民生的重要商品，既是生产资料，又是生活资料，具有很强的基础性和垄断性。而且供水行业生产过程受自然条件制约，供需双方不能自由选择，流通性相对较差，基本上是自然垄断行业。自然垄断行业买卖双方本身不易处于平等地位，因此，在相当长的时间内，供水工程必须实行政府定价或在政府干预下形成价格。其供水价格的形成也要建立在价值规律基础上，要符合市场经济原则。各类用户水价水平差别应建立在因用水特性不同而产生差别的供水成本基础之上。利用水价的杠杆作用，优化水资源配置，限制浪费减少超额需求，减缓水资源短缺矛盾，改变开发利用效率低、水的浪费和污染严重的局面。

充分发挥水价的经济杠杆作用，使其在需求和供给两方达到平衡，形成能真实反映市场需求、资源、服务、工程、机会、生态以及增量成本定价等全成本的水价机制。水价机制改革的突破口在于新水新价和超定额累进加价的实施上，应该制定合理的标准，以水价倒逼促进节水。根据再生水的投资运行成本、供水规模和供水水质，制定有利于鼓励再生水运行使用的合理的再生水价格政策，确保再生水设施能够持续稳定安全的运营。

节水激励机制是指用经济手段和措施对城市水资源进行集约利用与管理。其本质是基于有形的物质利益最大化和经济损失最小化的作用机制，借助一系列与社会利益最大化相关的经济手段调节和控制节水经济活动，调动利益相关方的积极性。

在科学构建节水激励机制的过程中，应当立足城市发展的客观规律和实际需求，管理原则应当包括以下几个方面：适当发挥水资源价格杠杆的调节作用，抑制水资源浪费无度的行为和倾向，以确保公共资源回归价值本位。借助适当的经济激励政策，鼓励非常规水资源的利用，积极发挥科技进步在制定节水措施方面的改善作用。改变原有的"经济效益优先"观念，节水建设还应当将环境效益和社会效益充分考虑在内。鉴于城市水资源使用产生的外部性和水资源日趋紧缺的实际困境，有必要构建积极的节水激励机制，更好地激发城市节水内驱力和外动力。就宏观层面而言，通过建立和完善价格激励机制，引导城市水资源管理的利益相关方采取有利于节水建设的行为机制。从微观层面出发，在借鉴发达国家先进的技术性管理手段的同时，辅以包括法律、法规以及政策在内的制度性措施。

坚持政府引导、市场调节。加强政府对城镇节水工作的引导和规制作用，健全政绩考核制度，同时充分发挥市场机制对资源的基础配置作用。强化财税支持政策，稳定税收优惠政策。地方政府保持稳定的年度节水财政投入，确保节水技术推广、节水设施建设与改造、节水器具的普及等。加大对生产和流通环节的节水补贴力度，贯彻落实节能减排、环境保护优惠政策。加快推进非常规水源利用政策法规的制定和完善。建立促进非常规水利用的价格机制，通过财政补贴、新水提价等方式保障非常规水源的价格优势。

8.5　管 理 绩 效 分 析

通过绩效分析的方法，可以评价公共建筑节水工程的各项管理措施效益。节水工程的效益分为社会效益、经济效益和环境效益三方面，经济效益可以通过计算得到明确数值，而社会效益和环境效益一般难以用货币量化形式表现。节水的直接效益表现为节约用水，降低用水量，保证了现有供水工程为城市提供稳定、可靠的水源，节省了开辟新水源所需花费的昂贵资金，同时也节省了基础建设费用以及因供水、排污和污水处理所产生的费用。节水的环境效益也较明显，因减少用水量，排放废水量也相应减少，避免了水环境及其他环境的污染。例如通过节水减少对地下水的开采量，可使地面沉降得到缓和，就是节水环境效益的一个体现。节水工程的投资保证了用水效率，进而保护了城市水资源，为社会经济的可持续发展提供了保障，维护了城市的生态环境，为子孙后代创造了财富，其社会意义非常深远。节约用水管理工作本身就是研究解决关于水资源合理利用和配置的技术经济问题，因此在节水工程的全生命周期中要加强经济观念、运用绩效分析方法评价各种节水项目，从而取得良好的节水效益。

节水工程效益分析具有以下特点：节水工程项目所产生的社会效益和环境效益难以量化，如人居生活环境改善、减少污染和城市水资源利用率提高等；还有一些效益，虽可以用经济尺度来衡量，但衡量的结果可能误差很大，例如：各个行业的万元产值取水量是不同的，效益分析的结果也不相同，节省的水资源可能创造更多的经济效益；许多节水项目，如污水资源化、雨水利用等，是以服务社会为主要目的，项目的受益者不一定是成本的负担者，因而节水项目效益受外在性的影响较大，以外在形式表现的效益究竟有多少可归功于该项目难以确定；效益中存在的各种不确定因素，如城市水资源的恢复、由于城市水环境的改善所带来的旅游事业的发展和地价的增值等都带有很大的不确定性，较难预测和估算；节水项目的产品价格（如中水价格）或所收取的服务费（如污水处理费）往往采取政府补贴政策，并不能反映其真实价值，这就需要利用一种假设的计算价格来估算其收益，往往有很大部分的效益是发生在较远的将来。

节水工程投资效益评价的原则有如下：必须符合国家经济发展的产业政策、投资的方针政策和有关的法律法规，必须在国民经济与社会发展的中长期计划、行业规划和地区规划指导下进行。计算节水工程投资效益时，除计算设计年的效益指标外，还应计算特殊干旱年的效益；应遵守数据指标的可比性原则、基础数据来源的可靠性和时间的周期性；采用国家规定的经济参数。分析节水工程投资效益时，除计算工程的直接效益外，还应计算其比较明显的间接效益，必要时还要考虑不可计量的无形效益。对于不能计量的无形效益，可作为定性因素加以分析。各项经济效益，应尽可能用货币指标表示。必须保证节水工程投资效益评价的客观性、科学性、公正性。

节水工程项目经济效益评价主要解决两类问题：一是项目方案的筛选问题，即项目方案能否通过的检验标准；二是项目方案的优劣问题，即不同项目方案的经济效益的大小问题。解决第一类问题的经济评价称为绝对经济效果评价；解决第二类问题的经济评价称为相对经济效果评价。任何工程项目的建设与运行，任何技术方案的实施，都有一个时间上的延续过程。也就是说，资金的投入与收益往往构成一个时间上有先有后的现金流量序列。例如，两笔等额的资金，由于发生的时间不同，它们在价值上是不相等的，发生在前的资金价值高，而发生在后的资金价值低。这表明，资金的价值是随时间增加的。资金随时间的推移而增加的价值就是资金的时间价值。如果经济评价不考虑资金的时间价值，则属于静态分析，静态分析只适用于简单情况下的项目经济评价。如果项目的不同方案，其建设期限、投资额、投资方式、投资时间、投入运行与达到设计能力的时间不同，或近、远期方案不同，此时经济评价需要考虑资金的时间价值，属于动态分析。

下面介绍几种在节水工程经济效益评价中常用和起重要作用的方法和指标。

（1）单位节水（新水量）成本

$$单位节水成本 = \frac{节水项目总成本（元）}{总新水量（m^3）} \tag{8-1}$$

此方法以每单位新水量的节水成本计。新水量是指所取用的自来水、地表水、地下水水源被第一次利用的水量，不包括海水、微咸水、污水、中水以及转供部分的水量，该节水项目总成本中应包括：节水设施的折旧大修费，其值可按节水项目固定资产投资的6.5%计算；动力费用，可按节水设施的实际电耗或按设计、运行参数计算；材料与辅助材料费，材料费包括节水设施运行所需的各种药剂、自用水等，辅助材料为设备运行所需的各种消耗品，对于水泵站、空压机站，辅助材料费按动力费用的3%计算；基本工资；其他费用。

进行节水项目经济效益评价时，原则上应取单位节水成本最低的方案。同不采取节水措施的情况相比，当节水项目的单位节水成本低于所需增加的单位新水量的成本时，该节水项目方案才是可行的。单位节水成本属静态分析评价指标。

（2）投资回收期法

投资回收期通常按现金流量表计算。

静态分析时，投资回收期是指项目投产后每年的净收入将项目全部投资收回所需要的时间，是考察项目财务上投资回收能力的重要指标。用静态投资回收期评价工程项目方案时，需要与国家有关部门或投资者意愿确定的基准静态投资回收期相比较。若小于或等于基准静态投资回收期，则项目方案可考虑接受；否则项目方案不可接受。

静态投资回收期指标的最大优点是概念清晰、简单易用，在一定程度上反映了项目方案的清偿能力，对项目方案风险分析比较有用。但是它的缺点和局限性也很明显：第一，静态投资回收期反映的是收回投资之前的经济效果，不能反映收回投资之后的经济状况；第二，没有考虑资金的时间价值。所以，静态投资回收期一般只宜于项目方案的粗略评或作为动态经济分析指标的辅助性指标。

动态投资回收期则考虑了资金的时间价值，它是按净现金流量现值的累计值计算的。累计净现金流量或净现金流量现值的累计值开始由负值变成正值时的年份即为节水项目的投资回收期。用动态投资回收期评价工程项目方案时，需要与国家有关部门或投资者意愿确定的基准动态投资回收期相比较。若小于或等于基准动态投资回收期，则项目方案可考虑接受；否则项目方案不可接受。投资回收期是一项绝对经济评价指标。以它评价节水项目方案时应以节水量相同为前提。

（3）投资收益率法

投资收益率就是项目在正常生产年份的净收益与投资总额的比值。根据不同目的，净收益可以是年利润，也可以是年利润税金总额。用投资收益率评价项目方案时，需要与国家有关部门确定的基准投资收益率相比较。若大于或等于基准投资收益率，则项目方案可考虑接受；否则项目方案不可接受。投资收益率属静态分析相对评价指标。

（4）净现值法

净现值法是对工程项目方案进行动态经济评价的重要方法之一。所谓净现值，是按一定的折现率将项目方案计算期内的各年净现金流量折现到同一时点（通常是期初即零时点）的现值累加值。若该时点净现值大于或等于零，则项目方案可考虑接受；否则项目方案不可接受。

（5）内部收益率法

内部收益率法是动态经济评价方法中的另一个最重要方法。内部收益率是当计算期内所发生的现金流入量的现值累计值等于现金流出量的现值累计值时的折现率，亦即相当于项目的净现值等于零时的折现率。通常将所求得的内部收益率与社会折现率相比，可判定项目的经济效益并决定取舍。

节水工程的投资效益评价层次。在技术经济中，通常将从企业角度进行的经济评价称为财务评价，是指在项目范围内考察效益与费用，按市场价格评价项目的经济效果，属微观经济评价，是节水项目经济评价的第一层次评价；将从国民经济或社会角度进行的经济评价称为国民经济评价或社会评价，是按照资源合理配置的原则，从国家整体角度考察效益与费用，采用理论价格评价项目的经济效果，属宏观经济评价。后者与前者的主要区别在于，进行经济评价时需考虑间接效益或外部效益，即进行所谓的费用效益分析。尽管财务评价和国民经济评价的经济评价方法与指标类似，但费用、效益的计算范围、内容、所用的经济参数等有较明显的区别。

除经济效益评价外，财务评价也是分析节水项目绩效的重要方法。财务评价主要分析项目的效益和费用，其特点是可以考察评价项目的建设和运营风险程度。财务评价方法和指标如下：

（1）节水项目财务评价

财务评价有时又称财务分析或企业经济评价。它从企业角度出发，研究水资源利用的局部优化问题。根据国家现行财税制度和价格体系，分析、计算项目直接发生的财务费用和效益，编制各种财务报表，计算评价指标，考察项目的赢利能力、清偿能力和外汇平衡等财务状况，据此判断项目的财务可行性。同时进行不确定性分析，考察项目的风险承受能力，进一步判断项目在经济上的可行性。节水项目财务评价是国民经济评价的前提和基础，同时也是判断该项目是否值得投资的重要依据。

为了对投资项目的费用与效益进行计算、衡量并判断项目的经济合理性，需要确定一系列基准数值，这些数值称为"经济评价参数"。在进行财务评价时，采用的主要参数有财务基准收益率、基准投资回收期、基准投资利润率和基准投资利税率等。它们都是按照各行业的现行财税条件测定的，如果财政、税收和价格等有了较大的变化，就应该及时对这些参数加以调整。

对节水项目进行财务评价，主要是通过各种财务报表计算各项财务评价指标，进行分析和评价。而编制财务报表，首先应对项目的费用和效益进行正确的划分。它是以项目的实际收支状况为标准进行的，不考虑项目的外部效益。对于那些虽由项目实施而引起的但不为企业所支付或获取的费用和效益，则不予计算。

节水项目的费用主要由节水项目的总投资和经营成本组成。节水项目收益主要有四个方面组成：节约新鲜水收入；减少的污水处理费等；固定资产残值；补贴，国家或地方为鼓励和扶持节水项目而给予的补贴应视为节水项目的收入。

（2）国民经济评价

国民经济评价是按照资源合理配置的原则，从国家整体角度考察项目的效益和费用，用影子价格、影子工资、影子汇率和社会折现率等国民经济评价参数分析、计算项目对国民经济的净贡献，评价项目的经济合理性。国民经济评价可以在财务评价的基础上进行，也可以直接进行。

国民经济评价参数是指国家为审查建设项目是否符合国民经济整体利益而规定的一些基本参数。由于这些参数是由国家确定并予以颁布的，因此，也称国家参数。常用的国民经济评价参数主要有影子价格、影子汇率、影子工资和社会折现率等。

第9章 公共建筑节水精细化控制与运维管理

公共建筑节水管理工作要体现精细化，一是要完善节水管理制度。建立节水管理岗位责任制，明确节水管理部门、人员和岗位职责。制定巡回检查、设备维护、用水计量等用水管理制度。二是要实施常态化节水管理。严格用水设施设备的日常管理，定期巡护和维修，杜绝跑冒滴漏。依据国家有关标准，配备和管理用水计量器具，建立完善、规范的用水记录，建立用水实时监控平台，加强用水总量控制和节水效率评估。三是要积极推广使用先进实用的节水新技术、新产品，淘汰不符合节水标准的用水设备和器具，开展卫生洁具、食堂用水设施、空调设备冷却系统、老旧供水管网、耗水设备等节水改造。绿化用水应采用喷灌、滴灌等高效节水灌溉方式。四是要积极利用非常规水。建设再生水利用系统和灰水处理装置。空调冷凝水应进行收集利用，绿化和景观用水尽量利用非常规水。五是要强化节水宣传。在主要用水场所和器具的显著位置张贴节水标识。定期发布节水信息，开展节水宣传主题活动，普及节水知识，营造良好节水氛围。

9.1 规 章 制 度

制度建设作为节水建设的重要组成部分，是落实节水优先方针的首要条件，对公共建筑节水管理起着主导作用。公共建筑节水制度主要包括用水计量统计制度、节水管理与巡回检查制度、设备维护和保养制度、管理培训与绩效评价制度，以及节水技术改造与宣传制度。

9.1.1 用水计量统计制度

用水计量与统计是水资源管理的重要内容和手段，也是水行政主管部门落实各项用水管理制度与行使管理权的重要基础。建设计量系统、实行用水计量可以实现单位合理用水与科学管理。《用水单位水计量器具配备和管理通则》GB 24789—2009 要求建设节水型单位必须实行用水计量，其一级表计量率要 100%，同时还要根据单位用水实际和主要用水部位分布，充分考虑管理需求，合理规划和建设次级水量计量系统，次级用水单位计量率不低于 95%。

1. 水计量制度

用水单位应建立水计量管理体系，形成文件，实施并保持和持续改进其有效性。建立、保持和使用文件化的程序来规范水计量人员行为、水计量器具管理和水计量数据的采集和处理。

2. 水计量人员

用水单位应设专人负责水计量器具的管理，负责水计量器具的配备、使用、检定（校准）、维修、报废等管理工作。用水单位的水计量管理人员应通过相关部门的培训考核，持证上岗。用水单位应建立和保存水计量管理人员的技术档案。

3. 计量数据

用水单位应建立能源资源计量数据管理与分析制度，按月、季、年及时统计各种主要能源和水消耗量。建立能源资源统计报表制度，统计报表数据应能追溯至计量测试记录。能源资源计量数据记录应采用表格形式，记录表格应便于数据的汇总与分析，应说明被测量与记录数据之间的转换方法或关系。

4. 定期开展水平衡测试

水平衡测试是查找供水管网和用水设备设施运行状况、定量分析单位用水水平和管理水平、制定节水技改方案的重要手段，通过水平衡测试可以帮助分析各部位用水情况和用水效率，查找单位存在的隐蔽漏水点，进而指导整改工作。

根据所测数据及各部门的情况汇总，进行合理用水分析，通过分析要找出用水不合理的地方，挖掘节水潜力，提出整改措施方案及措施实施后的节水预期。

按照《用水单位水计量器具配备和管理通则》GB 24789—2009 和有关要求配备、使用和管理用水计量器具和设备，制定用水计量统计分析制度以及水计量器具和设备管理制度，并按照规定要求实施取水用水计量、监测和统计分析。计量人员应符合有关专业能力要求。

按照《企业水平衡测试通则》GB/T 12452—2008 及有关要求定期开展水平衡测试，建立用水技术档案，保持原始记录和台账，进行统计、分析和数据管理。

9.1.2 节水管理与巡回检查制度

公共建筑用水不同于工农业用水，主要集中在建筑生活与服务用水，其节水制度的重点在于人员的管理和节水意识的养成。因此管理部门要高度重视节水工作，建立健全单位用水管理网络，落实专兼职节水管理机构和节水管理人员，明确相关领导和人员责任。完善内部节水管理规章制度，健全节水管理岗位责任制，建立节水激励机制。加强用水定额管理，制定、实施节水计划和用水计划分解落实，定期进行目标考核。

同时，要加强节水日常管理。严格用水设施设备的日常管理，定期巡护和维修，杜绝跑冒滴漏。依据国家有关标准配备、管理用水设备和用水计量设施，实现用水分级、分单元计量，重点加强食堂、浴室等高耗水部位的用水监控。建立完整、规范的用水原始记录和统计台账，编制详细的供排水管网图和计量网络图，做好用水总量和用水效率的统计分析，按规定开展水平衡测试，摸清单位的用水状况。

9.1.3 设备维护和保养制度

公共建筑应建立供水、用水管道和设备的维修和养护制度，编制完整的用水管网系统图，定期对供水、用水管道和设备进行检查维护和保养，保证管道设备运行完好，漏损率小于 2%，杜绝跑冒滴漏。同时，应加强重点供用水设备与节水器具管理，制定并实施重点供用水设备与节水器具操作使用规程。

9.1.4　管理培训与绩效评价制度

用水单位应制定并实施节水工作管理培训制度与绩效评价制度，定期对专、兼职节水管理机构和节水管理人员进行培训，并对用水单位的节水绩效进行评价，根据评价的结论对其管理进行保持、调整、改进和提高，以确保其用水管理的持续有效。

9.1.5　节水技术改造与宣传制度

积极推广应用适用的先进节水新技术和新产品，充分利用设施维修和改造等契机，实施卫生洁具、食堂用水设施、空调设备冷却系统、老旧供水管网和耗水设备等的节水改造，淘汰不符合节水标准的用水设备和器具。新建、改建、扩建的建设项目，制定节水措施方案，节水设施与主体工程同时设计、同时施工、同时投入使用。有条件的用水单位，鼓励开展再生水、雨水等非传统水源利用。

节水除了依靠科技、机制外，还依靠公众的节水意识和节水观念，尤其是在当科技达到一定水平、管理机制逐步完善的情况下，节水更在很大程度上依赖人们的用水行为和用水习惯，依赖于社会节水文化的培育。因此，作为公共机构应加强日常节水宣传，将水情和节水教育纳入管理部门教育和培训内容，充分利用网络、宣传栏、显示屏等，发挥自身优势，广泛宣传节水技术、节水知识等，结合世界水日、节水宣传周等，组织开展节水主题活动，举办讲座，在主要用水部位和人员活动场所张贴节水标示和节水宣传品，营造节水氛围，倡导社会节水文化。

9.2　公共建筑节水系统精细化管理

公共建筑节水管理是一项全过程、全方位的系统化管理工程，涉及建筑给水排水系统的各个环节。随着我国城市节水工作的不断推进，绿色建筑环保节能技术蓬勃发展，而如何利用科技进步所带来的成果，采取先进科学的措施与方法，强化管理并达到精细化管理要求，是现如今亟需解决的重要问题。

9.2.1　资料管理

公共建筑节水资料管理应满足以下要求：

（1）公共建筑给水排水系统的设计、施工验收、设备材料、运行、维修、节能改造、节能测评等技术资料应建立文件档案，并应妥善保存。

（2）设计文件应包括施工竣工图纸和设计计算书。应按竣工图纸，参照附录 C.1 填写给水排水系统概况表。

（3）施工验收文件应包括施工运行图纸、施工安装过程中的主要设计变更、水压试验报告、系统试运转及调试报告等。

（4）公共建筑中的设备材料资料应包括加压供水设备、加热设备、辅助设备、自动控制阀门仪表的验收核查记录、出厂合格证明文件、使用说明书；测量和控制仪表的校准报告；管道材料的复验报告；保温材料的复验报告；锅炉及辅机系统设备的年度检验记录、监测监察记录等。设备建档资料可参照附录 C.2～C.4。

（5）运行记录应包括市政进水、非传统水源进水总表及各分表用水量记录，加压供水设备、加热设备及辅助设备的能源消耗量记录；水质检测等运行参数的监测计量记录。市政进水、各分区加压给水运行记录可参照附录 C.6～C.9 填写。

（6）维修维护记录应包括定期维修维护保养记录、事故分析及其处理报告、设备及零部件更换记录等。

（7）节水改造文件应包括节水改造方案的论证资料、施工图纸、计算书、更换的设备及各种部件的出厂合格证明文件、使用说明书及改造施工验收文件等。

（8）节水测评文件应包括给水排水系统的年度自检报告、检测评估报告等。

（9）本节所提到的技术资料，除运行记录可保存 2～3a 外，其他技术资料应永久性保存。

（10）竣工图、运行记录除纸质资料外，应有电子归档资料，其他技术资料宜有电子归档资料。

9.2.2　制度管理与仪器配置

公共建筑节水制度管理与仪器配置应满足以下要求：

（1）公共建筑用水单位运行管理部门应建立健全运行管理制度，严格执行安全生产管理规定，制定给水排水设备、热源设备等事故应急措施和救援预案，应定期检查规章制度的执行情况。运行管理部门应根据公共建筑给水排水系统的规模、复杂程度，配备运行管理人员，并组建运行班组。

（2）给水排水设备机房应配备给水排水系统的流程图，宜参照附录 C.2～C.4 标注设备、阀门、主要技术参数及计量仪表的设置位置、用户的相关数据等。设有建筑设备监控系统时，宜配备相应的电子模拟图，自动显示各受控设备的工作状态。

（3）运行管理部门应对运行人员进行公共建筑给水排水系统节水设备操作使用等方面基本知识的培训，并经考试合格后上岗。运行管理部门应建立健全培训和考核档案，运行人员所参加的基本技术知识培训、节水法规学习及考核成绩等应有记录，可参照附录 C.5 填写。运行人员应符合下列要求：

1）应熟悉给水排水系统流程图，了解所操作设备的技术参数，掌握操作程序和要领，遵守安全操作规程；

2）填写运行记录表格，及时分析系统运行用水量、能耗情况和节水潜力，根据节水测评结果提出整改建议，提高运行管理水平。设有计算机监控系统时，应自动记录各种数据，并进行节水分析；

3）应对使用者进行节水宣传，督促检查落实各项节水措施的实施情况。

（4）运行管理部门宜配备便携式超声波流量测量仪、管道检漏仪表等，并应根据给水排水系统的需要，配备必要的水质化验、检测设备。

9.2.3　节水技术应用及管理要求

1. 水平衡测试

公共建筑水平衡测试作为节水管理的基础工作，能够确定公共建筑各用水水量的定量关系，进行合理化用水分析。依据测试数据和现有资料开展计算、分析，评价用水单耗和定额评价，能够直观、有效地找出公共建筑耗水薄弱环节，挖掘建筑节水潜力，进而制定出切实可行的技术、管理措施和规划。对于水平衡测试的管理，主要应满足以下几点要求：

（1）公共建筑应按照有关国家标准要求完善用水三级计量设施，满足日常用水节水管理和水平衡测试要求。

（2）用水计量设施应有质量技术监督部门或其授权机构出具的定期检验合格证明。

（3）公共机构应设专人负责节水工作管理，并建立用水、节水记录台账及重大节水技改项目资料，按要求及时向上级部门报送用水、节水报表。

（4）公共机构实施水平衡测试可根据自身条件可选择以下两种测试方式：

1）委托专业测试服务机构测试。

2）具备条件的可自行组织测试。

（5）用水单位和测试服务机构应严格按照现行国家标准《企业水平衡测试通则》GB/T 12452、《节水型企业评价导则》GB/T 7119 及地方相关标准和规范开展测试工作，并按照规范格式编写水平衡测试报告书。

（6）用水单位应配合测试服务机构做好测试工作，并按要求提供相关资料。

（7）测试服务机构应对被测试单位涉及商业秘密、技术秘密等有关资料承担保密责任。

（8）承担水平衡测试的专业机构及自行组织测试的用水单位应符合下列条件要求：

1）水平衡测试专业机构宜具备水利部或住房城乡建设部等相关部门颁发的包含水平衡测试业务范围的资质证书，或具备相应能力。

2）专业测试机构或测试单位应配备必要的并经质量技术监督主管部门检定合格的计量检测仪器设备。

3）直接从事水平衡测试的人员必须经过相关机构举办的水平衡测试技术培训。

4）水平衡测试机构应在开展工作前到水务部门备案。

（9）水平衡测试包括四个阶段：准备阶段、实测阶段、汇总阶段、分析阶段。

1）准备阶段应由用水单位或测试服务机构联合成立测试工作领导小组；制定测试方案；查清测试系统中各用水环节、用水工艺及用水设备的基本情况；提取单位用水技术档案；绘制用水流程图；整理、填写用水单位基础表格。

2）实测阶段应选取用水稳定（用水负荷 80％以上）、有代表性的时段对用水单位取用水源及各种水量进行测试，测试时抄表必须同步进行。

3）汇总阶段应根据测试数据填写水平衡测试表，并绘制水平衡方框图。

4）分析阶段应根据测试数据进行计算分析，对用水单位用水水平进行评估并提出改进措施。

（10）水平衡测试报告书应包括以下内容：

1）测试服务机构营业执照等复印件。

2）水平衡测试方案。

3）用水单位生产情况统计表。

4）用水单位取水水源情况表。

5）用水单位年用水情况表（近 3～5a）。

6）用水单位计量设施配备情况表。

7）用水单元水平衡测试表及方框图。

8）用水单位水平衡测试统计表及方框图。

9）用水单位用水情况分析及改进措施建议。

10）用水单位历年节水技术改造情况。

11）用水单位给排水管网图。

12）用水单位节水管理相关制度执行情况。

2. 新型节水设备

为实现绿色建筑目标，还需推广使用新型的节水设备及器具，提高公共建筑水资源利用率。各地市普遍要求公共机构开展供水管网、绿化浇灌系统等节水诊断，推广应用节水新技术、新工艺和新产品，大力推广绿色建筑，新建公共建筑必须安装节水器具，具体来说，新型节水设备在公共建筑当中的应用主要体现在以下两个方面：

（1）新型管材与阀门

管道材料和阀门在公共建筑给排水系统当中发挥重要作用，在应用的过程当中使用频率也比较高。目前，大多数给水排水工程当中所使用的管道材料性能较普通，防渗漏性和防腐性都难以符合绿色建筑的要求。而新型管道材料和阀门的应用可以有效解决这一问题。这些材料的质量高，后期基本不需要进行维修与更换，也很少会出现漏水的问题。因此从长远看，不仅可以减少设备的维修与材料的更换、节约成本，同时也符合绿色建筑的发展理念，有利于实现公共建筑节水效能的可持续发展。

（2）节水型卫生器具

公共建筑要实现终端节水的目标，就必须要使用高质量的节水型卫生器具，限期淘汰不符合节水标准的水嘴、便器水箱等生活用水器具。节水器具的使用能够有效控制末端用水的浪费，在公共建筑中特别是高耗水场所，如公厕、校园、医院、商场等建筑中节水效果显著。

对于公共建筑给水排水系统中管道、水表、各种阀门仪表、部件及卫生洁具等日常维护保养与管理的基本要求包括：

1）保持给水排水系统中水表、各种阀门、仪表、部件与管道、设备接口处密封良好，无跑、冒、滴、漏现象。一旦出现以上现象，应及时维修。

2）给水排水设备、压力容器及辅助设备的安全阀、压力表、温度计、水位计等安全保护装置应齐全，定期校验，保持其正常工作。

3）自动排气阀、止回阀和储水箱中的浮球阀等，应保持正常工作状态。各种手动或自动控制阀门应经常检修，保持良好的正常工作状态。应定期检验、标定水表、各类控制阀门及各种计量仪表，如热量表、电能表、燃料消耗计量表等，保持正常工作状态。

4）应定期对系统中的水过滤器、除污器、减压阀等设备及部件进行全面检查和清洗。

5）运行中应经常检查除污器两侧的压力值，及时清理除污器内的杂物。

6）应设专人定期维护二次供水系统配套设置的消毒设备，保证二次供水的水质符合生活饮用水卫生标准。应定期检查生活水池（箱）的人孔、通气孔、溢流管的防虫网。

7）给水排水设备管道上的水表、阀门、仪表及各种计量装置不得随意拆改，不应被遮挡、影响检测、维修。

8）应经常检查卫生洁具、感应水龙头、地漏水封状况等。

9）应保持给水排水管道的防冻保温层、防结露保冷层结构完整，应定期检查电伴热管道的温度传感器、温控器，保持正常工作状态。

10）应定期对二次供水、直饮水、生活热水、游泳池循环水、空调冷却水、再生水、锅炉热水、污水等水质进行化验，水质标准应符合规范要求。

3. 再生水回用

合理使用再生水源是实现公共建筑节水的重要措施，这可以有效提高水资源利用率，避免水资源浪费。部分地方要求单体建筑面积超过 2 万 m^2 的新建公共建筑，包括宾馆、饭店、商场、综合性服务楼等，应安装建筑中水设施。同时，雨水回用作为节水的重要措施，也被要求在新建公共建筑中推广应用，从而有效缓解建筑耗水问题。在对中水系统及雨水回用系统的运行管理中，应满足如下要求：

（1）中水回用系统

1）在公共建筑中水工程竣工验收合格后，正式投入使用前，应对建筑中水处理站及中水系统进行调试。

2）系统调试过程中应检验整个系统和工艺设备的运行情况，并形成系统调试记录。

3）建筑中水系统出水水质应符合国家和地方相关标准的规定，稳定运行后，方可接入中水给水管网，正式供水。

4）应定期对建筑中水设施进行维护管理，设备、阀门、管道应定期维护或保养，无损坏和跑冒滴漏堵现象，表面保持洁净，无明显锈蚀，标识明确清晰。不得随意搭接线路和水源接口。

5）建筑中水工艺设备应按工艺使用要求定期检查、清理、清洗或消毒，做好维护保养工作，运行管理人员应按时巡视，并做好记录。每年对设备及运行情况进行巡检，并进行维护。

6）建筑中水处理及输送设备应对耗水量、耗电进行单独计量。系统内的计量检测仪表应正常工作，并定期检验、检定和维护，仪表失效或缺失应及时更换或增设。按时进行记录，发现异常情况及时处理。

7）正常运行的建筑中水处理设施应定期进行水质监测，水质检验不合格应停止供应中水，并进行整改调试。

（2）雨水利用系统

1）公共建筑雨水利用设施宜在试运行一段时间后正式投入使用，试运行期间应监测雨水收集水量、外排水量、排水峰值流量、增渗水量、生活给水补水量等数据，以及处理前后雨水的水质，并形成试运行报告。

2）运行管理单位在雨季来临前应对雨水利用设施进行清洁和保养，并在雨季定期或下雨过程中对雨水储存利用设施各部分的运行状态进行观测检查。

3）处理及贮存的雨水水质应进行定期监测。系统中处理后的雨水用于其他用途时，其水质应符合国家和地方有关标准的规定。

4）公共建筑雨水利用系统各组成部分应进行定期检查。雨水入渗、收集、输送、贮存、处理与回用系统应及时清扫、清淤。雨水处理设施产生的污泥应及时进行处理。雨水收集回用设施的运行维护宜参照附录C.9进行记录。

5）回用水供水管道和补水管道上应设水表计量。系统内的计量检测仪表应定期进行检验、检定和维护，失效或缺失应及时更换或增设。

6）应对雨水出水量、下雨量进行对比，并形成记录。

9.2.4 节水系统运行管理要求

1. 取水和定额管理要求

（1）公共建筑应遵守国家和地方主管部门制定的有关取水定额和人均水资源消耗指标的要求，合理规划和核算取水量，做到总量控制、定额管理。

（2）公共建筑应制定和实施切实可行的节水措施，以满足主管部门下达的节水指标要求。

2. 维护和保养管理要求

（1）公共建筑应建立供水、用水管道和设备的巡检、维修和养护制度，编制完整的用水管网系统图，定期对供水、用水管道和设备进行检查、维护和保养，保证管道设备运行完好，漏损率小于2%，杜绝跑冒滴漏。

（2）公共机构应加强重点用水设备管理，制定并实施重点用水设备操作规程。

3. 计量和统计管理要求

（1）公共建筑应对公共系统取水和外购水进行严格控制，不得与家属区以及其他用户混用。

（2）公共建筑应按照现行国家标准《用水单位水计量器具配备和管理通则》GB 24789 和《公共机构能源资源计量器具配备和管理要求》GB/T 29149 的要求，制定用水计量管理制度，配备用水计量器具和管理人员，实施用水计量。

（3）公共建筑应在供暖系统、空调系统、游泳池、中水贮水池等特殊部位用水的补水管道上加装水量计量仪表，对补水量进行计量。

（4）公共建筑应定期对各种水量计量数据进行统计，从而分析各种水量的变化趋势和节水潜力。

（5）鼓励公共建筑对用水过程进行实时监控，实现动态水平衡和预警。

4. 水质和水处理管理要求

（1）公共建筑进行水回用时，应采用适宜的水处理技术和设施进行处理，确保水质符合相关标准要求。

（2）公共建筑利用非常规水时，应采用必要的用水安全保障措施，确保满足相应用途的水质要求。

（3）公共建筑应采取适当措施减少排污水，排污水应符合现行国家标准《污水综合排放标准》GB 8978 和《城镇污水处理厂污染物排放标准》GB 18918 的要求。

5. 供水系统与供水设备管理要求

（1）供水压力控制

1）给水系统管网的运行状态应设专人监测，定期记录市政给水管网和二次加压供水管网的水压等用水数据，可参照附录 C.6 填写。

2）给水系统的实际供水压力值与设计供水压力值应进行比对，发现偏离应及时调整水泵或减压阀等设备。

3）配水点水压应进行监控。除有特殊使用要求外，各配水点处的供水压力不宜大于 0.15MPa，且不得大于 0.20MPa。超出规定值应及时调节减压设备。

（2）供水设备管理

1）二次供水系统配套设置的消毒设备应设专人维护，定期补充耗材，清理污垢，发现故障及时修复。

2）加压水泵应定期记录各项运行参数，发现水泵长期处于高效区以外工作时，应及时调整运行工况。水泵运行记录可参照附录 C 中相应记录表填写。

3）生活水池（箱）应定期检查进水控制阀或水位控制信号，发现水位控制阀损坏或有溢流报警信号时，应及时修复、更换。

4）变频供水泵组宜配备设备监控系统或智能控制系统，监测并记录泵组运行时间、流量、水压、转速、功率等运行参数，根据运行数据可人工或自动调整工况。

5）超出正常使用期的水泵等供水设备，应增加监测频率，发现故障应及时修复或更换。

（3）饮水供应管理

1）电开水器应定期除垢清洗水箱，检查安全防护装置是否有效。节假日或夜间无人使用的情况下，可采用自动或人工方式控制关闭电开水器。定期记录电开水器的运行数据，掌握运行状况，发现异常及时维修。

2）管道直饮水系统应设专人负责，应定期检查过滤膜、加压水泵等设备，机房、管网的日常维护应制定相应的管理要求。

6. 用水系统管理要求

（1）供暖系统

公共建筑应对供暖系统的循环水、补给水进行水量监控和水质管理：

1）严格执行设备巡检、维修和养护制度，减少系统失水、杜绝人为失水；

2）对循环水、补给水进行除氧、软化处理；

3）采取适当的措施，严格控制补水泵和循环水泵的泄漏；

4）采取适宜的水处理方式，确保循环水的 pH 符合相关标准要求；

5）系统的补水量（小时流量）不得超过系统水容量的 1%。

（2）空调系统

公共建筑应对空调水系统进行综合管理与利用：

1）采用适当的技术和方法对冷却循环水进行处理，提高循环冷却水的浓缩倍数，减少排污；

2）空调水系统的补水量（小时流量）不得超过系统水容量的 1%；

3）对空调冷凝水进行收集、处理和利用。

（3）净化水系统

1）净水产水率应达到《反渗透净水机水效限定值及水效等级》GB 34914—2017 中的一级水效要求；

2）浓水不得直接排放，应加装回收利用装置。

（4）水景系统

1）公共建筑景观环境用水应使用雨水或者再生水，不得使用自来水及自备井水等饮用水源；

2）运行人员应定期检查喷头及阀门，使各种水形保持设计水形，避免水量损失；

3）水景喷泉系统安全节能运行的环境温度为 5~40℃，风力不大于 3 级。风力大于 5 级应停止运行；

4）程控（音乐）喷泉每日每次运行时间宜控制在 1h 内，其运行在遵循一般电气设备使用守则的前提下，喷泉工程的操作使用者需经过专业培训；

5）运行人员离岗或水景喷泉暂停使用时，应及时切断水源和电源；

6）运行人员应定期检测室（池）外给水排水管道，避免管道渗漏；

7）旱喷泉水池及做过防渗处理的人工水系应做好防渗防漏的日常检查工作，在不同月份定期对水景水量的损失数值做好记录及原因分析；

8）景观水体水质应清澈、无色、无异味。再生水用作水景喷泉水时，水质应符合相关标准规定；运行人员应经常采集池水水样，发现水华、变色或异味等异常情况应采取净化措施；

9）非运行期及冬季停运的水景喷泉工程，必要时应将池水排净并采取覆盖保护；

10）水景喷泉日常运行维护及维修应有运行记录，对水景节水、节能运行效果进行比较。

（5）绿化喷灌系统

1）灌溉设备的运行与维护应按现行国家标准《节水灌溉工程技术标准》GB/T 50363 的有关规定执行；

2）灌溉系统设计日工作时间应根据植物需水及环境限制条件等确定，宜为 12～18h，最大不宜超过 21h；运行管理人员可按喷灌系统既有控制系统优化灌溉方案及时段；

3）灌溉工程宜与用水高峰时段错峰作业，应在保证生活生产需求水量水压条件下进行；

4）喷灌与微灌工程应按设计工作压力要求运行，在设计风速范围内作业，风力大于 3 级时宜停止作业；

5）运行管理人员应经常检查水源情况，保持水源的清洁。在开启喷灌系统时，应将主阀门缓慢打开；

6）运行管理人员在日常对草坪的养护过程中，应避免喷头遭到机械或人为破坏，寒冬季节应注意防冻措施；

7）应根据设计灌水定额和灌水周期、历年运行经验、绿化植被种植状况、气象预报及水源供水等情况，编制年用水计划；

8）灌水前应根据年用水计划，结合实际情况，编制和调整作业计划。灌水时应按作业计划进行，并做好记录；

9）灌溉季节前，应对管道进行检查、试水，并应符合下列规定：

① 应对灌溉工程设备进行全面检查，并清除喷头周围淤积物和杂草，修复损坏部位，保证管道通畅，无漏水现象；

② 地埋管道的阀门井应工作正常；

③ 量测仪表盘面应清晰，显示正常。

10）灌溉时应符合下列规定：

① 应进行定期巡视检查，发现严重漏水、溃水，控制闸（阀）、防倒流等安全保护设备失灵等，应及时抢修；

② 测量仪表显示失准，应及时校正或更换；

③ 每次作业完毕应将喷头清洗干净，及时更换损坏部件。

11）喷头运转中应进行巡回监视，发现下列情况应及时处理：

① 进口连接部位和密封部位漏水；

② 喷头喷射角度错误，喷头不转或转速过快、过慢；

③ 换向失灵；

④ 喷嘴堵塞或脱落；

⑤ 支架歪斜或倾倒。

12）长时间停歇时，除应按规定进行维修、保养外，尚应符合下列规定：

① 应冲洗管道，阀件，清除泥沙，污物；

② 应排净水泵及管内的积水；

③ 应清除行走部位的泥土，杂草；

④ 应对易锈蚀部位进行防锈处理。

（6）其他

1）学校建筑应加强实验室和学生宿舍的用水管理，学生宿舍和公共浴室应采用水卡管理模式；

2）医院建筑应针对洗涤、消毒、蒸汽、水疗等设备制定和实施节水操作和管理规程，加强制剂用水和医疗用水的管理；

3）食堂采用节水型洗菜、洗碗设备；人工洗涤食物和餐具应采用节水模式。

9.2.5 节水计量精细化控制

1. 分户计量与统计

（1）公共建筑的水系统应加装计量器具。

（2）水计量器具配备应满足分户计量与统计的要求，处于同一建筑或区域的不同用水单位应分别计量与统计。对于拥有多栋建筑的用水单位，其每栋建筑的用水应单独计量。对于出租或考核的单元应单独计量。

（3）水计量器具配备应满足分级计量与统计的要求，次级用水单位、不同功能区域、用水设备（用水系统）应分别计量与统计。

2. 分类分质计量与统计

（1）对于拥有多栋建筑的公共机构，应单独计量其每栋建筑的水消耗量。

（2）对于拥有多栋建筑的应分别计量与统计取自公共供水管网、直供地表水、地下水自建设施的水量。

（3）应分别计量与统计取自再生水等非常规水源的水量。

（4）应分别计量与统计用于生活、生产、园林绿化、市政杂用和景观等的水量。

（5）应分别计量与统计执行不同水价的水量。

（6）应分别计量不同功能区域的各类取用水量。包括：

1）餐饮；

2）住宿；

3）洗浴；

4）卫生间；

5）景观绿化；

6）游泳场馆；

7）其他必须计量的区域。

（7）应分别计量不同用水设备（用水系统）的各类取用水量。包括：

1）供暖锅炉系统：补充水量、排水量、冷凝水回用量；

2）空调冷却水系统：补充水量；

3）软化水、除盐水系统：输入水量、输出水量、排水量；

4）大型洗涤系统；

5）净水系统；

6）植被灌溉系统；

7）人工造雪系统；

8）水上娱乐休闲水系统；

9）水疗系统；

10）污水处理系统：输入水量、外排水量、回用水量；

11）大型用水实验检验设备；

12）其他必须计量的用水设备（用水系统）：输入水量。

注：1. 各用水系统如包括常规水资源和非常规水资源，宜分别计量；2. 补充水量如包括新水量，宜单独计量。

3. 计量与统计制度

（1）用水单位应建立并实施水计量与统计管理制度，规范水计量与统计的岗位职责、工作程序、人员管理、水计量器具管理、数据记录和统计分析等具体内容。

（2）用水单位应设立负责水计量与统计的岗位，并配备具有相应能力的人员。负责水计量器具的配备、使用、检定（校准）、维修、报废等管理工作。

（3）用水单位应设专人负责主要次级用水单位和主要用水设备水计量器具的管理。水计量管理人员应通过相关部门的培训考核，持证上岗。

（4）用水单位应建立和保存水计量管理人员的技术档案。

（5）用水单位应按有关规定要求和程序进行数据的采集、记录、统计、分析和报送，每 24h 抄表记录各种计量水量。用水单位各用水统计记录表格式见附录 D。

（6）公共建筑应建立能源资源统计报表制度，统计报表数据应能追溯至计量测试记录。能源资源计量数据记录应采用表格形式，记录表格应便于数据的汇总与分析，应说明被测量与记录数据之间的转换方法或关系。

（7）公共建筑应建立能源资源计量数据管理与分析制度。公共机构应按月、季、年及时统计各种主要能源和水消耗量。

（8）用水单位应定期根据计量统计数据进行用水规律及节水潜力分析。

（9）应每季度统计用水单位、独立建筑、租户、考核单元、功能区域和用水设备的各水量和指标。具体统计指标和计算方法见第 3 章。

4. 计量器具配备及档案管理

（1）公共建筑水计量器具配备率见表 9-1，配备指标要求见表 9-2。

水计量器具配备情况 表 9-1

应配备表数量		实际配备表数量	
水计量器具配备率			

公共建筑水计量器具配备指标要求 表 9-2

项目	用水单位	次级用水单位	主要用水设备（用水系统）
水计量器具配备率	100%	≥95%	≥85%

注：1. 水计量器具配备率和水计量率按照现行国家标准《用水单位水计量器具配备和管理通则》GB 24789 确定的方法计算；

2. 次级用水单位、用水设备（用水系统）的水计量器具配备率、水计量率指标不考核排水量；

3. 单台设备或单套用水系统用水量大于或等于 $1m^3/h$ 的为主要用水设备（用水系统）；

4. 对于可单独进行用水计量考核的用水单元（系统、设备、工序、工段等），如果用水单元已配备了水计量器具，用水单元中的主要用水设备（系统）可以不再单独配备水计量器具；

5. 对于集中管理用水设备的用水单元，如果用水单元已配备了水计量器具，用水单元中的主要用水设备可以不再单独配备水计量器具；

6. 对于可用水泵功率或流速等参数来折算循环用水量的密闭循环用水系统或设备。直流冷却系统，可以不再单独配备水计量器具。

（2）水计量器具从进单位到报废的全过程都要建立台账及历史纪录卡片，要做到账、卡、物三者相符。

（3）对用水量较大的设备建立用水设备台账，与当月月耗水量一起留存。

（4）用水单位应建立水计量器具档案，内容包括：

1）器具配置图；

2）水计量器具使用说明书；

3）水计量器具出厂合格证；

4）水计量器具最近连续两个周期的检定（测试、校准）证书；

5）水计量器具维修或更换记录；

6）水计量器具其他相关信息。

（5）用水单位应建立完整的分级水计量器具台账，包括水计量器具的名称、型号规格、准确度等级、测量范围、状态等项目，水计量器具台账见表 9-3，水计量器具抄表记录见表 9-4。

水计量器具台账 表 9-3

序号	水表编号	名称	规程型号	准确度等级	测量范围	品牌	出厂编号	安装位置	使用状态			管理人	备注
									合格	禁用	停用		
1	1-1												
2	1-2												
3													
......													

水计量器具抄表记录　　　　　　　　　　　　　　　　　　　**表 9-4**

水表编号：_____　　位置：

序号	抄表时间	水表读数	记录人	备注
1				
2				
3				
……				

（6）用水单位应开展水计量器具量值溯源，其中作为用水单位内部使用的企业计量标准，要明确规定其准确度等级、测量范围以及溯源的上一级计量标准。用水单位用水统计见表 9-5。

用水单位用水统计表　　　　　　　　　　　　　　　　　　　**表 9-5**

单位负责人：_____　联系电话：_____　填表日期：_____　填表人：

一、基本信息				
单位名称		行业分类及代码		
用水人数	人	占地面积		m²
建筑面积		绿化面积		
接待人数（年）		产值（年）		

二、用水统计数据				
1. 取水量（m³）				
公共供水		自建设施供水		地表水
地热井水		外购水		再生水
其他		总计		

2. 用水量（m³）

（1）用水系统

空调系统		绿地灌溉系统	
洗涤系统		供暖锅炉系统	
净水系统		其他	

（2）用水区域

办公区		食堂	
浴室		住宿	
卫生间		其他	

（3）效率指标

人均用水量		单位面积用水量	
其他			

（4）用水分析

注：1. 如果用水单位所在行业用水定额按人均用水量计算，则职工人数按该用水定额中规定的折算方法计算，并说明计算过程；如果用水单位所在行业用水定额不是按人均用水量计算的，则职工人数为该单位的总人数，并注明人员组成，如在编职工人数和非在编职工人数；

2. 不同类型的服务业用水单位统计不同区域、设备的用水量；

3. 不同类型的服务业用水单位统计不同的效率指标，如所在行业用水定额按单位面积用水量计算，则统计单位面积用水量，统计方法按照相关定额文件；

4. 分析用水效率及节水空间，如单位面积用水量或人均用水量是否符合用水定额指标等。

（7）在使用的水计量器具应在明显位置粘贴与水计量器具一览表编号对应的标签，以备查验和管理。

（8）用水单位的水计量器具，凡属自行校准且自行确定校准间隔的，应有现行有效的受控文件（即自校水计量器具的管理程序和自校规范）作为依据。

（9）水计量器具应实行定期检定（校准）。凡经检定（校准）不符合要求的或超过检定周期的水计量器具一律不准使用。属强制检定的水计量器具，其检定周期、检定方式应遵守有关计量法规的规定。用水单位计量器具校准记录见表9-6。

用水单位计量器具校准记录表   表9-6

序号	校准时间	校准周期	校准人	机构	备注
1					
2					
……					

（10）水计量器具应按现行行业标准《饮用冷水水表检定规程》JJG 162和有关计量检定规程的要求定期更换。用水设备日常维修，采取报修和查修相结合。

（11）定期对供、用水设备及管道进行巡视检查。在巡视或抄表过程中发现水表计量不准或表面不清楚，应及时进行检查修理或更换新表。

（12）宣传发动全体人员积极保护用水设备，发现情况及时反映，以便得到及时处理。

9.2.6 节水监管系统

公共建筑节水管理要应适应"智慧水务"建设要求，建立并优化集信息采集、分析决策、故障预警和远程监控为一体的供水、用水监管系统，加快供水系统信息管理系统、实时监测系统和远程监控系统的开发应用，通过先进的计算机网络技术，实现对公共建筑供水、用水设施和系统运行状态和环境状况的全自动远程监控，最大程度降低管网漏损，减少用水能耗。

公共建筑节水监管系统主要适用于对公共建筑供水、用水设施的计量、数据分析、数据统计、节水分析及节水指标管理。监管系统由计量表具、数据采集及转换装置（简称网关设备）、数据传输网络、数据中转站、数据服务器、管理软件组成。系统应具备能耗数据实时采集和通信、远程传输、自动分类统计、数据分析、指标比对、图表显示、报表管理、数据储存、数据上传等功能（如图9-1所示）。

公共建筑节水监管平台主要架构包括计量表具、网关设备、数据中转站、节水管理平台软件、数据中心。

1. 计量表具

计量表具为水资源消费的计量装置，具有监测和计量水量的功能。各类表具应具备数据通信接口并支持国家相关行业的通信标准协议。

2. 网关设备

承担数据采集及转换任务，将来自计量表具的数据以分散或集中采集形式进行数据转

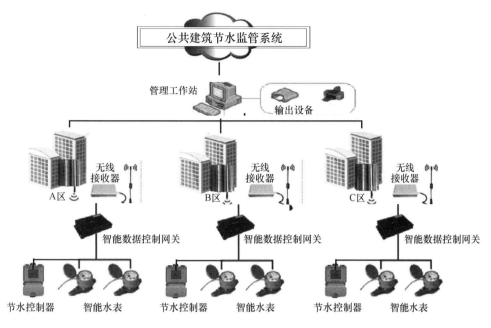

图 9-1　公共建筑节水监管系统平台构建

换并接入建筑节水监管系统网络、传输至数据中心。

3. 数据中转站

根据系统规模大小及数据管理需要，可在系统中设置若干数据中转站。数据中转站由终端 PC 及相应的数据服务软件构成，连接网关与数据服务器，负责接收辖区内的建筑能耗数据，并可具有暂时存储建筑能耗原始数据的功能。

4. 节水管理平台软件

节水管理平台软件是公共建筑节水监管系统的核心，应充分反映公共建筑能耗管理需求，预测下一阶段的用能情况，为管理者的决策提供数据支持。符合国家相关建筑节能统计、审计及监管技术要求。

5. 数据中心

数据中心是公共建筑节能（节水）监管系统的专门管理机构，应确保数据中心的设置场地、运行经费预算及管理制度，建立与省部级数据中心的数据传输及通信功能。中心节水监管平台应设置数据库服务器、分析数据库、WEB 服务器、运维工作站、UPS 电源、防火墙，以及必要的软件等。

9.2.7　设施运行与日常巡检

公共建筑应加强重点供水、用水设备管理，制定并实施重点用水设备操作规程，编制完整的管网图和水平衡图，定期对用水管道、设备等进行检修；建立节水管理巡回检查制度，主要检查公共建筑用水设备安装运行情况、节水器具普及使用情况、管网运行现状（是否有跑、冒、滴、漏现象）及用水管理台账建立情况等。

1. 日常巡检制度

日常巡检，应按规定的路线进行巡视，宜为先远后近、由外及里。巡视检查供水、用水设备，泵房和管理平台时，应做到预防为主、职责到位。与此同时，及时填写巡检记录，对于巡检中发现的问题应如实填写，需报修的应及时汇报设备管理部门。日常巡检应按照规定的周期进行巡检任务，巡检范围及要求包括：

（1）巡检范围包括公共建筑内供水主、支管道、计量水表、用水器具及各类附属设施等。

（2）日常巡检为每天早晚各一次，如遇特殊情况可提前或延时进行，但不可空缺，并做好巡检记录。

（3）巡检公共建筑内主、支供水管道是否完好，沿线有无泄漏或地面塌陷现象；检查计量水表是否运行正常，有无损坏、破裂等情况；检查阀门、排气阀、设施井等有无渗漏、损坏、被填压等情况。

（4）当遇到下列情况时，应增加巡视次数：

1）供水设备经过维修、改造或长期停用后重新投入运行。

2）新安装的供水、用水设备及节水器具等投入运行时。

3）供水、用水设备及节水器具等存在的缺陷近期有所加重时。

4）恶劣天气及设施、设备运行中有可疑迹象时。

（5）供水泵房与供水设备的日常巡检，可在远程监测的同时辅以人工巡检。巡检工作人员必须持有卫生部门颁发的健康证，禁止无证上岗。

2. 供水、用水设备日常巡检

供水、用水设备日常巡检日常巡检内容包括：

（1）检查供水设施有无变形、损坏、泄漏。

（2）检查供水、用水设备各种仪表运转是否正常，各种指示灯显示是否正常，并做好记录。

（3）发现供水系统压力变化异常时，应及时分析调整。

（4）检查水泵机组，仔细辨别水流、电磁、机械等运行声响，对机组产生的异常噪声做出判断。

（5）查看水箱液位指示及波动情况；

（6）检查各供水、用水设备进出水阀门、阀门井及管道。

（7）巡检时对二次供水地下水池（箱）、中位水池（箱）或高位水池（箱）的液位控制阀及液位指示器进行检查，确保水池液位控制系统处于良好状态，防止水池（箱）漏水、跑水。

（8）雨水回收利用装置。检查雨水管道、储水池（箱）、阀门等是否存在损坏、漏水等问题。

巡检过程中出现设备运行异常、爆管等紧急情况时，巡检人员在保证安全的基础上立即手动操作设备，切断泵房与供水、用水设备控制电源，停止运行，减少损失，并将情况及时打报告相关管理部门负责人。

3. 管道、阀门及附件日常巡检

管道、阀门及附件的日常巡检内容包括：

（1）管卡、支撑件安装是否合理和牢固，并设置在不妨碍楼内人员走动的位置。

（2）楼内管道与配件、阀门的接口无渗漏现象，阀门启闭正常。

（3）公共部位安装的管道已做好防冻、防结露措施，包扎整齐、美观、牢固。

（4）表箱内部清洁，水表安装符合规范，无渗漏现象。

（5）减压阀、管道、管配件、阀门、Y 形过滤器、压力表、旋塞阀等无渗漏现象。

（6）减压阀压力表指针显示正确，并符合设定压力。

（7）系统设置的自动放气阀是否完好。

4. 节水器具的日常巡检

节水器具日常巡检内容包括：

（1）根据现行行业标准《节水型生活用水器具》CJ/T 164 要求，检查或抽查建筑内节水器具使用情况，并做好巡检记录。

（2）重点检查水嘴、便器系统、便器冲洗阀、淋浴器等节水用水器具，对不符合标准要求或已损坏的节水器具及时更换维修。

（3）检查主要用水场所和器具的显著位置是否张贴节水标识。

9.2.8 系统维护与保养

为保证公共建筑供水、用水系统正常运行，践行节水精细化管理，必须做好供水管道、计量水表、用水器具等设备的维护与保养管理。公共建筑供水、用水系统维护与保养应符合下列规定：

（1）所有设备必须选购节水型用水设备、器具，各类器具需符合现行国家标准《节水型卫生洁具》GB/T 31436 或有节水认证证书。

（2）建立供用水设备维护台账，便于设备的维护和管理。

（3）制定供用水设备维修保养计划，维修保养费用列入年度用款计划。

（4）对用水设备和计量表定期进行维护保养，确保设备正常运行，保证用水安全。

1. 供水、用水设备的养护

水泵机组保养应符合下列规定：

（1）水泵机组零部件出现的锈蚀、漏水、漏油、漏电等状况应及时维护。

（2）保证轴承润滑、定期补充更换轴承内润滑油或润滑脂。

（3）确保水泵机组外壳接地良好牢固，不得有氧化或腐蚀现象。

（4）电动机应定期进行保养，保持其三相电流平衡状况，确保电机运行正常；轴承冷却系统有效，轴承温度不得超过 70℃，避免电路出现过热、腐蚀等现象。

（5）检查设备对地绝缘电阻。

（6）水泵机组应进行空载、变频、切换动作试验，并检测机组噪声。

（7）水泵长期运行后，由于机械磨损，使机组噪声及振动增大时，应停车检查，必要时可更换易损零件及轴承，机组大修期为一年。

（8）水泵每月轮换运行一次，每次以不少于 1min 为宜。

（9）机械密封润滑液应清洁无固体颗粒，严禁机械密封在干磨情况下工作。

2. 贮水设备的养护

贮水设备应定期清洗。清洗时对水箱、水池的附属设施（人孔、浮球阀、放空管阀、溢流管网罩等）进行保养。

水箱（池）维护保养流程为：停用—排空—清洗—附属设施检查、保养—消毒—进水—水质检测—预通水—水质检测、公告—正式通水。

贮水设备及附件的保养应包括下列内容：

（1）对壳体及内胆的开裂、渗漏及瓷砖脱落等故障应及时修补或向管理单位报修。

（2）对人孔盖松动、密封不严、盖体损坏等故障应及时加固、密封及修复；配齐必要的锁具。

（3）对放气孔（管）口、溢水管口的防虫网罩堵塞、脱落、破损等故障及时疏通和修复。

（4）对浮球控制阀（或遥控浮球阀等）的失灵及损坏等故障应及时修理或更换。

（5）每年一次校验水位控制装置，保证水位指示正确、性能良好。如果发现异常应及时报修。

（6）对各类长期开启或长期关闭的阀门操作 1 次，保证启闭灵活，并调整、更换漏水阀门填料；保证阀门表面无油污、锈蚀等。如使用电动（磁）阀门，每年应校验 1 次限位开关与电动的连锁装置。

（7）对附属管道的渗漏、表面锈蚀等故障应及时修理，管道支（托）架、管卡等的安装应牢固无松动。

（8）半年 1 次对水箱（池）中 Y 形过滤器（或防污隔断阀）进行保养及拆修，保证清洁、通畅、状态良好。

（9）每年 1 次对各类测量仪表进行检测，对检测不合格或超过使用期限的仪表进行更换。

（10）每年 1 次对水箱（池）的各类管道及阀门进行油漆修补，保证无锈蚀、渗漏。

（11）每年 1 次在冬季来临前完成各类管道及附件的防冻保温检查及养护维修工作。

注：其中（1）~（5）项为每半年 1 次。

3. 电气、控制系统的养护

电气、控制系统运行、维护保养的内容及要求：

（1）控制柜有无变形、损伤、腐蚀。

（2）线路图及操作说明相关资料是否齐全。

（3）电压、电流表的指针是否在规定的范围内。

（4）开关是否有变形、损伤、标志脱落，是否处于正常状态。

（5）继电器是否脱落、松动，接点是否烧损，转换开关应处于自动状态。

（6）控制柜指示灯是否正常；各导线连接处是否松脱，外保护是否损伤。

（7）空气断路器、交流接触器的主触头压力弹簧是否过热失效；其触头接触应良好，有电弧烧伤应磨光；动、静触头应对准，三相触头应同时闭合；分、合闸动作灵活可靠，电磁铁吸合无异常、错位现象；吸合线圈的绝缘和接头有无损伤或不牢固现象；清除灭弧罩的积尘、炭质及金属细末。

（8）自动开关、磁力启动器热元件的连接处无过热，电流整定值与负荷相匹配。电流互感器铁芯无异状，线圈无损伤。

（9）校验空气断路器的分离脱扣器在线路电压额定值的 75％～105％时，应能可靠工作，当电压低于额定值的 35％时，失压脱扣器应能可靠释放。

（10）校验交流接触器的吸引线圈，在线路电压为额定值的 85％～105％时，应能可靠工作，当电压低于额定值的 40％时，应能可靠释放。

（11）检查电器的辅助触头有无烧损现象，通过的负荷电流有无超过其额定电流值。

4. 管道、阀门及附件的养护

管路、阀门及附件的保养应包括下列内容：

（1）对泵房内各仪表定期进行检测、校核，定期补充更换检测药剂。

（2）每年对过滤器进行清洁保养不少于 2 次，保证清洁、通畅、状态良好。

（3）对各种阀门做开闭动作，模拟实际用水状况，检查阀门密封性和灵活性。

（4）检查倒流防止器的运行工况，泄漏或损坏时及时维修、更换。

（5）检查软接头、胶圈、垫片等塑料橡胶制品等是否老化变质，定期更换。

（6）检查排水管道是否通畅，排水系统工作是否正常。

（7）电动（磁）阀门，每年应至少校验 1 次限位开关及手动与电动的联锁装置。

（8）及时修复附属管道的渗漏、表面锈蚀等故障。

（9）管道支（托）架、管卡等的安装应牢固无松动。

（10）做好供水设施防冻保温工作，确保各类管道及附属设施正常运行。

（11）与远程监控中心核对现场监测仪表的数值，校验传感器的灵敏度、可靠度。

（12）委托具有资质的单位定期对计量仪表进行校准。

9.3　安全管理与应急处理

根据我国政策要求和公共建筑安全运营特点，安全运营与风险管理一方面需要站在战略的高度进行宏观的研究和判断，以确定政策、管理机制、力量配置、资源储备等多方面的宏观决策；另一方面，公共建筑安全问题又是具体的，由大量琐碎的日常管理缺位、硬件老化、矛盾冲突等隐患与缺陷导致的。本节从公共建筑安全运行、应急抢修和应急事件处理的角度出发，制定建筑节水安全运行精细化控制与运维管理要求，为管理部门提供决策借鉴与参考。

9.3.1 安全运行与应急抢修

在日常巡检、养护的基础上适时报修维修，结合巡检记录及事故信息，诊断设备的异常情况，从而制定具有针对性的维修计划，对供水、用水设备进行及时修复、更换，恢复其应有的性能和功能。

报修维修要坚持状态检测维修和故障维修相结合的原则，即对关键设备以状态检测维修为主；对非关键的、不易损耗又无法周期性更换的设备可实施故障维修。

公共建筑供水、用水设备的管理，一定要严格执行巡检制度及保养制度，实施劣化倾向管理，对处于临界状态运行的设备一定要控制恰当，避免将状态检测维修变成故障维修。报修维修安排一定要及时、适时、有效，减少水的漏损量，防止故障扩大影响正常供用水，避免水资源大量流失造成的浪费。

1. 水泵机组

水泵类型不同，其故障的表现形式也不一样。以节水为目标的故障形式与排除方法见表9-7。

水泵机组常见故障及排除方法 表9-7

故障现象	可能产生的原因	排除方法
功率过大	超过额定流量使用	调节流量关小出口阀门
电机发热	流量过大，超载运行	关小出口阀门
水泵漏水	机械密封磨损	更换
	泵体有砂孔或破裂	焊补或更换
	密封面不平整	修整
	安装螺栓松懈	紧固

2. 水泵电气控制柜

以节水为目标的水泵电气控制柜故障形式与排除方法见表9-8。

水泵电气控制柜常见故障及排除方法 表9-8

故障现象	可能产生的原因	排除方法
缺水指示灯亮	水池缺水	调整池球位置
手动工作正常、自动不正常	浮球故障	更换浮球
变频控制水压波动	变频器PID参数调整不当	调整变频参数
	远传水表故障	更换
变频控制自动不启动	缺水液位控制器动作	检查水位
	热继电器动作	调节热保护电流
	变频器故障	检修变频器

3. 水箱（池）及附属设备

以节水防渗漏为目标的水箱（池）及附属设备故障形式与排除方法见表9-9。

水箱（池）及附属设备常见故障及排除方法　　　　表 9-9

故障现象	可能产生的原因	排除方法
钢筋混凝土水箱、水池渗水	混凝土墙体渗漏	高压注浆修补
内衬不锈钢水箱渗水	内衬板焊缝渗漏	修补焊缝
不锈钢拼装水箱渗水	焊缝渗漏	修补焊缝
屋顶水箱溢水	浮球阀卡滞	清洗浮球阀
	浮球阀损坏	更换浮球阀
	水泵控制柜失灵	检查水泵控制柜液位控制是否正常
	液位器自动控制失灵	检查液位器信号是否正常

4. 管道、阀门及附件

维护管理单位在接到报修通知 1h 内赶到现场，同时联系物业，紧急关闭管路阀门，如是水泵出水管故障，需要马上停止水泵运行。常见故障及排除方法见表 9-10。

管道、阀门及附件常见故障及排除方法　　　　表 9-10

故障现象	可能产生的原因	排除方法
楼宇管道漏水	法兰橡胶垫片损坏	更换
	螺纹接口损坏，渗水	铅塞堵漏
	螺纹接口损坏，漏水	抢修抱箍
	钢管渗漏水	抢修抱箍
	聚丙烯 PPR 管渗漏水	更换管道
	阀门渗漏水	更换阀门
	管道表面凝结水珠	增加管道保温
	格林漏水	更换格林
	阀门漏水	更换阀门
	水表漏水	更换水表
无人用水，水表走字	水压波动，导致走字	安装单向阀
减压阀不减压	减压阀先导阀堵塞	清洗减压阀先导阀
	减压阀先导阀控制阀门未调节好	调节先导阀

5. 用水、节水器具

公共建筑用水、节水器具常见故障与排除方法见表 9-11。

用水、节水器具常见故障与排除方法　　　　表 9-11

故障现象	可能产生的原因	排除方法
感应器具无感应	电控线路未接好	检修线路
	红外探测器损坏	更换
水嘴有感应不出水	电磁阀过滤系统杂质堵塞	清洗电磁阀内部
	电磁阀损坏	更换

故障现象	可能产生的原因	排除方法
水嘴长流水	过滤网有泥沙或其他杂物堵塞	检查并清理
	感应式水嘴窗口前有异物	检查并清理
水嘴出水量小	滤网或管道异物堵塞	检查并清理
冲洗阀漏水	阀芯端口密封不良	检修更换密封圈
冲洗阀无法复位	阀体内异物堵塞	检查并清理
	阀芯磨损，弹簧失效	检修并更换

9.3.2 应急事件处理

应建立健全公共建筑供水、用水应急管理制度，制定应急预案并定期自检自查，确保发生供水、用水突发性事件后能够快速控制，及时止损，避免水资源大量浪费。应急预案框架包括总则、组织体系、运行机制、应急保障、监督管理等五个内容；运行机制部分包括事故预警、应急处置、善后处理、信息报告与发布；应急保障部分包括应急技术专家贮备保障、备用水源、资金、通信、交通、医疗、监测，监督管理部分包括预案的演练、培训等。

发生供水、用水突发性事件后，运行管理单位应按突发事件级别立即启动应急预案。突发事件应急处置完成后，运行管理单位应形成书面总结报告，总结报告应包括下列内容：

(1) 事故原因、发展过程及造成的后果分析和评价。

(2) 采取的主要应急响应措施和从事件中总结的经验教训等。

(3) 检查突发事件应急预案是否存在缺陷，并提出改进措施。

(4) 对规划设计、建设施工和运行管理等方面提出改进建议。

第10章 公共建筑节水精细化效能评价

10.1 基 本 规 定

10.1.1 一般规定

（1）公共建筑节水精细化效能评价（也称为后评估）评价对象应为单栋公共建筑或公共建筑群。评价对象应落实《国家节水行动方案》，并符合现行国家标准《建筑给水排水设计标准》GB 50015、《民用建筑节水设计标准》GB 50555 、《城市节水评价标准》GB/T 51083的相关规定和所在地方提出的相关节水要求；涉及系统性、整体性的指标，应基于公共建筑所属工程项目的总体进行评价。

开展公共建筑节水精细化效能评价时，按照评价指标的综合得分确定其节水建筑的等级。

公共建筑单体和公共建筑群均可以参与节水精细化效能评价，临时公共建筑不得参评。公共建筑群是指位置毗邻、功能相同、权属相同、技术体系相同（相近）的两个及以上单体公共建筑组成的群体。当对公共建筑群进行评价时，可先用本标准评分项和加分项对各单体公共建筑进行评价，得到各单体公共建筑的总得分，再按各单体公共建筑的建筑面积进行加权计算得到公共建筑群的总得分，最后按公共建筑群的总得分确定建筑群的节水建筑等级。

（2）公共建筑节水精细化效能评价应在公共建筑工程竣工后进行。在公共建筑工程施工图设计完成后，可进行预评价。

公共建筑节水精细化效能预评价需在施工图设计完成后进行，并提交相关设计文件；公共建筑节水精细化效能评价需在竣工验收完成后一年内进行，并提交相关竣工文件、运行管理文件，同时进行现场评价。

（3）申请评价方应对参评公共建筑进行全寿命期技术和经济分析，选用适宜技术、设备和材料，对规划、设计、施工、运行阶段进行全过程控制，并应在评价时提交相应分析、测试报告和相关文件。申请评价方应对所提交资料的真实性和完整性负责。

根据评价机构要求，提交申请材料，相关材料包括但不限于相关水系统竣工图纸、设计计算书、设备材料测试或检测报告、运行管理文件、水表（流量计）使用数据记录等。

（4）评价机构应对申请评价方提交的分析、测试报告和相关文件进行审查，出具评价报告，确定等级。

评价机构依据有关管理制度文件确定，包含水系统相关团体协会或各地方节水办公室等。

10.1.2　评价与等级划分

（1）公共建筑节水精细化效能评价体系由节水水量、节水系统、节水器具与设备、非传统水源、运行维护 5 类指标组成，每类指标均包括控制项和评分项。为了鼓励公共建筑采用提高、创新的技术和产品，建造更高性能的节水建筑，评价指标体系还统一设置"提高与创新"加分项。

（2）控制项的评定结果应为达标或不达标；评分项和加分项的评定结果应为分值。

评分项的评价，依据评价条文的规定确定得分或不得分，得分时根据需要对具体评分子项确定得分值，或根据具体达标程度确定得分值。加分项的评价，依据评价条文的规定确定得分或不得分。

（3）对于多功能的综合性单体公共建筑，应按本章全部评价条文逐条对适用的区域进行评价，确定各评价条文的得分。

不论建筑功能是否综合，均以各个条款为基本评判单元。对于某一条文，只要建筑中有相关区域涉及，则该建筑就参评并确定得分。

（4）公共建筑节水精细化效能评价的分值设定应符合表 10-1 的规定。

公共建筑节水评价分值　　　　　　　　　　　　　　　　　表 10-1

类别	评价指标评分项满分值					提高与创新
	节水水量	节水系统	节水器具与设备	非传统水源	运行维护	
预评价分值	50	260	200	140	0	120
评价分值	150	260	200	140	130	120

注：预评价时，本手册第 10.2.2 节的第 3 条、第 4 条、第 5 条、第 6 条及第 10.6.2 节的全部条文不得分。

本手册第 10.2 节"节水水量"评分项指标中第 3 条、第 4 条、第 5 条、第 6 条款与第 10.6 节"运行维护"为公共建筑项目投入运行后的技术要求，因此，相比公共建筑节水的评价，预评价时的满分值有所降低。本条规定的评价指标评分项满分值、提高与创新加分项满分值均为最高可能的分值。公共建筑节水评价应在公共建筑工程竣工后进行，对于刚刚竣工后即评价的公共建筑，部分与运行有关的条文仍无法得分。

（5）公共建筑节水评价的总得分应按下式进行计算：

$$Q = (Q_1 + Q_2 + Q_3 + Q_4 + Q_5 + Q_6)/10 \qquad (10\text{-}1)$$

式中　Q——总得分；

$Q_1 \sim Q_5$——分别为评价指标体系 5 类指标（节水水量、节水系统、节水器具、非传统水源、运行管理）评分项得分；

Q_6——提高与创新加分项得分。

参评公共建筑的总得分由评分项得分和提高与创新项得分两部分组成，总得分满分为100 分。

对参评公共建筑，若评价体系指标对应的系统未设置，则不参评，以参评体系指标（$Q_1 \sim Q_5$）对应的得分值与其总分比值的百分比与 100 相乘后的值作为（$Q_1 \sim Q_5$）指标的得分值，再加上 Q_6 的分值按式（10-1）得到公共建筑节水评价的总得分。

（6）公共建筑节水等级划分为基本级、一星级、二星级、三星级 4 个等级。

（7）当满足全部控制项要求时，方可参评公共建筑节水等级评定。

控制项是公共建筑满足节水建筑的必要条件，当公共建筑项目满足本标准全部控制项的要求时，其公共建筑节水的等级即达到基本级。

（8）公共建筑节水的星级等级按下列规定确定：

1）节水一星级、二星级、三星级 3 个等级的建筑，每项指标的评分项得分不应小于其评分项满分值的 30%。

2）当总得分分别达到 60 分、70 分、85 分的要求时，公共建筑节水等级分别为一星级、二星级、三星级。

10.2　节　水　水　量

10.2.1　控制项

在进行公共建筑节水设计前，应充分了解项目所在区域的市政给水排水条件、水资源状况、气候特点等实际情况，通过全面的分析研究，制定水资源利用方案，提高水资源循环利用率，减少市政供水量和污水排放量。水资源利用方案包含项目所在地气候情况、市政条件及节水政策，项目概况，水量计算及水平衡分析，给排水系统设计方案介绍，节水器具及设备说明，非传统水源利用方案等内容。

10.2.2　评分项

（1）建筑平均日生活用水量满足现行国家标准《民用建筑节水设计标准》GB 50555中节水用水定额的要求，评价总分值最高为 25 分，不大于节水用水量定额上限值、大于平均值，得 10 分；大于节水用水量定额的下限值、不大于平均值，得 25 分。

（2）建筑生活热水平均日生活用水量满足现行国家标准《民用建筑节水设计标准》GB 50555 中热水节水用水定额的要求，评价总分值最高为 25 分；不大于节水用水量定额上限值、大于平均值，得 10 分；大于节水用水量定额的下限值、不大于平均值，得25 分。

（3）运行一年后建筑平均日生活用水定额［L/(人·d)］，大于现行国家标准《民用建筑节水设计标准》GB 50555 中节水用水定额上限值的、得 0 分；不大于节水用水量定额上限值、大于定额的下限值，得 10 分；大于节水用水量定额的下限值、不大于平均值，得 15 分；小于定额下限值，得 25 分。

（4）运行一年后建筑生活热水平均日生活用水定额［L/（人·d）］，大于现行国家标准《民用建筑节水设计标准》GB 50555 中热水节水用水定额上限值的，得 0 分；不大于节水用水量定额上限值、大于定额的下限值，得 10 分；大于节水用水量定额的下限值、不大于平均值，得 15 分；小于定额下限值，得 25 分。

（5）运行一年后生活用水年节水用水量（m³/a），大于现行国家标准《民用建筑节水设计标准》GB 50555 中按节水用水定额计算上限值的，得 0 分；不大于按节水用水量定额计算上限值、大于按定额计算的下限值，得 10 分；大于按节水用水量定额计算的下限值、不大于平均值，得 15 分；小于按定额计算下限值，得 25 分。

（6）运行一年后生活热水年节水用水量（m³/a），大于现行国家标准《民用建筑节水设计标准》GB 50555 中按热水节水用水定额计算上限值的，得 0 分；不大于按热水节水用水量定额计算上限值、大于按定额计算的下限值，得 10 分；大于按热水节水用水量定额计算的下限值、不大于平均值，得 15 分；小于按热水定额计算下限值，得 25 分。

10.3　节　水　系　统

10.3.1　控制项

（1）给水排水系统设置应合理、完善、安全并符合下列要求：

1）给水排水系统的规划设计应符合现行国家标准《城镇给水排水技术规范》GB 50788、《建筑给水排水设计标准》GB 50015、《民用建筑节水设计标准》GB 50555、《建筑中水设计标准》GB 50336 等的有关规定。

2）给水水压稳定、可靠，各给水系统应保证以足够的水量和水压向所有用户不间断地供应符合水质要求的水。供水充分利用市政压力，加压系统选用节能高效的设备；给水系统分区合理；合理采取减压限流的节水措施。

3）根据用水要求的不同，给水水质应达到国家、行业或地方现行标准的要求。使用非传统水源时，采取用水安全保障措施，且不得对人体健康与周围环境产生不良影响。

4）管材、管道附件及设备等供水设施的选取和运行不应对供水造成二次污染。各类不同水质要求的给水管线应有明显的管道标识。有直饮水供应时，直饮水应采用独立的循环管网供水，并设置水量、水压、水质、设备故障等安全报警装置。

5）设置完善的污水收集、排放和处理等设施。技术经济分析合理时，可考虑污废水的回收再利用，自行设置完善的污水收集和处理设施。污水处理率和达标排放率必须达到 100%。

6）应采取有效措施避免管道、阀门和设备的漏水、渗水或结露。

7）热水用水量较小且用水点分散时，宜采用局部热水供应系统；热水用水量较大、用水点比较集中时，应采用集中热水供应系统，并应设置完善的热水循环系统。设置集中生活热水系统时，应确保冷热水系统压力平衡，或设置混水器、恒温阀、压差控制装置等。

8）应根据当地气候、地形、地貌等特点合理规划雨水入渗、排放或利用措施，保证排水渠道畅通，减少雨水受污染的概率，且合理利用雨水资源。

（2）应按不同的供水用途、管理单元或付费单元等情况，对不同用户的用水分别设置用水计量装置。

按使用用途、付费或管理单元情况分别设置用水计量装置，可以统计各种用水部门的用水量和分析渗漏水量，达到持续改进节水管理的目的。同时，也可以据此实行计量收费，或节水绩效考核，促进行为节水。

（3）无集中热水时，给水系统各分区最低处最大静水压不大于 0.45MPa，有集中热水时，各分区静水压不大于 0.55MPa。用水点处水压大于 0.2MPa 的配水支管应设置减压设施，并应满足给水配件最低工作压力的要求。

供水压力是给水系统节水设计中关键的一个环节，合理的分区供水可避免过高的供水压力造成系统供水管网漏损率增加，减少隐性水资源浪费。

用水器具给水配件在单位时间内的出水量超过额定流量的现象，称超压出流现象，该流量与额定流量的差值，为超压出流量。超压出流量未产生使用效益，为无效用水量，即浪费的水量。给水系统设计时应采取措施控制超压出流现象，应合理进行压力分区，并适当地采取减压措施，避免造成浪费。为保证正常用水需求，用水点水压宜高于 0.15MPa，最高不应超过 0.2MPa，且最低不应低于 0.1MPa。对于因建筑功能而产生的特殊供水压力需求的情况，应提供专项设计论证，以说明用水点压力的合理设定。

选用自带减压装置的用水器具时，该部分管线的工作压力满足相关设计规范的要求即可。当建筑因功能需要，选用特殊水压要求的用水器具时，可根据产品要求采用适当的工作压力，但应选用用水效率高的产品，并在说明中作相应描述。

（4）集中生活热水供应系统应有保证用水点处冷、热水供水压力平衡及稳定的措施。

保证用水点处冷、热水供水压力平衡及稳定，减少调温所带来的浪费现象。应遵循冷水、热水供应系统应分区一致，如采取闭式生活热水供应系统的各区水加热器、贮热水罐的进水均应由同区的给水系统专管供应；由热水箱和热水供水泵联合供水的热水供应系统，热水供水泵的供水压力应与相应给水系统的加压泵供水压力相协调；当冷、热水系统分区一致有困难时，采用配水支管设可调式减压阀减压等措施。保证用水点的压力平衡，保证出水水温的稳定。

（5）集中热水供应系统应采取保证出水温度效果的措施。

热水供应的过程中往往会带来大量水资源的浪费，如用户需要热水的时候往往会先放掉水管内的冷水，造成该部分冷水被浪费。为了能够有效控制这种水资源浪费现象，保证建筑生活热水系统的水温，可以采用管道循环系统或电伴热系统等措施。前者主要可通过选择干管、立管或干管、立管和支管循环方式，以减少调节温度过程中水的流失。后者主要针对一些需要分户计量的居住建筑、住宅建筑等不宜设置支管循环，在有限的空间内不允许有更多的管道系统、阀门附件等。不循环支管过长，通过在热水供水支管采用自调控电伴热系统以改善用户终端的热水出水温度和时间，可减少水资源浪费。

（6）管道直饮水系统的净化水设备产水率不得低于原水的70%。

管道直饮水系统的净化水设备产水率不应小于70%，引自北京市、哈尔滨市等颁布的有关节水条例。据工程运行实践证明：深度净化处理中只有反渗透膜处理时达不到上述产水率的要求，因此，设计管道直饮水水质深度处理时应按节水、节能要求合理设计水处理流程。

（7）空调冷却水系统设计应满足下列要求：

1）冷却水应循环使用。

2）冷却塔集水池、集水盘或补水池应设溢流信号，并将信号送入机房或中控室。

公共建筑集中空调系统的冷却水补水量往往占据建筑物用水量的30%～50%，减少冷却水不必要的耗水对公共建筑的节水意义重大。

（8）人工水景喷泉水池、游泳池、水上娱乐池等水循环系统设计应采用循环给水系统。

游泳池的补水水源来自城市市政给水，在其循环处理过程中排出废水量大，而这些废水水质较好，所以应充分重复利用，也可以作为中水水源之一。游泳池、水上娱乐池等循环周期和循环方式必须符合现行行业标准《游泳池给水排水工程技术规程》CJJ 122 的有关规定。

（9）水源热泵用水应循环使用。当采用地下水为热源的水源热泵换热后的地下水应全部回灌至同一含水层，抽、灌井的水量应能在线监测。

水源热泵技术成为建筑节能重要技术措施之一，由于对地下水回灌不重视，已经出现抽取的地下水不能等量地回灌到地下，造成严重的地下水资源的浪费，对北方地区造成的地下水位下降等问题尤其严重。

（10）绿化浇洒应采用喷灌、微灌、滴灌等高效节水灌溉方式。

目前普遍采用的绿化节水灌溉方式是喷灌，喷灌比地面漫灌要省水30%～50%。微灌包括滴灌、微喷灌、涌流灌和地下渗灌，比地面漫灌省水50%～70%，比喷灌省水15%～20%。

浇洒方式应根据水源、气候、地形、植物种类等各种因素综合确定，其中喷灌适用于植物集中连片的场所，微灌系统适用于植物小块或零碎的场所。

当采用再生水灌溉时，因水中微生物在空气中易传播，故应避免喷灌方式。

采用滴灌系统时，由于滴灌管一般敷设于地面上，对人员的活动有一定影响。

（11）管道敷设应采取严密的防漏措施，应符合列规定：

1）敷设在有可能结冻区域的供水管应采取可靠的防冻措施。

2）埋地给水管应根据土壤条件选用耐腐蚀、接口严密耐久的管材和管件，做好相应的管道基础和回填土夯实工作。

3）室外直埋热水管，应根据土壤条件、地下水位高低、选用管材材质、管内外温差采取耐久可靠的防水、防潮、防止管道伸缩破坏的措施。室外直埋热水管直埋敷设还应符合现行标准《建筑给水排水及采暖工程施工质量验收规范》GB 50242 及《城镇供热直埋热水管道技术规程》CJJ/T 81 的相关规定。

10.3.2　评分项

（1）根据水平衡测试的要求设置用水量计量系统，能分级记录、统计各种用水情况，评价分值最高为 30 分，分 2 级计量，得 15 分；分 3 级计量，得 30 分。

（2）设置用水远传计量系统及管网漏损监测系统，设有用水远传计量系统，得 15 分；同时设有管网漏损监测系统，得 30 分。

（3）给水系统无超压出流现象，评价分值最高为 40 分，用水点供水压力不大于 0.30MPa，得 20 分；不大于 0.20MPa，且满足给水配件最低工作压力的要求，得 40 分。

（4）集中热水供应系统保证热水配水点出水温度不低于 45℃的时间，不大于 10s，得 20 分，不大于 7s，得 30 分，不大于 5s，得 40 分。

（5）给水调节水池（箱）、消防水池（箱）进水管上具备机械和电气双重控制功能，达到溢流液位时，能自动关闭进水阀门并报警，得 20 分。

（6）空调冷却系统采用节水设备或技术，并按下列规则评分，评价分值最高为 30 分：

1）冷却塔设置在气流通畅，湿热空气回流影响小的场所，且布置在建筑物的最小频率风向的上风侧，得 5 分。

2）循环冷却水系统采取设置水处理措施、加大集水盘、设置平衡管或平衡水箱等方式，避免冷却水泵停泵时冷却水溢出，得 10 分。

3）采用无蒸发耗水量的冷却技术，得 25 分。

4）冷却水循环率不应低于 98%，得 5 分；冷却水循环率不应低于 98.5%，得 10 分；冷却水循环率不应低于 98.7%，得 15 分。

（7）绿化灌溉系统采用设置土壤湿度感应器、雨天自动关闭装置等节水控制措施或技术，得 30 分。

（8）排污降温池冷却水补水采用非传统水源，得 20 分。

（9）洗车用水采用无水洗车或微水洗车等节水设备或技术，得 20 分。

10.4　节水器具与设备

10.4.1　控制项

（1）建筑给水排水系统中所有用水部位均应采用节水型器具和设备，采用的卫生器具、水嘴、淋浴器等应根据使用对象、设置场所、建筑标准等因素确定，且应符合现行标准《节水型卫生洁具》GB/T 31436、《节水型生活用水器具》CJ/T 164、《节水型产品通用技术条件》GB/T 18870 的规定。

（2）洗衣机、洗碗机、家用净水机等设备也应满足节水型器具的要求。

（3）采用非接触式水嘴流量应符合《水嘴水效限定值及水效等级》GB 25501—2019 中水效等级 2 级及以上的要求；

（4）采用非接触式淋浴器流量应符合《淋浴器水效限定值及水效等级》GB 28378—2019 中水效等级 2 级及以上的要求；

（5）非接触式小便器冲洗器、非接触式大便器冲洗器用水量应符合《便器冲洗阀用水效率限定值及用水效率等级》GB 28379—2012 中水效等级 2 级及以上要求。

（6）公共建筑供水管道设置计量水表应符合下列规定：

1）水表设置部位应符合现行国家标准《建筑给水排水设计标准》GB 50015 设置规定。

2）水表产品应符合现行标准《饮用冷水水表和热水水表》GB/T 778.1～3、《IC 卡冷水表》CJ/T 133、《电子远传水表》CJ/T 224、《饮用冷水水表检定规程》JJG 162 的有关规定。

（7）减压阀的设置应符合现行国家标准《建筑给水排水设计标准》GB 50015 的有关规定。

（8）水加热器的热媒入口管上应装自动温控装置。

自动温控装置应能根据壳程内水温的变化，通过水温传感器可靠灵活的调节或启闭热媒的流量，并应使被加热水的温度与设定温度的差值满足下列规定：

1）导流型容积式水加热器：±5℃。

2）半容积式水加热器：±5℃。

3）半即热式水加热器：±3℃；以避免因水加热器内水温温度过高过低泄水放汽引起浪费。

（9）成品冷却塔应选用冷效高、飘水少、噪声低、安装维护简单的产品。

（10）洗衣房、厨房应选用高效、节水的设备。

（11）供水系统应按下列规定选用管材、管件及连接方式：

1）管道和管件及连接方式的工作压力不得大于产品标准中的公称压力或标称的允许工作压力。

2）管材和管件应选用耐腐蚀和安装连接可靠的材质。

3）管材与管件连接的密封材料应卫生、严密、防腐、耐压、耐久。

供水系统包括生活给水、热水、管道直饮水、再生水、循环水系统等。所谓可靠的连接方式即应符合相应管材管件产品标准。

10.4.2 评分项

（1）使用较高用水效率的卫生器具，评价总分值最高为 50 分，并按以下规则得分并累计：

1）坐式大便器采用设有大、小便分档的冲洗水箱，得 5 分。

2）水嘴、淋浴喷头内部设置限流配件，得 5 分。

3）公共浴室采用带恒温控制与温度显示功能的冷热水混水装置，得 5 分。

4）洗脸盆等卫生器具采用陶瓷片等密封性能良好耐用的水嘴，得 5 分。

5）采用调压富氧节水花洒等建筑新型室内节水器具，节水效率等级达到 2 级，得 5 分。

6）全部卫生器具的用水效率等级达到 2 级，得 10 分；50％以上卫生器具的用水效率等级达到 1 级且其他达到 2 级，得 15 分；全部卫生器具的用水效率等级达到 1 级，得 25 分。

本条第 3）款包括冷热水干管处设置的混水器和在用水末端设置的混水淋浴器。混合后单管供水，双管供水后出水前混水。

（2）计量水表的设置按以下规则得分并累计，评价总分值为 30 分。

1）采用电子远传水表或 IC 卡水表，得 5 分。

2）采用使动流量小于或等于 100L/h、大于 10L/h 的远传水表，得 5 分，采用使动流量小于或等于 10L/h 的远传水表，得 10 分。

（3）采用远传水表数据采集频次高于 5min/次，得 5 分；采用远传水表数据采集频次小于或等于 5min/次，大于 1min/次，得 10 分；采用远传水表数据采集频次小于或等于 1min/次，得 15 分。

（4）学校、学生公寓、集体宿舍公共浴室、盥洗室等集中用水部位采用智能流量控制装置，得 7.5 分。安装脚踏阀、光感、智能控制等开关，得 7.5 分，评价总分值为 15 分。

（5）减压阀符合下列要求得分并累计，评价总分值最高为 10 分。

1）减压阀壳体及阀座材质为铸造铜合金、锻造铜合金或铸造不锈钢，得 2 分。

2）减压阀前后有压力表或者测试接口，减压阀后有压力试验排水阀，得 2 分。

3）减压阀及控制阀有保护或者锁定调节配件的装置，得 2 分。

4）减压阀进口压力变化时，减压阀不得有异常动作，其出口压力偏差值不应大于出口压力的 10％，得 2 分。

5）减压阀进口流量变化时，减压阀不得有异常动作，其出口压力负偏差值不应大于出口压力的 20％，得 2 分。

（6）加压水泵的 Q-H 特性曲线应为随流量的增大，扬程逐渐下降的曲线。泵体外壳材质为球墨铸铁，叶轮为青铜或不锈钢评价分值为 5 分。

（7）采用叠压（无负压）供水设备，评价分值为 10 分。

采用叠压供水方式时，不得造成该地区城镇供水管网的水压低于本地规定的最低供水服务压力。

（8）采用基于精细化控制的二次供水设备，评价分值为 10 分。

（9）水加热设备根据使用特点、耗热量、热源、维护管理及卫生防疫等因素选择，按以下规则得分并累计，评价总分值最高为 10 分：

1）被加热水侧阻力损失小，不大于 0.01MPa，有利于生活热水系统冷、热水的压力平衡，得 2.5 分。

2）直接供给生活热水的水加热设备的被加热水侧阻力损失小，不大于 0.01MPa，得 2.5 分。

3）水加热器储水部分根据水质情况采用不锈钢、碳钢衬铜、碳钢衬不锈钢或碳钢不锈钢复合板及 444 铁素体不锈钢，U 形换热管束和浮动盘管等换热部分采用紫铜管或不锈钢管，得 2.5 分。

4）容积式水加热器（水换热设备）采用滞水区小的设备，如导流型容积式、半容积式热水器，得 2.5 分。

（10）空调冷却水、中水、雨水、循环水以及给水深度处理水等的水处理采用自用水量较少的处理设备，评价总分值为 10 分，其中每一项得 2 分。

（11）冷却塔的选用和设置按以下规则得分并累计，评价总分值最高为 10 分：

1）建筑空调系统的冷却塔采用漂水量损失小于 0.001％，蒸发损失量小于 1％的高冷效设备，得 3 分。

2）冷却塔数量与冷却水用水设备的数量、控制运行相匹配，得 2 分。

3）冷却塔设计计算所选用的空气干球温度和湿球温度，与所服务的空调等系统的设计空气干球温度和湿球温度相吻合，采用历年平均不保证 50h 的干球温度和湿球温度；得 5 分。

4）冷却塔采用补水综合利用一体化设备，得 1 分。

5）采用臭氧处理中央空调循环冷却水设备，得 2 分。

冷却塔的开启与冷冻机运行应相匹配，避免出现大马拉小车，造成不必要的冷却水蒸发等消耗，以实现间接节水。

（12）室内生活冷、热水给水系统管材采用铜管或不锈钢管，得 10 分。

（13）医疗建筑采用分质供水及浓水回用设备，得 10 分。

（14）采用具有智能控制功能的雨水回用设备，得 5 分。

（15）采用智能贮水池（箱），得 5 分。

智能贮水池（箱）为设置有自动清洗、水质在线监测、人孔盖启闭报警、液位自动运行控制、内部视频监控等自动运行管理功能的贮水池（箱）。

（16）洗衣房、厨房选用高效节水设备，评价总分值为 10 分。洗衣房选用节水型洗衣设备，得 5 分；厨房选用节水型公共洗碗机，得 5 分。

10.5　非传统水源

10.5.1　控制项

（1）民用建筑采用的非传统水源，其水质应符合国家现行有关标准的规定雨水或再生水等非传统水源在储存、输配等过程中有足够的消毒杀菌能力，且水质不会被污染，以保障水质安全，水质符合现行国家标准《城市污水再生利用　景观环境用水水质》GB/T 18921 和《城市污水再生利用　城市杂用水水质》GB/T 18920 的规定；雨水或再生水等非传统水源在处理、储存、输配等过程中符合现行国家标准《城镇污水再生利用工程设计规范》GB 50335、《建筑中水设计标准》GB 50336 及《建筑与小区雨水控制及利用工程技术规范》GB 50400 的相关要求。

雨水或再生水管道及各种设备应标注明显的名称，以保证与生活用水管道严格区分；供水系统设有备用水源、溢流装置及相关切换设施等，以保障水量安全。

景观水体采用雨水或再生水时，在水景规划及设计阶段应将水景设计和水质安全保障措施结合起来考虑。

（2）非亲水性室外景观用水采用非传统水源

景观用水包括人造水景的湖、水湾、瀑布和喷泉等，应选用中水、雨水、海水等非传统水源解决景观用水水源和补水的问题。但体育活动的游泳池、瀑布等不受此限制。

10.5.2　评分项

（1）室外景观水体优先利用雨水资源进行补水，利用雨水的补水量大于水体蒸发量的 60%，且采用保障水体水质的生态水处理技术，评价总分值为 30 分，并按下列规则分别评分并累计：

1）对进入室外景观水体的雨水，利用生态设施削减径流污染，得 10 分。

2）利用水生动、植物保障室外景观水体水质，得 10 分。

3）亲水性的室外景观用水，采用非传统水源且满足相应的水质要求时，得 10 分。

未设置室外景观水体的项目，本项直接得分。室外景观水体的补水没有利用雨水或雨水利用量不满足要求时，本项不得分。

设置本项的目的是鼓励将雨水控制利用和室外景观水体设计有机地结合起来。

（2）合理使用非传统水源，评价总分为 35 分，并按下列规则分别评分并累计：

1）绿化灌溉、车库及道路冲洗采用非传统水源的用水量占其总用水量的比例不低于 40%，得 6 分；不低于 60%，得 10 分。

2）冲厕采用非传统水源的用水量占其总用水量的比例不低于 30%，得 6 分；不低于 40%，得 10 分。

3）冷却水补水采用非传统水源的用水量占其总用水量的比例不低于 20%，得 6 分；不低于 40%，得 10 分。

4）洗车用水采用非传统水源占其总用水量的比例不低于 60%，得 3 分；不低于 80%，得 5 分。

本条涉及的非传统水源用水量、总用水量为设计年用水量，由设计平均日用水量和用水时间计算得出。

（3）当采用中水处理站供应中水时，应选用自耗水量较小的工艺，评价总分 20 分。

1) 自耗水量低于 5%，得分 20 分。

2) 自耗水量 5%～7.5%，得分 10 分。

3) 自耗水量＞7.5%，得分 0 分。

中水处理系统的处理设施自耗水系数一般为 5%～10%。优选工艺，中水原水优先选用优质杂排水等措施，可以有效地降低自耗水量，进而起到节水的作用。

评价方法：根据实际运行数据进行评价。

（4）雨水控制与利用设施，宜优先选用雨水入渗、回用系统。评价总分 30 分。

1) 当园区采用雨水入渗、回用系统，其占需控制及利用径流总量的百分比大于 80%，得 30 分。

2) 当园区采用雨水入渗、回用系统，其占需控制及利用径流总量的百分比大于 50%，得 15 分。

雨水控制利用设施的选择，调蓄排放的形式仅起到雨水错峰排放的作用，并未真正意义上实现雨水的资源化或实现雨水的可持续水循环，提高水生态系统的自然修复能力。从此角度考虑，雨水入渗可起到雨水的自然积存、自然渗透、自然净化的作用，与海绵城市建设的生态优先的原则相一致；雨水回用可有效地实现雨水的资源化，达到节水的效果。

评价方法：计算建筑与小区内需控制及利用的雨水径流总量，按《建筑与小区雨水控制及利用工程技术规范》GB 50400—2016 相关公式进行计算，并计算雨水入渗和回用系统可处理的雨水径流总量，并计算得出所占百分比。

（5）当建筑与小区设有中水处理站时，其他优质杂排水应作为其原水水源。评价总分 25 分，并按下列规则分别评分并累计：

1) 给水调节水池（箱）、消防水池（箱）清洁时排出的废水、溢流排至中水、雨水调节池进行回收利用，得 6 分。

2) 游泳池、水上娱乐池等水循环系统的排水，作为中水原水或雨水调节池原水进行回收利用，得 5 分。

3) 锅炉排污水经降温后进行回收利用，得 3 分。

4) 管道直饮水系统的浓水进行回收利用，得 3 分。

5) 蒸汽凝结水回收利用，得 4 分。

6) 空调冷凝水回收利用，得 4 分。

优先选用优质杂排水作为中水原水，可节省处理成本，减少处理的自耗水量，达到节水的效果。

评价方法：根据项目不同，每个项目所涉及的系统不同，未设该系统的可直接得分，有该系统且排水作为中水原水的该项得分，设有该系统但排水未回收利用的，该项不得分。

10.6　运　行　维　护

10.6.1　控制项

（1）物业管理机构应按照阶梯用水的原则，根据当地水资源状况、气候特征和不同建筑类型提交节水管理方案，并说明实施效果，达到合理提高水资源利用率，减少市政供水量和污水排放量的目的。节水管理方案应包含以下内容：明确节水管理人员及职责、节水设施的操作规程和技术标准、用水设施日常维护巡视制度、用水统计数据记录、用水设施事故应急预案、节水绩效考核激励机制和节水宣传机制。节水设施日常巡检维护包含供水管道、排水管道、用水设施和计量设施是否完整齐全，用水设施漏损情况，节水设施运行和维护情况。节水管理方案的实施效果通过查看资料、文字记录、走访用户、现场抽查的方式进行考核。用水设施事故发生时或发现管道、设施损坏等异常问题应及时检修，缩短查漏检修时间，减少漏损量。物业管理部门要制定节水宣传和教育、普及节约用水的科学知识，增强居民节约用水意识。

（2）物业管理人员可根据当地要求参加培训，也可请专业人员进行指导培训。培训内容应包含：用水计量器具的管理，负责用水计量器具的配备、使用、校准、维修、报废；主要用水设施的检修制度；用水管网巡查制度；用水原始数据记录和统计资料等。

（3）监测小区内各分项的建筑用水量，物业管理机构应每月对各级水表水量进行记录并归档，应对用水量异常的区域及用户进行监督及管理，并做相应的整改。

（4）雨季来临前应对雨水回用设施进行清洁消毒和维护保养；雨季当中定期对回用设施运行状态进行观测检查，且应保证处理回用的雨水水质满足国家相关标准及施工图设计相关要求。

雨水回用是解决水资源短缺的有效途径。因雨水原水水质不稳定，对雨水回用设施的影响较大，需定期对雨水回用设施运行状态进行观测检查。雨水回用设备的稳定运行，处理后雨水水质符合国家相关标准及施工图设计相关要求，可达到节水的效果。节水管理方案应包含《建筑与小区雨水控制及利用工程技术规范》GB 50400—2016 运行管理中的相关内容，根据实际运行情况，雨水回用系统的维护管理检查时间不低于《建筑与小区雨水控制及利用工程技术规范》GB 50400—2016 的相关要求。

10.6.2　评分项

（1）节水管理方案包含以下相关内容，且有效实施，总评价分值为 70 分。

1）对小区供水管网按水表等级划分区域，通过各级水表计量，每月核算各区供水管网漏水量，对管网漏水量异常区域及时检修维护，得 15 分。

2）在空调运行期间检测循环冷却水系统水质，评估水处理设备运行情况，并根据循环冷却水系统水质情况制定合理的排空换水周期，得 8 分。

3）节水管理方案应根据循环冷却水系统实际水质情况制定合理的排空换水周期，制冷季节每周检测一次水质情况，非制冷季节每月检测一次水质情况。空调制冷季检测循环冷却水系统水质应符合现行国家标准《采暖空调系统水质》GB/T 29044 相关的水质要求。

4）采暖系统、空调制冷系统应保证系统处于满水状态，得 5 分。

5）采暖系统、空调制冷系统均为闭式系统，如系统内泄空，则会导致管道与空气接触而腐蚀管道，致使系统运行时水质变差，增加系统冲洗及换水次数。节水管理方案应制定采暖系统、空调制冷系统全年满水的相关技术措施。

6）制定合理的绿化浇灌用水管理制度，并按下列规则评分，评价总分值为 12 分。

① 对绿化用水进行计量，得 1 分。

② 不同季节精准制定灌溉用水量，得 1 分。

③ 合理确定绿化灌溉用水时间，不得提前或延后，得 1 分。

④ 降雨天气或降雨季节应关闭绿化用水水源，得 1 分。

⑤ 用水设施和管道采取保温措施，防止冻坏造成漏损，得 1 分。

⑥ 冬季冰冻期前应关闭阀门并排空阀后管道内存水，得 1 分。

⑦ 采用人工浇灌时，不应出现无人看管现象，得 1 分。

⑧ 土壤持水量低于 50％时进行灌溉，土壤持水量在 60％～80％，不过度浇灌，得 1 分。

⑨ 绿化灌溉不应出现积水、溢流现象，得 1 分。

⑩ 采用土壤湿度传感器，自动控制灌溉系统启停，得 1 分。

⑪ 绿化灌溉用水由专人管理，不得挪为他用，得 1 分。

⑫ 除满足以上条款外，采取其他节水灌溉管理措施，得 1 分。

⑬ 绿化灌溉用水量应根据气候条件、植物种类、植物腾发量、土壤性状、浇灌方式等因素综合确定。

7）对游泳池循环水处理设备进行维护，根据游泳池水质情况，合理确定游泳池全池换水周期，并按下列规则评分，评价总分值为 10 分。

① 机房设置池水循环净化处理系统各工艺设备配置、运行态势图，得 3 分。

② 制定各项设备、设施、装置等维护管理方案，得 3 分。

③ 每日对水质进行检测，并且制定泳池水质监控日志。根据游泳池水质情况，合理确定游泳池全池换水周期，得 4 分。

节水管理方案应包含《游泳池给水排水工程技术规程》CJJ 122—2017 中规定的水处理设备维护管理相关内容及水质检测相关内容，且根据泳池水质情况及当地卫生监督部门的规定确定合理的游泳池全池换水周期。游泳池的池水水质应符合现行行业标准《游泳池水质标准》CJ/T 244 的规定，举办重要国际游泳竞赛和有特殊要求的游泳池池水水质，应符合国际游泳联合会及相关专业部门的要求。

8）对管道直饮水管网及设备进行维护，根据使用情况合理确定循环时间，并按下列规则评分，评价总分值为 10 分。

① 定期对末端水源水质采样检测，根据使用情况及末端水质情况，合理确定循环时间，得 2 分。

② 建立设备、仪器仪表、输水管网、终端设备的管理制度，实施管理和维护。供水设施维护检修，应建立日常保养、定期维护和大修理三级维护检修制度，得 2 分。

③ 通过定期和不定期的就地清洗（CIP）灭菌，保证产品设备和管道的卫生，得 2 分。

④ 设立远程监控管理，通过互联网的信号传输，系统实现现场控制和远程监控结合；远程监控设备的运行状况，包括压力，流量，电导率，pH 等；数据备案保存，如设备异常立刻采取措施停止设备，得 2 分。

⑤ 制定水源和供水突发事件应急预案，当出现突发事件时，物业管理人员应按预案尽快上报并迅速采取有效的处理措施，得 2 分。

节水管理方案应包含《建筑与小区管道直饮水系统技术规程》CJJ/T 110—2017 中规定的室内外管网及水箱、水处理设备维护管理相关内容及水质检测相关内容，应根据实际使用情况，合理确定循环时间，保证供配水系统中的直饮水停留时间不超过 12h。日常保养应检查运行状况，使设备、环境卫生清洁，传动部件按规定润滑；定期维护应定期对设施进行检查（包括巡检），对异常情况及时检修或安排计划检修。对设施进行全面强制性的检修，宜列入年度计划大修理（恢复性修理）有计划地对设施进行全面检修及对重要部件进行修复或更换，使设施恢复到良好的技术状态。

9）对中水处理设施的水质进行监测，根据出水情况合理优化中水设施的运行参数，并有巡检记录，按下列规则评分，评价总分值为 10 分。

① 物业管理人员每天巡检设备运转情况。确保设备正常运转、系统正常产水。一旦发现设备、管道、阀门等漏水或电线、电控漏电、风机缺油、设备损坏等状况，应及时报备、及时处理，得 2 分。

② 物业管理人员每天两次在机房取样，两次在末端用水点处观察水质状况，及时掌握水质状况。根据出水情况合理优化中水设施的运行参数。一旦发现取样口水质有异味、泡沫、浑浊、杂质状况，应及时分析原因、及时解决问题，避免不合格的水进入清水池及末端用水点，得 2 分。

③ 物业管理人员每天对设备及水质状态进行记录。记录表包含：设备巡检时间、水质取样时间、末端用水水质观察时间、景观水水质观察时间、设备运行状况，得 2 分。

④ 物业管理人员定期对设备及系统进行清洗保养维护，以确保水质合格、稳定，得 2 分。

⑤ 制定应急预案，特别是水质不合格应急措施、水量保证措施，避免系统停机及系统故障导致水资源浪费，得 2 分。

中水设施的运行监管失控，会造成出水水质不达标的情况，无法保证用户的用水要求。很多单位的中水设施在日常运行中对部分水质和运行指标没有监测和记录，管理单位无水质监测场所，无水质监测仪器，无合格上岗人员。在缺乏现场例行监测和管理部门监测的情况下，大部分建筑中水设施的实际上无法正常运行，也无法根据优化运行参数。

（2）对节水管理方案进行评估，并根据结果进行优化，总评价分值为 40 分。

1）每日检查节水设备，具有检查、运行、事故、维修措施的记录，且记录完整，得 20 分。

节水设施的运行维护技术要求高、维护工作量大，需要建立完善的管理制度，每日对节水设施进行检查，公共建筑节假日前对用水设施进行全面检查，并对节水设施的运行、维护情况进行有效记录，悬挂在明显处，通过专业的管理促使操作人员对节水设施进行有效的维护。

2）每个季度对区域用水情况进行公示，得 20 分。

物业管理部门应保存用水统计数据，保证清楚完整，并至少每季度提供一次完整的用水量记录。

（3）建立节水教育宣传和实践机制，编制节水宣传和节水设施使用手册，总分值为 20 分。

1）每年组织不少于 2 次的节水展示、应急演练等节水教育和宣传，并有活动记录，得 10 分。

2）建立具有节水宣传、体验和交流分享的平台，并向用户提供节水宣传及节水设施使用手册，得 5 分。

3）每年开展一次针对节水效果的用户满意度调查、并根据调查结果制定改进措施并实施、公示，得 5 分。

用户和物业管理部门的节水意识和行为，直接影响节水设施的运行和建筑的节水效果。需要倡导节水理念和节水生活方式的教育宣传，培训用户和物业管理部门正确使用节水设施，形成良好的节水习惯和风气。节水宣传应贯彻在日常生活中，可采用节水宣传标语，宣传栏、板报等形式，并在用水设施旁张贴节水宣传标志。节水宣传活动每年不应少于 2 次，可选择在"全国节水日""世界地球日"等配合开展节水活动。

10.7 提 高 与 创 新

10.7.1 一般规定

（1）公共建筑节水精细化效能评价（后评估）评价时，应按本章规定对提高与创新项进行评价。

（2）加分项的附加得分为加分项得分之和。当附加得分大于 120 分时，应取为 120 分。

10.7.2　加分项

（1）运行维护阶段应用信息化管理平台，评价分值为 20 分

本条是对运维管理方式提出更高层次的要求，信息化管理平台符合当下大力推广信息化技术的时代要求；信息化管理平台作为数据集成平台，在节约人工成本、降低事故发生率、加快事故响应等方面具有显著优势；信息化管理平台应具备数据存储、查询检索、录入输出、自动提示等功能；信息化管理平台稳定运行 2 年以上，可参与评价；参与评价时，申报方应提供由信息化平台导出的 3 个月系统运行报告，内容包括：流量压力连续变化曲线、设备台账清单、巡检计划书、运维记录单、事故分析报告等；其中流量压力连续变化数据按月统计，并包含 1、2 级计量干管监测数据；事故分析报告应包含发现时间、故障部位、响应时间、发生原因、处置措施及时长、损失水量等细节，事故发生时段应与出具的流量压力统计月份相对应，若运行 2 年内未出现或未处置过水质污染、水箱溢流、渗漏和爆管、大型用水设备清洗和故障维修等事故，仅提供最大用水量月份前后 3 个月统计数据即可；

（2）种植无需永久灌溉植物，评价分值为 20 分

本条是对节水灌溉更高层次的要求，参照《绿色建筑评价标准》GB/T 50378—2019 规定，无需永久灌溉植物种植面积为 50% 以上，且其余部分绿化采用节水灌溉方式时，本项得分；当选用无需永久灌溉植物时，设计文件中应提供植物配置表，并说明是否属无需永久灌溉植物，申报方应提供当地植物名录，说明所选植物的耐寒性能。

（3）建筑节水方案充分考虑建筑所在地域的气候、环境、资源，结合场地特征和建筑功能，进行技术经济分析，充分利用原水水质条件，采用海水、矿井水及苦咸水等代替淡水水源，显著提升节水效率，评价分值为 20 分。

在有条件的沿海缺水城市，可将海水淡化作为水资源的重要补充和战略储备。加快推进海水淡化水作为生活用水补充水源，鼓励地方政府支持海水淡化项目，实施海岛海水淡化示范工程。

在资源型缺水城镇开展地下苦咸水淡化、矿井水处理工程建设，加快推进矿井水及苦咸水利用设施建设。

（4）应用建筑信息模型（BIM）或地理信息系统（GIS）技术，评价分值为 20 分；在建筑供水设施运行维护阶段中应用，能够对建筑供水管网流量和压力进行精准调控，提升节水效率，评价分值为 40 分。

建筑信息模型（BIM）本身包含了大量工程属性数据，若能够结合信息化管理平台，充分利用这部分数据信息，伴随 BIM 技术的推广，促进信息化管理平台的应用普及，将有助于加强建筑管道系统管理，提高系统设备耐久性和供水可靠性；地理信息系统（GIS）在市政供水管网领域已有较为广泛的应用，如爆管分析、水力建模、工况模拟等，如果将相应技术手段移植应用于建筑供水管网，能够通过水力建模充分掌握建筑供水管网流量压力的分布规律，对控制超压、预防爆管、加快事故响应均有积极

作用。

（5）设备、用水器具、非传统水源利用等采用国内外先进技术或创新工艺，经相关技术认证，提升节水效率，评价分值为 20 分。

涉及国内外先进技术或创新工艺，申报方应提供相关权威部门出具的技术认证报告和证书，并说明提升节水效率的主要技术措施和试验参数。

第11章 案 例 应 用

11.1 项 目 背 景

建设资源节约型、环境友好型社会，是推进社会主义和谐社会建设的主要内容。高等学校是水资源消费大户，也是开展节水教育重要场所。实施节水型高校建设，不仅可以促进节能减排，降低办学成本，还可以培养学生的节水、护水、爱水意识，带动全社会持久，自觉的节水行动，对于加快节水型社会建设、高效利用和节约保护水资源具有重要意义。搞好高校的节水型校园建设是贯彻落实科学发展观的具体体现，虽然我们国家是能源大国，但人均能源占有量低，优质能源少，随着经济的发展，能源需求量将大幅度上升，经济发展面临着能源短缺的约束，矛盾更加突出，加快建设资源节约型、环境友好型社会是应对能源危机，保障我国经济可持续发展的正确抉择。培养节约型人才是大学的使命，积极实践开发好"节水"这一新型水源，将校园打造成运行中的绿色发展实验室和育人场所。广泛开展节水型校园建设，不仅是扩大节水型社会微观基础的要求，也是提高全民节水意识、节水技能、节水习惯，形成勤俭节约良好风尚的根本举措。

11.2 项 目 概 况

本案例选取西安某高校宿舍楼洗漱废水集中收集的净化处理与回用项目，该校区现有全日制学生 34000 人，教职工 2800 人，生活用水由市政自来水供给，2020 年用水量 47.18 万 t，最高日用水量 1.97 万 t，人均年用水 31.52t。

2019 年该校开展节水型校园活动实践，包括学生宿舍洗漱废水净化处理回用工程，将洗漱废水经过一体化设备的处理回用至厕所冲洗用水；学生公寓安装 386 余套引射式喷射节水器，将公寓内部冲水水箱改为延时阀，节水率高达 30%；学生浴室安装刷卡控水系统 200 余套，达到节水目的；学生热水房加装一卡通刷卡控水系统，避免热水浪费；对教学楼、宿舍楼、办公楼等 218 间公共卫生间的用水设施实施节水改造。该校的节水理念是依托特色优势专业，开展节水方面产学研实践，绿色科技助推绿色校园发展建设进程。

洗漱废水是一种污染较轻的生活污水，水质较好，属于优质杂排水，是生活污水的主要组成部分，该校洗漱废水量约占总生活用水的 30%，2020 年用水量为 47.18t，通过对 2、3 号宿舍楼水质进行调查，得出该宿舍楼水质稳定、水量大、易收集。因此，将洗漱废水处理后回用，可以实现污水资源化，缓解用水压力，提高水资源利用效率。

基于该现状，该项目采用以超滤为核心的一体化处理与回用设备，其工艺流程如图11-1所示。

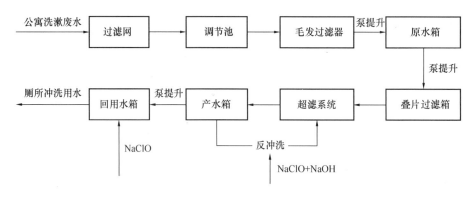

图 11-1 洗漱废水处理工艺流程图

洗漱废水回用与处理过程示意图如图 11-2 所示，详细处理与回用过程描述如下：

宿舍楼洗漱废水经管网收集汇入调节池，放置于调节池的潜污泵将废水提升，经过毛发过滤器截留头发等较大的悬浮物，而后进入原水箱，超滤进水泵对原水箱的废水加压后经叠片过滤器进入超滤膜过滤，超滤产水投加次氯酸钠进行消毒，确保产水中有一定的余氯量。超滤产水储存于产水箱，当屋顶水箱缺水时，启动回用泵向其中补给。屋顶水箱重力流入宿舍楼的冲厕管网供使用，当使用量过大且回用泵补给量不足时，打开自来水补给阀向屋顶水箱补给自来水。超滤膜定时进行反洗和正洗，并且在一定过滤周期后排空以排除积聚的污物。反洗时采用超滤产水，启动反洗泵加压后对超滤膜进行反洗以恢复膜通量。正洗则采用原水对膜壳积聚的污物做快速冲洗。排空过程中超滤膜壳内的污物依靠重力被清除。当超滤膜跨膜压差较初始时增加约 $10kPa$ 或过滤周期达一周时，启动反洗的同时通过计量泵向反洗管路中投加化学药剂进行在线清洗每次经过物理或者在线化学清洗可以恢复部分膜通量。图 11-3～图 11-6 为 2、3 号宿舍洗漱废水处理系统集成设备的外部、内部图。

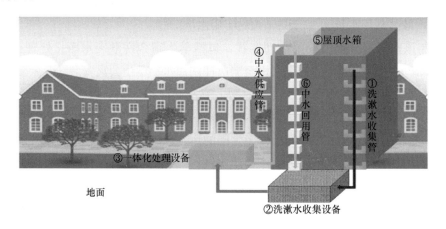

图 11-2 洗漱废水回用示意图

图 11-3 二号楼处理系统外观图

图 11-4 二号楼处理系统内部图

图 11-5 三号楼处理系统外观图

图 11-6 三号楼处理系统内部图

经过长时间的运行测试，出水水质完全满足冲厕用水的水质要求。据统计，2号宿舍楼洗漱废水设备年节约用水可达 1.4 万 t，3 号宿舍楼洗漱废水设备年节约用水可达 7.0 万 t（均按 300d 计），从总体上看，节约水总量还是很可观的。从宏观上看，该项目属于节水型社会建设"十三五"规划中的再生水利用重点工程建设，体现了富有校园特色的节水型发展模式，并且具有合理配置、节约保护和高效利用的基本特征，能为同行提供技术借鉴与案例参考。

11.3　项　目　设　计

11.3.1　废水水量概况

该项目共建设了两套洗漱废水处理与回用系统，分别用于处理 2 号和 3 号学生公寓产生的洗漱废水，合计废水处理量为 $280m^3/d$。处理过后的水质达到《城市污水再生利用 城市杂用水水质》GB/T 18920—2020 后回用于学生公寓厕所冲洗用水。

11.3.2 超滤膜参数

超滤膜组件参数如表 11-1 所示。

表 11-1

超滤膜组件参数

组件型号	DUF-PO615I
过滤方式	外压式，加压
膜丝内/外径（mm）	0.6/1.2
膜丝材料	聚偏氟乙烯（PVDF）
膜壳材料	PVC-U
膜组件灌封介质	环氧树脂
膜公称孔径（μm）	0.03
有效膜面积（m^2）	15.0
适用温度范围（℃）	5～40
耐受 pH 范围	2～11
初始产水流量［L/h（25℃，纯水）］	≥200

11.3.3 管网及其他附属设施

1. 管网

（1）外部管网

公寓的洗漱废水在下水道处通过外接的 PVC 管收集后依次通过毛发过滤器，进入调节池。处理后清水池中的水通过清水泵送至楼顶水箱，水箱外部连有市政供水管，以电磁阀进行调节，以备不时之需。

（2）内部管网

冲厕用水的水箱连接从楼顶水箱下来的供水。在整个处理过程中，若调节池水量超过其容积，则通过溢流口溢流至市政排水管道；若楼上的水箱处理水供给不足，则由市政供水管补给。

2. 调节池

调节池主要是起均化水质、水量的作用，提供对后续处理系统的缓冲能力，保证废水处理系统的正常运行。根据设计废水平均流量为 $280m^3/d$，调节池水力停留时间取 4h，结构形式为地埋式，材质为碳钢，图 11-7 为调节池外部现场照片，顶部以植物、花卉作为景观装饰。

3. 水泵

（1）污水提升泵

采用潜污泵将调节池废水提升，2 号公寓楼污水提升泵流量 $Q=10m^3/h$，扬程 $H=$

图 11-7 调节池地面部分

10m，功率 $P=0.75$kW；3 号公寓楼污水提升泵流量 $Q=20$m³/h，扬程 $H=15$m，功率 $P=1.5$kW。

（2）清水泵

采用清水泵将处理达标的再生水由清水池提升至楼顶水箱，2 号公寓楼清水泵流量 $Q=10.8$m³/h，扬程 $H=38$m，功率 $P=2.3$kW；3 号公寓楼清水泵流量 $Q=11.5$m³/h，扬程 $H=44$m，功率 $P=2.8$kW。

4. 清水池

2 号楼清水池设计体积 $V=10$m³，3 号楼清水池设计体积 $V=10$m³，采用玻璃钢材质，放置于公寓楼顶，起流量调节作用的同时，也起到了稳定冲厕用水服务压力的作用。屋顶水箱如图 11-8 所示。

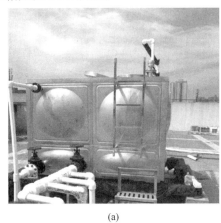

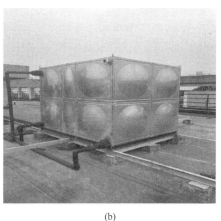

(a) (b)

图 11-8 楼顶回用水箱实物

（a）二号楼楼顶水箱 ；（b）三号楼楼顶水箱

11.3.4　系统运行与控制

该超滤装置可在手动操作、全自动操作两种模式下工作。手动操作模式仅实现对单个阀门及泵的开关或启停。全自动操作模式则可实现无人值守的连续运行。除设备维护等特殊情况以外，设备均设置为全自动运行模式。系统控制界面图如图 11-9 所示。

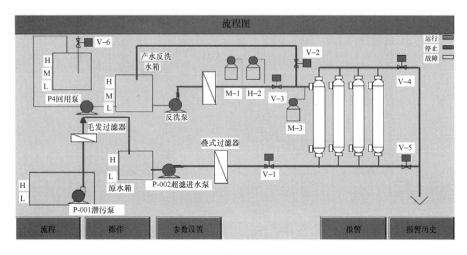

图 11-9　系统控制面板界面

运行过程具体参数可通过控制主界面中"参数设置"面板进入，具体如图 11-10 所示。

	步续	设定值		实际值	
A	过滤	20	Min	12	Min
	反洗上	45	S	0	S
B	反洗下	45	S	0	S
	正洗	15	S	0	S
	m	3	次	1	次
C	排空	60	S	0	S
	n	4	次	3	次
	k	2	次	0	次
	反洗上	45	S	0	S
	反洗下	45	S	0	S
D	浸泡	30	Min	0	Min
	排空	60	S	0	S

图 11-10　参数设置面板

超滤运行过程依次进行过滤、反洗（上）、反洗（下）、正洗，并按此顺序循环一定次数后直到需要进行排空；排空过程即打开上、下排污阀对超滤膜进行重力排空；上述循环过程进行一定周期后系统进行在线化学清洗，在线化学清洗是向反洗管路投加化学清洗剂并对超滤膜进行浸泡，而后排空清洗液。任何时候，液位连锁为本控制系统的最高优化级，即当液位条件不满足时，泵或阀不得启动或开闭。

超滤膜的在线化学清洗是自动运行的一部分，即仅需提前配制或准备好化学清洗剂计量泵会自动按照预设程度定期投加。

11.4　系　统　运　行　效　果

系统运行期间进出水水质见表 11-2、表 11-3，进出水水质如图 11-11 所示。

系统进水水质指标　　　　　　　　　　　　　　　　表 11-2

水质指标	测定值平均值
COD（mg/L）	189±3.2
溶解性总固体（mg/L）	204±3.5
氨氮（mg/L）	4.89±0.13
总磷（mg/L）	2.35±0.5
浊度（NTU）	81.6±3
阴离子表面活性剂（mg/L）	4.5±0.2
pH	7.58±0.05
大肠菌数（mg/L）	2.2

图 11-11　水质处理前后对比图

（图左为处理前；图右为处理后）

系统出水水质指标　　　　　　　　　　　　　　　　表 11-3

检测项目	标准限值	检测结果
pH	6.0~9.0	7.54
浊度（NTU）	20	2.0
嗅	无不快感	无不快感
色度（铂钴色度单位）	30	5
五日生化需氧量（mg/L）	15	13.4

续表

检测项目	标准限值	检测结果
溶解性总固体（mg/L）	—	33
阴离子表面活性剂（mg/L）	1.0	2.1
氨氮（mg/L）	20	1.28
总大肠菌群（mg/L）	3	未检出

在运行初期，该超滤处理系统对洗漱水处理效果良好，除了阴离子表面活性剂略微超标，对于 COD、浊度、总磷、氨氮等水质指标均可以满足《城市污水再生利用 城市杂用水水质》GB/T 18920—2020 标准。

11.5 项 目 效 益

11.5.1 经济效益分析

废水再利用和节水器具改造是高校学生公寓节水的两个重要途径。其中公寓项目设备部分投资估算总价为 75.7 万元，管网部分投资估算总价为 8.2 万元，土建部分投资估算总价为 33.3 万元，工程投资估算总价为 120 万元。在运行成本方面，电力消耗估算为 67.5（kWh），运行费用约为 0.31 元/（m³·d）。该项目涉及的两个公寓每天可产再生水接近 280t，根据数据分析，每年（按照 300d 计算）可节约水量 33.6 万 t，表现出显著的节水效益和经济效益。

11.5.2 社会效益分析

面对全球淡水资源的减少，寻找新的水资源及节约现有淡水资源是全球发展的必然趋势。而寻找新的淡水资源不是一朝一夕就可完成的，因而节约现有的水资源就成为当今的发展趋势。因此，该高校实施的洗漱废水再利用的工艺，投入运行后，削减了污水的排放量，也在一定程度上缓解城市水资源短缺的矛盾，对城市的社会、经济发展产生了积极的影响，促进了水资源的可持续利用。该项目所采用的是膜处理工艺，系统安装简单，成本低廉，维护和检修方便，集装箱式的不占地，不影响校园规划，并且将学校的学科建设与节水工作相结合，初步起到良好的示范引领效应，项目也被作为学校的实践教学基地和对外节水宣传教育基地，得到了政府有关部门和有关单位的重视并安排了参观和调研，取得良好的社会效应。

11.5.3 投资利用前景分析

洗漱废水回用工程投资小、设备体积小、回用灵活，且高校学生公寓洗漱水具有水量稳定、收集容易、就地使用等特点。西安地处我国西部干旱半干旱地区，属于严重缺水城市。西安高校数量位居全国前列，在高校推广污水再生利用具有广泛的应用前景，但在具体的推广应用过程中，应针对不同高校不同情况具体分析，各个高校可结合自身的可利用优势进一步充分利用洗漱废水处理系统。例如某高校附近有企业如电力厂，则可将处理过的水向该企业输送；除此之外，一些对水质要求不是太高的地方且距离较近，如大型洗车场，也可以向该地输送。这样不仅节约了水资源而且还为学校获得部分经济效益，不仅体现了高校的科学精神更重要的是向广大师生、企业和市民宣传水是生命的源泉，保护水资源是全社会的共同责任，更进一步地让人们培养起惜水、爱水、节水的意识与习惯。

11.6 高校实施节水改造或精细管理的建议及思路

11.6.1 节水型公共建筑建设

1. 创新管理手段，建立节水长效机制

（1）建设节水管理体系

前期准备工作阶段包括组织机构的建立，管理职责的分配，节水方针的制定。

在体系策划阶段要明确法律法规及标准要求，节水评审，建立节水基准、节水绩效参数，制定节水目标、节水指标、节水管理实施方案。

在文件制定阶段要确定文献要求，做好文件管理、记录管理。

在实施与运行方面，做好运行管理、节水项目设计管理，做到绿色采购，并且要求培训和考核，做好内部信息沟通与外部信息交流。

在检查与改进方面，监测重要水耗数据、给出合规性评价、通过节水管理体系的内部审核，做好项目评审，及时纠正不符合要求的项目。

高校建立节水管理体系，有利于提高用水效率和效果，体系以 PDCA，即以策划（Plan）、实施（Do）、检查（Check）、处理（Act）为核心，规范节水质量管理，促进构建长效节水机制。节约型校园节能监管体系的组成如图 11-12 所示。

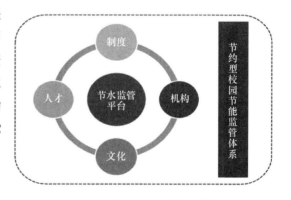

图 11-12 节约型校园节能监管体系

（2）加强领导小组管理

学校成立了以主管校领导任组长，总务处、后勤产业集团相关领导为组员的节能减排领导小组，明确了指导思想、工作思路和工作重点，大力支持节水型校园建设和管理工作。

（3）成立机构，统筹工作

学校依托总务处成立了节能减排工作小组，具体开展节水型校园建设和管理工作，图 11-13 为能源管理体系工作小组架构。

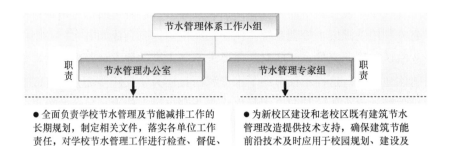

图 11-13　节水管理体系工作小组的职责划分

（4）出台办法，建立奖惩机制

奖励额度：公共区域节能量所取得收益的 70%

核算额度：为近三年用水平均值减去实际消耗量

运行程序：核算基准—审定变更—年终统计—核定奖励—二次分配

具体流程如图 11-14 所示。

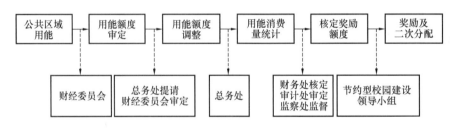

图 11-14　节水管理流程及职责部门划分

2. 发挥高校学科优势，服务节约型校园建设

（1）精心组织，定期开展水平衡测试工作

准备阶段：用水单位准备的工作；水平衡测试机构准备的工作。

实测阶段：测试水源日取水量、水压、水质、水温参数；漏失水量测定，包括静态测漏和动态测漏。

测试数据汇总阶段：填写测试数据；绘制水平衡方框图。

测试结果分析：单位水平衡计算（见图 11-15）；水平衡测试后评估及改进措施；提出改进措施方案。

（2）水平衡分析结果

3. 与学生教育相结合，让节约理念"入眼、入耳、入心"

（1）创新形式，节水宣传教育基地建设实践。

（2）不断更新，完善新校区节约型校园导览图，如图 11-16 所示。

4. 从新建工程到全方位技改，助推节约型校园建设

（1）雨水利用技术实践

通过采取各种措施强化雨水就地入渗，涵养地下水，遏制城市热岛效应，改善城市生

水平衡以m³/a计				
首页	授权用水量 919948m³/a 误差幅度[+/-]: 0.0%	收费授权用水量 690557m³/a	计量收费用水量 522830m³/a	得到收入用水量 690557m³/a
			未计量收费用水量 167727m³/a	
系统进水量 1160060m³/a 误差幅度[+/-]: 0.0%		未收费授权用水量 229391m³/a 误差幅度[+/-]: 0.0%	未收费计量用水量 133891m³/a	未得到收入用水量 469503m³/a 误差幅度[+/-]: 0.0%
			未收费未计量用水量 95500m³/a 误差幅度[+/-]: 0.0%	
	水损失 240112m³/a 误差幅度[+/-]: 0.0%	表观损失水量 138617m³/a 误差幅度[+/-]: 8.4%	未授权用水量 20148m³/a 误差幅度[+/-]: 0.0%	
			用户水表误差及数据处理之误差 118469m³/a 误差幅度[+/-]: 9.8%	
		实际损失水量 101495m³/a 误差幅度[+/-]: 11.5%		

图 11-15　水平衡分析结果

图 11-16　新校区节约型校园导览图

态环境，有利于减小径流洪峰及减轻洪涝灾害。还可以充分利用土壤的净化能力，控制城市雨水径流导致的面源污染。

（2）采用节水监测信息平台监测技术

给水管网监管系统采用实时通信与数据采集技术，通过 Web 发布的形式，使各级管理人员无论何时何地都可以轻松对各部门、楼宇的用水情况进行监控与管理，帮助管理人员及时发现跑冒滴漏现象，进行综合决策。校园数字化节能监管平台如图 11-17 所示，高校建筑用水量比较分析如图 11-18 所示。

（3）超滤膜工艺分质分散水处理系统

学校采用超滤膜处理技术对洗漱废水进行收集处理并回用于厕所冲洗，同时加装节水

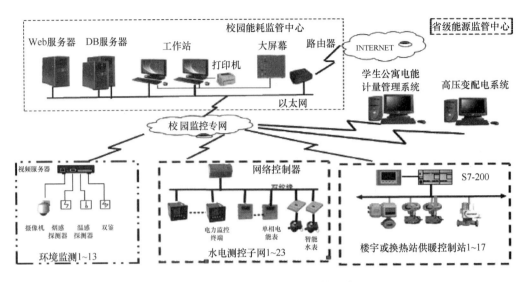

图 11-17　校园数字化节能监管平台

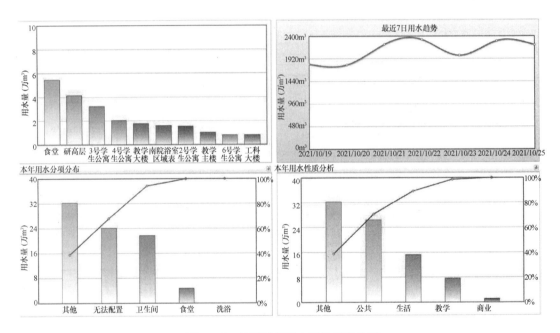

图 11-18　校园建筑用水量比较和分析

器具，达到综合节水目的。

11.6.2　校园合同节水

合同节水管理是指节水服务企业与用水户以合同形式，为用水户募集资本、集成先进技术，提供节水改造和管理等服务，以分享节水效益的方式收回投资、获取收益的节水服务机制。

（1）合同节水的分类：1）节水效益分享；2）节水效果保证；3）用水费用托管。

（2）合同节水的实践：1）调查评估；2）合同签订（科研）；3）技术集成（分担）；4）资金筹集；5）工程实施；6）运维管理；7）效益分享；8）项目移交。

（3）合同节水的问题：预算支付制度、节水量认定、节水技术方案评审及利益分享、托管企业的选择、节水诊断、经济性分析评估等。

学校制定了校园工程项目全过程节水服务决策参考表，见表11-4，使得节水理念和行动能够更好地落实于校园工程项目。

全过程节水咨询服务参考表 表11-4

服务内容	能源与水资源管理及节能节水改造项目阶段划分					
	项目决策阶段	施工准备阶段		工程施工阶段	运维阶段	
		设计阶段	采购阶段		竣工验收阶段	运营维护阶段
能源改造项目管理	项目策划管理、项目报批、设计管理、合同管理、进度管理、投资管理、招标采购管理、组织协调管理、质量管理、安全生产管理、信息管理、风险管理、收尾验收管理、后评价与运营维护管理（尤其是平台运营的长效机制）等					
招标采购咨询	编制节能改造项目、平台建设项目、能源审计、水平衡测试服务、能源评估及审查、能源体系建设、供电标准化建设等招标采购方案，编制招标文件、编制合同条款、发布招标（资格预审）公告，组织答疑和澄清，组织开标、评标工作，协助编制评标报告，发送中标通知书，协助合同谈判和签订等					
水资源管理全过程咨询	节水评价 节水规划设计 合同节水方案编制可行性研究报告	节能指标设计系统及产品设计工程概算	绿色采购管理水效产品及技术	工程监理绿色施工节能检测计量管理	项目后评价节水绩效评价示范单位创建方案	能源利用报告节水体系建设水平衡测试专项优化报告

第12章 展　　望

公共建筑由于其功能种类多，用水情况复杂，还存在较大的节水空间可以深入挖掘。随着社会生活方式的不断发展变化和节水新技术、新产品、新材料的出现，公共建筑的节水也面临着更多的挑战和更大的机遇。因此在公共建筑节水领域，还应该将重心放在下列主要工作的进展。

持续开展创建节水型城市工作，不断推进城镇节水水平。

城镇节水是我国节水工作的重要组成部分，从 20 世纪 50 年代开始，国家就已经开始关注节水问题并采取措施；进入 21 世纪以来，国家更是把生态文明建设作为国策，特别是对节水工作提出了新的要求。2020 年 1 月，中央财经委员会第六次会议再次强调应"坚持量水而行、节水为重、坚决抑制不合理用水需求，推动用水方式由粗放低效向节约集约转变"。截至 2021 年，全国共十批、100 多座城市获得了"国家节水型城市"称号，有力地推动了城镇节水工作。城市人均生活用水量从 2000 年的 220L/（人·d）降低到 2018 年的 179.7L/（人·d）；相比之下，2018 年我国城市用水人口增加了 83.5％，人均日综合用水量和人均日居民家庭用水量（含公共用水）却分别下降了 23.2％和 13.2％；我国城市万元 GDP 用水量逐年下降，2018 年为 66.28m^3/万元。城市用水效率大幅提升，新增用水量得到有效控制。

制定严格的公共建筑用水运行与管理制度，完善公共建筑节水相关政策制度。

要进一步加强实施开展节约用水相关工作的法制建设，不断提高公共建筑节约用水的科学技术水平。要以社会主义市场经济为基础，通过完善现有法规和制定新法规，加强依法行政和依法管理。要研究开发节水新技术、新产品，加大对节水型用水器具使用的监督管理力度，并进一步以科学手段促进节约用水。要进一步用经济杠杆促进节水。各地要尽快理顺和提高水价，继续实行计划用水和定额管理，对超计划和超定额用水实行累计加价收费制度，对缺水城市，要实行高额累进加价制度。要全面开征污水处理费，并逐步提高收费标准，以促进污水减量排放和水资源的有效利用。政策与制度的完善，是保障公共建筑节水持续稳定推行的基础和前提，制度与政策需要随着社会发展不断修正和完善，通过制定更加适合社会和经济环境节水政策制度，能更好地指导与规范公共建筑节水行为，引导和促进公共建筑节水技术的发展。

构建完善的公共建筑节水相关标准体系。

公共建筑种类和功能正在变得日益复杂，其内部的建筑给水排水系统种类和使用的新技术、新产品、新设备也越来越多，近 20 年来编制发布了大量的不同级别的建筑给水排水专业产品标准和工程建设标准。为了保障建筑给水排水系统在工程建设各阶段质量的标准化与规范化，对建筑给水排水专业的标准化体系构建应当从顶层设计入手，结合技术发展的方向，不断建设并加以完善。在节水方面，住房和城乡建设部组织制定并发布了《城市节水评价标准》GB/T 51083、《城市居民生活用水量标准》GB/T 50331、《民用建筑节水设计标准》GB 50555、《节水型生活用水器具》CJ/T 164、《建筑与小区雨水控制及利用工程技术规范》GB 50400、《建筑中水设计标准》GB 50336、《绿色建筑评价标准》GB/T 50378、《坐便器水效限定值及水效率等级》GB 25502、《淋浴器水效限定值及水效率等级》GB 28378、《城市污水再利用 城市杂用水水质》GB/T 18920、《城市污水再利用 景观环境杂用水水质》GB/T 18921 等一系列节水标准，有力推动了公共建筑节水工作。目前正处于标准化改革的阶段，很多在建筑给水排水专业的工程建设领域应用的新材料、技术、设备、工艺系统等，大多在社会团体申请立项、制定发布。社会团体的标准管理更加灵活，立项编制到审查发布的周期较短，符合申请立项单位将新材料设备工艺尽快标准化，从而推向工程建设市场中应用的初衷。但是这些社会团体在管理的严格程度上存在较大差异，而且各团体标准制定也很难从建筑给水排水的标准化体系大框架出发。此外，工程建设中应用的各种水系统种类繁多、涉及的材料设备种类多样、各系统之间又较为独立分散，这是建筑给水排水专业的一个特点。因此为了能更好地指导工程建设，不同系统的设计、施工、验收、运维需要制定相应的工程建设规范，也需要制定对应的产品标准。因此导致目前建筑给水排水系统发布的各级别标准数量和种类非常多。

由于目前建筑给水排水系统的标准体系化还不完善，因此在各级别标准中，内容范围相近的标准就难免存在协调性较差的情况，甚至不同标准化组织归口管理的同类标准也存在内容范围、结构、技术要求方面的较大差异，标准质量参差不齐。此外，我国的国家及行业标准是采用以政府主导编制标准的模式，从标准立项、编写、征求意见、编制完成，到最后审查发布，一般时间周期长，不利于新技术与产品的推广应用。因此在公共建筑节水的标准化体系后续的发展过程中，各级建筑给水排水的标准化组织应该加强联系和协作，并且与现有建筑给水排水的国家和行业标准的归口管理部门保持沟通，更好地管理公共建筑节水相关标准的立项与制定，在建筑给水排水行业工程建筑标准体系框架内开展标准制定工作，以推动公共建筑节水工作的健康有序发展。

建立智慧化的公共建筑用水与节水管理系统。

随着《国家智慧城市试点暂行管理办法》《关于促进智慧城市健康发展的指导意见》《国务院关于印发新一代人工智能发展规划的通知》等政策的发布，国家对智慧城市的建设也日益重视。作为智慧城市的重要部分，城市中的公共建筑用水实现智慧化与信息化的设计、建设、运行、诊断、管理将成为有效提高节水效率的重要因素。随着 GIS 和 BIM 技术水平的不断提高，并依托物联网、移动互联网和云计算技术，未来公共建筑的节水管理将从硬件的提升保障逐步向软件的不断优化转变。通过对公共建筑供水系统各分区、各用水单元、甚至各节点的水量、水压、水质实现监控，并将采集的数据收集分析，与城市的智慧水务平台实现整合。在满足用水完全及舒适性的前提下，实现系统的精细化管理控制，避免因超压出流、系统污染、系统漏损、事故排放等因素造成的用水浪费，真正实现公共建筑内，每一滴水都在智慧化管控平台的监管下充分被利用。

对于智慧化概念的理解，不能仅仅停留在只偏重信息化的建设方面，如果只是片面认为提高自动化水平，增加各类型传感器的设置数量等，就是实现了智慧化节水，反而会使公共建筑的智慧节水浮于表面，不利于公共建筑的智慧化节水体系建立，也更不利于按照统一标准对全社会的公共建筑节水实施管理。

人工智能已经是大势所趋，公共建筑的供水，特别是节水方面，要逐步实现控制智能化、数据资源化、管理精准化、决策智慧化，最终达到智慧与智能的有机结合，将节水有机地融入公共建筑的全生命周期中。

加大公共建筑的用水节水宣传，营造全社会节水氛围。

水资源的保护和利用，关系到每个人的生活，节约用水需要全民参与，公共建筑的节水工作更需要社会公众的广泛参与，因此向社会公众开展节水宣传就要提高针对性和有效性。既要科学客观，又要广泛深入，向社会大众普及宣传节水的行动计划和相应配套的政策，从而提高全社会的认知度和参与度。通过形式多样、内容丰富的活动，提高节水知识普及率，进一步增强全民节约用水的意识，倡导文明的生产和消费方式，让节水理念深入人心，使珍惜水资源成为自觉行为。定期向公共建筑的管理者和使用者宣传水效标识相关的管理及使用认识，介绍公共建筑节水相关的知识，如：远程智能水表的设置与使用情况、公共建筑中水回用情况、雨水收集等节水设施的运行原理及使用、节水器具使用状况和节水标识的宣传情况等。让公共建筑的管理者、使用者和社会大众能真正认识了解节水的重要意义和身边实实在在的节水细节。

建立全面的支撑保障体系。

作为城市节水的重要部分，公共建筑节水的开展离不开资金的持续投入。足够的资金支持才能不断推进节水的新技术、新工艺、新产品的研发创新，通过技术的进步与迭代，从而实现不同类型公共建筑的单位用水量逐步降低。政府应该发挥行政引导作用，在节水专项资金上持续投入，政府各级财政安排的创建专项资金不能少于创建标准要求。为了更好地鼓励公共建筑节水，应该建立相应的节水激励和补偿机制，重点倾向于支持创建公共建筑的节水规划编制、节水型供水系统与平台的创建以及向全社会宣传与推广公共建筑节水的示范案例等。鼓励吸引社会性资金投入到公共建筑的节水建设及运行管理工作中，利用市场机制引导和推动公共建筑节水工作的普及与推广应用。

公共建筑节水是一项系统性工作，涵盖内容较多，需要创建工作领导机构，加强组织与领导，提高组织领导效率。在对管辖范围内的公共建筑开展节水管理时，要制定创建节水任务清单，建立节水管理的责任制和考核通报、奖惩机制，狠抓措施落实。政府要发挥主导作用，特别是各级党政机关、企事业单位要从自身做起，带头建设节水型机关、学校、医院等，在推动节水型城市建设中发挥好表率作用。

附　　录

附录 A　某公共建筑项目节水设计专篇措施条目

1. 三层及其以下生活给水为低区，由市政管网直接供水，充分利用市政给水管网压力。在给水引入口及需单独计量处均设置水表。

2. 三层以上生活给水为高区，生活供水采用数字集成全变频加压供水设备并合理分区，给水、热水采用相同供水分区，保证冷、热水供水压力的平衡。

3. 生活供水各分区最低卫生器具配水点处的静水压不大于 0.45MPa，各分区内低层部分设减压设施保证配水支管供水压力不大于 0.2MPa 并满足卫生器具工作压力要求。

4. 热水用水量大、用水点集中的区域采用集中热水供应系统，并设置完善的热水循环系统，保证用水点出水温度达到 45℃ 的放水时间不大于 10s。宿舍淋浴器采用单管 IC 卡式淋浴器，实现恒温和计量付费措施。

5. 集中热水供应系统、管道直饮水系统设供、回水管道同程布置的循环系统。

6. 选用符合现行行业标准《节水型生活用水器具》CJ/T 164 中有关规定的节水型卫生洁具及配件，全部卫生器具的水效等级达到 2 级。

7. 洗脸盆、洗手盆、洗涤盆、洗衣龙头等器具采用陶瓷片等密封耐用、性能优良的水嘴，其中公共卫生间均采用感应式水嘴。小便器均采用感应式冲洗阀，蹲便器均采用延时自闭式冲洗阀，坐便器均采用一次冲水量不大于 5L 并设有大小便分档的冲洗水箱。

8. 生活给水、热水、中水、消防给水、雨水回用等各系统各分区均设置水表，并按不同用途、不同性质、不同使用主体和不同付费单元的供水设置专用分支水表，单独计量。所有水表均选用高灵敏度水表。

9. 所有系统阀门采用密闭性能好的阀门，给水、消防管道上均采用软密封蝶阀或闸阀。所有管道采用优质耐用管材，并采用柔性连接。

10. 绿化灌溉采用喷灌、微灌、渗灌、低压管灌溉等高效节水灌溉方式。

11. 生活和消防系统的水池、水箱溢流水位均设报警装置，防止进水管阀门故障时水池、水箱长时间溢流排水。避难层的消防转输水箱的溢水回流到一级消防贮水池内。

12. 空调冷却塔集水盘设连通管保证水量平衡。

13. 场地和屋面雨水经初期弃流后排入雨水蓄水设施，并经雨水处理措施处理后作为绿化浇灌、道路浇洒及景观水体补水等用水的水源。

14. 间接利用雨水等非传统水源，合理规划地表与屋面雨水径流途径，降低地表径流，采用多种渗透措施增加雨水渗透量。如采用透水地面（透水砖、透水混凝土等）、植草砖/格、屋面雨水入绿地、雨水管网渗管等多种补充地下水源的技术措施。

15. 宿舍、公共浴室采用污废分流排水系统，生活废水、空调系统冷凝水作为原水回收，经中水处理站处理后作为冲厕用。

16. 中水和回用雨水等非传统水源供水系统严禁与生活饮用水管道连接，供水管道应涂色或标识，并采取防止误接、误用、误饮的措施和各种对人体健康与周围环境产生不良影响的用水安全保障措施。

17. 各供水系统主要设备实施自动监控，并加强物业管理、计量管理和设备维护。

附录 B 节水用水量计算表

某学校节水用水量计算表　　　　　　　　　　　　　　　　　　表 B.1

序号	分类	用水定额	单位	数量（人、人次、m²）	用水天数（d）	平均日用水量（m³）	年用水量（万 m³）
1	幼儿园	30	L/(人·d)	900	300	27	0.81
2	幼儿园教师	30	L/(人·d)	90	300	2.7	0.081
3	小学生（教学）	25	L/(人·d)	2430	300	60.75	1.823
4	小学生（餐饮）	15	L/(人·次)	2430	300	36.45	1.094
5	中学生（教学）	25	L/(人·d)	2700	300	67.5	2.025
6	中学生（餐饮）	15	L/(人·次)	8100	300	121.5	3.645
7	中学生（住宿）	100	L/(人·d)	2700	300	270	8.1
8	教师（教学）	30	L/(人·d)	329	300	9.87	0.296
9	教师（餐饮）	15	L/(人·次)	731	300	10.97	0.329
10	教师（住宿）	130	L/(人·d)	329	300	42.77	1.283
11	辅助人员（办公）	40	L/(人·d)	50	300	2	0.06
12	辅助人员（餐饮）	15	L/(人·次)	150	300	2.25	0.068
13	绿化灌溉	1	L/(m²·d)	68426	120	68.43	0.821
14	道路浇洒	1.5	L/(m²·d)	40000	120	60	0.72
	小计					782.18	21.154
15	未预见用水量	15%				117.33	3.173
	总计					899.51	24.327

注：食堂、安保等辅助人员暂按 50 人计。中学生、中学教师和辅助人员三餐均在食堂，小学学生和教师仅午餐在食堂统计。本表不包含消防用水量和空调补水量。

某办公建筑区节水用水量计算表　　　　　　　　　　表 B. 2

序号	分类	用水定额	单位	数量（人、人次、班次、m²）	用水天数（d）	平均日用水量（m³）	年用水量（万 m³）
1	开敞办公	35	L/(人·班)	3000	250	105	2.625
2	综合服务	30	L/(人·班)	1500	250	45	1.125
3	食堂用水	15	L/(人·次)	6000	250	90	2.25
4	车库清洗	2	L/(m²·d)	5800	150	11.6	0.174
5	冷却补水	252	m³/d		120	252	3.024
6	绿化灌溉	1	L/(m²·d)	8300	150	8.3	0.125
7	道路浇洒	1.5	L/(m²·d)	6200	150	9.3	0.140
	小计					521.2	9.462
8	未预见用水量	10%				52.1	0.946
	总计					573.3	10.408

注：冷却塔补水量根据暖通专业提供冷却循环水量计算。本表不包含消防用水量。

某宾馆建筑节水用水量计算表　　　　　　　　　　表 B. 3

序号	分类	用水定额	单位	数量（人次、床位、班次、m²）	用水天数（d）	平均日用水量（m³）	年用水量（万 m³）
1	旅客	260	L/(床·d)	600	360	156	5.616
2	员工	70	L/(人·班)	360	360	25.2	0.907
3	裙房	5	L/(m²·d)	6000	360	30	1.08
4	全日餐厅	20	L/(人·次)	1200	360	24	0.864
5	宴会厅	40	L/(人·次)	800	150	32	0.48
6	酒吧咖啡	7	L/(人·次)	800	360	5.6	0.203
7	员工餐饮	15	L/(人·次)	720	360	10.8	0.389
8	泳池、淋浴	40	L/(人·次)	120	360	4.8	0.173
9	洗衣	40	L/(千克·d)	1800	360	72	2.592
10	车库清洗	2	L/(m²·d)	3000	150	6	0.09
11	空调补水	240	m³/d		150	240	3.6
	小计					606.4	15.992
12	未预见用水量	10%				60.64	1.599
	总计					667.04	17.592

注：冷却塔补水量根据暖通专业提供冷却循环水量计算。本表生活用水量包含生活热水量，不包含消防用水量、中水量、灌溉、浇洒等用水量。

附录 C 公共建筑给排水系统建档记录表

表 C.1

给水排水系统概况表

建档时间：　　　　建档人：

公共建筑名称类型	投入运行时间	建筑层数 地上/地下	总建筑面积(m²)/总高	各层建筑面积(m²)及功能			使用人数		年节水用水量(m³/a)	水表设置				非传统水源利用		
				地下x层~x层	地上x层~x层	功能	职工	客房		市政	分层	补水	绿化	市政再生水	建筑中水	其他
1	2	3	4	5	6	7	8	9	10	11	12	13	14	15	16	17
……																

生活给水系统				生活热水系统				排水系统		绿化灌溉		防污染、节能、环保技术采用								建档时间	建档人
市政水压力	竖向分区	加压给水设备	饮用水	热源及辅助加热	竖向分区	热水循环	换热储热	雨水	机力排水	水源	控制方式	防污染措施	循环水利用	叠压供水	锅炉能量调节	烟气冷凝回收	雨水综合利用	含油污水处理	其他		
18	19	20	21	22	23	24	25	26	27	28	29	30	31	32	33	34	35	36	37	38	39
……																					

注：
1. 第一项"类型"指宾馆、办公、学校等；第5~7项"功能"指车库、机房、餐厅办公、客房等；第10项"年节水用水量"指按节水用水量定额计算的年用水量；
2. 第11~14项应填现有"水表"设置位置；
3. 第20项应按竖向分区填加压给水设备：台数×容量；第21项："饮用水"包括直饮水、开水，应填台数×容量；
4. 第26项：应填本建筑雨水排放方式；第27项：应填本建筑"地下部分"污水提升设备：台数×容量；
5. 第31项：应填本建筑"空调冷却水、游泳池、洗车"等"循环水利用"措施；
6. 第36项："含油污水处理"指："餐厨污水、洗车污水"等处理；（注意运行记录应统计各房间人数）。

表 C.2

加压供水、补水设备建档表

建档时间：　　　　建档人：

设备编号	设备型号	额定流量 (m³/h)	扬程 (m)	汽蚀余量 (m)	定转速 (rad/min)	变转速 (rad/min)	供电电压 (V)	启动方式	启动工作电流 (A)	输入功率 (kW)	效率 η (%)	工作温度 (℃)	承压 (MPa)	隔振器	噪声 [dB(A)]	生产厂家	出厂/安装日期	建档时间	建档人
低区给水加压																			
中区给水加压																			
高区给水加压																			
中水加压																			
高位水箱补水加压																			
锅炉补水加压																			

表 C.3

水处理设备建档表

建档时间：　　　　建档人：

设备编号	设备型号	额定处理流量(m³/h)	工作压力(MPa)	输入功率(kW)	供电电压(V)	水质消毒 紫外线	水质消毒 臭氧	过滤装置	加药量(kg/h)	运行方式	控制方式	生产厂家	出厂/安装日期	建档时间	建档人
加药															
自动软水															

表 C.4

阀门、仪表建档表

建档时间：　　　　建档人：

阀门仪器编号	型号	主要功能	生产厂家	出厂/安装日期	建档时间	建档人
两通						
调节						
压差控制						
温控						

阀门仪表编号		型号	主要功能	生产厂家	出厂/安装日期	建档时间	建档人
倒流防止器							
冷水表							
燃气表							

表 C.5

运行人员培训记录

建档时间：　　　　建档人：

工作人员编号	姓名	工作岗位	技术职称	学习内容	学习时间	课时	考核成绩	组织学习单位	备注

市政进水、各分区加压给水记录表

表 C.6

年　　月　　日　　　　　　记录人：

读表时间	水表编号：JS-1 位置：市政进水总管			水表编号：JS-21（市政）位置：厨房、洗衣房、补水		水表编号：JS-22（市政）位置：生活储水池补水		水表编号：JS-31 位置：低区加压		水表编号：JS-32 位置：中区加压	
	读数 (L 或 m³)	日用水 (L 或 m³)	压力 (MPa)	读数 (L 或 m³)	日用水 (L 或 m³)	读数 (L 或 m³)	日用水 (L 或 m³)	读数 (L 或 m³)	日用水 (L 或 m³)	读数 (L 或 m³)	日用水 (L 或 m³)
×月 01 日	读数 V_x1	$V_x1-V_{(x-1)}$									
×月 02 日	读数 V_x2	V_x2-V_x1									
……	……	……		……		……	……	……	……	……	……
×月 30 日	读数 V_x30	V_x30-V_x29									
×月总用水量	$\sum V_x=V_{x,30}-V_{(x-1)30}$（一级表）			（二级表）		（二级表）		（三级表）		（三级表）	
总表、分表核对	$\sum V_x$ 二级表／V_x 一级表≥0.9			$\sum V_x$ 三级表／V_x 二级表≥0.9							
……											
……											

注：1. 各区生活用水应分别计量。"JS-1"：其中"-1"指市政再生进水的结算表，即"一级表"或"总表"，"JS-21"：其中"-21"指"二级表"编号；$V_a=\sum V_1\sim V_{12}$；$V_x=\sum V_1\sim V_{12}$；每日客房数、职工数应有统计。

2. 每日宜记录水表读数，分表读数的差值；每年应核算一次市政再生水用水量。

市政再生水、建筑中水、补水、绿化记录表

表 C.7

记录人：

年　月　日

读表时间	水表编号：JZ-1 位置：市政再生水进水总管			水表编号：JZ-21 位置：绿化、洗车		水表编号：JZ-22 位置：中水池补水		水表编号：JZ-31 位置：中水加压		水表编号：JZ-32 位置：冷却塔补水	
	读数 (L或m³)	日用水 (L或m³)	压力 (MPa)	读数 (L或m³)	日用水 (L或m³)	读数 (L或m³)	日用水 (L或m³)	读数 (L或m³)	日用水 (L或m³)	读数 (L或m³)	日用水 (L或m³)
×月.01日	读数 V_x1	$V_x1-V_{(x-1)}$									
×月.02日	读数 V_x2	V_x2-V_x1									
……	……	……		……	……	……	……	……	……	……	……
×月.30日	读数 V_x30	V_x30-V_x29									
×月总用水量		$V_z=\Sigma V_x30-V_{(x-1)}30$（一级表）		ΣV_x 三级表/V_x 二级表≥0.9							
总表、分表核对		ΣV_x 二级表/V_x 一级表≥0.9 （一级表）或"总表"		（二级表）		（二级表）		（三级表）		（三级表）	
……											
……											

注：1. 各区生活用水应分别计量，"JZ-1"；其中"-1"指市政再生进水的结算表，即"一级表"或"总表"；每月应核算一次总表、分表读数，分表读数的差值；每年应核算一次市政再生水用水量；$V_z=\Sigma V_1 \sim V_{12}$；每日客房数、职工数应有统计。

2. 每日宜记录水表读数。

工程名称：　　　　　　　　水源类型：　　　　　　　　年　月　日　记录人：　　　　　　　　表C.8

绿化工程灌溉系统运行记录

日期	天气	气温	风速/风力	轮灌组序号	灌溉时间	计划灌水定额	单位面积实际灌水量	植物生长情况	事故状况及处理结果	其他情况	记录人

　　　　　　　　　　　　　　　　　　　　　　年　月　日　记录人：　　　　　　　　表C.9

雨水收集回用设施运行记录表

设施名称	集水设施	入渗设施	输水设施	处理设施	储水设施	安全设施
检查时间间隔	1个月或降雨间距超过10日的单场降雨后	1个月或降雨间距超过10日的单场降雨后	1个月	3个月或降雨间距超过10日的单场降雨后	6个月	1个月
检查/维护重点	污/杂物清理排除	污/杂物清理排除	污/杂物清理排除、渗漏检查	污/杂物清理排除、设备功能检查	污/杂物清理排除、渗漏检查	设施功能检查
检查结论						

注：1. 集水设施包括建筑物收集面相关设备，如雨水斗、集沟等；

2. 入渗设施包括入渗地面、入渗管沟、入渗井等；

3. 输水设施包括排水管路/给水管路以及连接处理设施间的连通管路等；

4. 处理设施包括雨水预处理、初期雨水弃流、沉淀或过滤设施以及消毒设施等；

5. 储水设施指雨水储水池、调节池以及供水池等；

6. 安全设施指维护或防止漏电等设施。

附录 D 用水单位用水计量表

用水单位水计量器具台账见表 D.1。

水计量器具台账 表 D.1

序号	水表编号	名称	规程型号	准确度等级	测量范围	品牌	出厂编号	安装位置	使用状态			管理人	备注
									合格	禁用	停用		
1	1-1												
2	1-2												
3													
......													

用水单位水计量器具配备情况见表 D.2。

水计量器具配备情况 表 D.2

应配备表数量		实际配备表数量	
水计量器具配备率			

用水单位水计量器具校准记录见表 D.3。

用水单位计量器具校准记录表 表 D.3

序号	校准时间	校准周期	校准人	机构	备注
1					
2					
......					

用水单位水计量器具抄表记录见表 D.4。

水计量器具抄表记录 表 D.4

水表编号：_____   位置：

序号	抄表时间	水表读数	记录人	备注
1				
2				
3				
......				

用水单位用水统计见表 D.5。

用水单位用水统计表　　　　　　　　　**表 D. 5**

• 单位负责人：_____　联系电话：_____　填表日期：_____　　　　填表人：

一、基本信息

单位名称		行业分类及代码	
用水人数	人	占地面积	m²
建筑面积	m²	绿化面积	m²
接待人数（年）		产值（年）	

二、用水统计数据

1. 取水量（m³）

公共供水		自建设施供水		地表水	
地热井水		外购水		再生水	
其他		总计			

2. 用水量（m³）

（1）用水系统

空调系统		绿地灌溉系统	
洗涤系统		供暖锅炉系统	
净水系统		其他	

（2）用水区域

办公区		食堂	
浴室		住宿	
卫生间		其他	

（3）效率指标

人均用水量		单位面积用水量	
其他			

（4）用水分析

注：1. 如果用水单位所在行业用水定额按人均用水量计算，则职工人数按该用水定额中规定的折算方法计算，并说明计算过程；如果用水单位所在行业用水定额不是按人均用水量计算的，则职工人数为该单位的总人数，并注明人员组成，如在编职工人数和非在编职工人数。

2. 不同类型的服务业用水单位统计不同区域、设备的用水量。

3. 不同类型的服务业用水单位统计不同的效率指标，如所在行业用水定额按单位面积用水量计算，则统计单位面积用水量，统计方法按照相关定额文件。

4. 分析用水效率及节水空间，如单位面积用水量或人均用水量是否符合用水定额指标等。

附录 E 公共建筑水平衡测试计算表

历次水平衡测试统计表   表 E.1

序号	测试日期	测试机构	测试周期 (d)	总用水量 (m³/d)	总排水量 (m³/d)	水的重复利用率 (%)	备注

取水水源情况   表 E.2

序号	水源类别	取水量（m³/d）		主要用途	备注
		常规水资源取水量	非常规水资源取水量		
	合计				

注：1. "水源类别"栏中，常规水资源包括地表水、地下水、自来水、外购软化水、外购蒸汽等；非常规水资源
      包括海水、苦咸水、城镇污水再生水、矿井水等；
    2. 备注栏内注明水资源费、制水成本等。

近 3～5 年用水情况   表 E.3

年份	新水量	重复利用水量（m³/d）					其他水量（m³/d）			考核指标（%）							
	自来水	回用水量	直接冷却循环水量	间接冷却循环水量	其他循环水量	蒸汽冷凝水回用量	其他串联水量	排水量	漏失水量	耗水量	单位产品取水量	重复利用量	直接冷却水循环率	间接冷却水循环率	蒸汽冷凝水循环率	废水回用率	漏失率	达标排放率	非常规水资源替代率

注：1. "新水量"栏按本单位不同水源类别，分别填在空格中；
    2. 当用水中有直接冷却水时，应自行增加直接冷却水用量栏。

计量水表配备情况   表 E.4

序号	水表编号	计量级别	所在的位置	计量范围	水表型号	水表精度	检定周期（月）	鉴定日期	备注

水表配备指标计算　　　　　表 E.5

水表级别	水表配备				水表计量			备注
	应配水表数（只）	实配水表数（只）	配备率（%）	完好率（%）	应计量水量（m³/d）	应计量水量（m³/d）	计量率（%）	
一级								
二级								
三级								

测试系统划分组成　　　　　表 E.6

级别	一级系统	二级系统	三级系统	备注
名称				
合计个数				

主要用水部门　　　　　表 E.7

序号	部门名称	日均用水量（m³/d）	隶属部门名称	备注

取水量测试表（水量单位：m³/d）　　　　　表 E.8

序号	子系统名称			测定日期	水表读数	进水量	备注
	水表						
	编号	安装位置					
			1				
			2				
			3				
			4				
			三日平均值				

续表

序号	子系统名称		测定日期	水表读数	进水量	备注
	水表					
	编号	安装位置				
			1			
			2			
			3			
			4			
			三日平均值			
			1			
			2			
			3			
			4			
			三日平均值			
多表1次或单表数次的平均值						

测试人：   电话：

注：本表适用于基本用水单元，三级系统和二级系统取水量测试。

用水单元水平衡测试表（水量单位：m³/d）　　　　表 E.9

用水单元名称	用水设施名称	总用水量	几种主要水量						排放率（%）	复用率（%）	备注
			取用新水量	循环用水量	串联用水量	消耗水量	漏溢水量	排放水量			
合计											

注：1. 总用水量＝新水量＋复用水量；

2. 复用水量＝循环水量＋串联水量；

3. 排放率＝（循环水量÷总用水量）×100%；

4. 复用率＝（复用水量÷总用水量）×100%；

5. 新水量＝消耗水量＋排放水量＋漏溢水量。

特种用水设备水量测试表水量(单位：m^3/d)　　　　　　　　表 E.10

<table>
<tr><td colspan="3">设备或工序名称</td><td></td><td>隶属子系统
名称</td><td></td></tr>
<tr><td rowspan="2">用水</td><td colspan="2">性质</td><td></td><td>取水来源</td><td></td></tr>
<tr><td colspan="2">时间
(h/d)</td><td></td><td>排水去向</td><td></td></tr>
<tr><td colspan="2">测试方法</td><td></td><td>水表编号</td><td></td></tr>
<tr><td colspan="2">测试日期</td><td></td><td></td><td></td><td></td></tr>
<tr><td rowspan="5">测试项目数据</td><td rowspan="2">序次</td><td rowspan="2">取水量</td><td rowspan="2">耗水量</td><td colspan="2">重复利用水量</td><td rowspan="2">排水量</td></tr>
<tr><td>间接冷却水
循环量</td><td>工艺水
回用量</td></tr>
<tr><td>1</td><td></td><td></td><td></td><td></td><td></td></tr>
<tr><td>2</td><td></td><td></td><td></td><td></td><td></td></tr>
<tr><td>3</td><td></td><td></td><td></td><td></td><td></td></tr>
<tr><td></td><td>平均</td><td></td><td></td><td></td><td></td><td></td></tr>
<tr><td rowspan="2">取水量</td><td>每小时
(m^3/h)</td><td></td><td></td><td></td><td></td><td></td></tr>
<tr><td>每日
(m^3/d)</td><td></td><td></td><td></td><td></td><td></td></tr>
<tr><td rowspan="2">水温度(℃)</td><td>入口处</td><td></td><td></td><td></td><td></td><td></td></tr>
<tr><td>出口处</td><td></td><td></td><td>去向</td><td></td><td></td></tr>
<tr><td colspan="2">冷却水循环率(%)</td><td></td><td></td><td></td><td></td><td></td></tr>
<tr><td colspan="2">工艺水回用率(%)</td><td></td><td></td><td></td><td></td><td></td></tr>
<tr><td colspan="2">重复利用率(%)</td><td></td><td></td><td></td><td></td><td></td></tr>
<tr><td colspan="2">附注</td><td colspan="4">非工业企业用水单位的特殊用水设备一般包括其软水器、空调机组、冷却塔装置、洗
衣机、餐饮器具清洗机和洗车器等</td></tr>
</table>

(各级系统名称)水平衡测试合成统计表水量(单位：m^3/d)　　　　表 E.11

<table>
<tr><td rowspan="2">用水
门类</td><td colspan="5">输入水量</td><td colspan="5">输出水量</td><td rowspan="2">备注</td></tr>
<tr><td>总输入
水量</td><td>新水
量</td><td>中水
量</td><td></td><td></td><td>总输出
水量</td><td>耗水
量</td><td>漏水
量</td><td>排水
量</td><td></td></tr>
<tr><td></td><td></td><td></td><td></td><td></td><td></td><td></td><td></td><td></td><td></td><td></td><td></td></tr>
<tr><td></td><td></td><td></td><td></td><td></td><td></td><td></td><td></td><td></td><td></td><td></td><td></td></tr>
<tr><td></td><td></td><td></td><td></td><td></td><td></td><td></td><td></td><td></td><td></td><td></td><td></td></tr>
<tr><td>合计</td><td></td><td></td><td></td><td></td><td></td><td></td><td></td><td></td><td></td><td></td><td></td></tr>
</table>

（二级或一级系统名称）排水量测试表水量（单位：m³/d）　　　　表 E.12

序号	排水口位置	测点水深（m）	测试时间					读数	排水量
			序号	年	月	日	时		
1			1						
			2						
			3						
			4						
			平均						
	排水去向								
	水质是否达到排放要求								
	排水量测试与计算方法简述								
2			1						
			2						
			3						
			4						
			平均						
	排水去向								
	水质是否达到排放要求								
	排水量测试与计算方法简述								
排水量合计									

测试人：　　　　　　　　　　　　　　　　　　电话：

一级系统总取水量测试表水量（单位：m³/d）　　　　表 E.13

水源类型	水表			测试时间				水表读数	取水量
	编号	规格型号	安装位置	序号	年	月	日		
市政供水				1					
				2					
				3					
				平均取水量					
自备水源供水				1					
				2					
				3					
				平均取水量					
取水量合计									
附注：非常规水资源供水，另行同样列出									

测试人：　　　　　　　　　　　　　　　　　　电话：

主要水量评价指标对比   表 E.14

序号	评价指标名称	本单位的数值	先进指标值		
			省内	国内	国际
1	一级水表配备率（%）				
2	一级水表计量率（%）				
3	二级水表配备率（%）				
4	二级水表计量率（%）				
5	三级水表配备率（%）				
6	三级水表计量率（%）				
7	用水设施综合漏失率（%）				
8	节水型洁具安装率（%）				
9	人均生活用水量［L/(人·d)］				
10	非常规水资源替代率（%）				
11	冷却水循环率（%）				
12	冷凝水回用率（%）				

各类用水汇总表用水（单位：m³/d）   表 E.15

用水部门	用水类别	用水量		取水量		中水量		雨水量		排水量		耗水量		漏水量		备注
		水量	占比(%)	水量	占比(%)	水量	占比(%)	水量	占比(%)	水量	占比(%)	水量	占比(%)	水量	占比(%)	
办公工作	清洁卫生															
	实验室															
	餐饮烹饪															
	游泳池															
	洗衣房															
	空调制冷															
	冷却装置															
	合计															
用水部门	用水类别	用水量		取水量		中水量		雨水量		排水量		耗水量		漏水量		备注
		水量	占比(%)	水量	占比(%)	水量	占比(%)	水量	占比(%)	水量	占比(%)	水量	占比(%)	水量	占比(%)	
总务后勤	锅炉房															
	食堂餐厅															
	澡堂洗浴															
	绿化洒路															
	水景花坛															
	车辆冲洗															
	合计															

用水部门	用水类别	用水量		取水量		中水量		雨水量		排水量		耗水量		漏水量		备注
		水量	占比（%）	水量	占比（%）	水量	占比（%）	水量	占比（%）	水量	占比（%）	水量	占比（%）	水量	占比（%）	
公寓客房	清洁卫生															
	生活用水															
	洗衣房															
	洗漱室															
	合计															
职工住宅	清洁卫生															
	生活用水															
	合计															
其他类项	幼儿园															
	合计															
总计																
附注	① 清洁卫生用水包括洗漱、擦洗、冲厕、洗浴和洗衣用水； ② 用水量＝取水量＋复水量＋中水量＋雨水量； ③ 水量比率指占各自合计值的百分率； ④ 用水部门和类别应根据实际情况列出。															

参 考 文 献

[1] 中国标准化研究院. 旋转式喷头节水评价技术要求 GB/T 39924—2021[S]. 北京：中国标准出版社，2021.

[2] 中国标准化研究院. 游泳场所节水管理规范 GB/T 38802—2020[S]. 北京：中国标准出版社，2020.

[3] 水利部水资源管理中心. 宾馆节水管理规范 GB/T 39634—2020[S]. 北京：中国标准出版社，2020.

[4] 中国标准化研究院. 低影响开发雨水控制利用 设施分类 GB/T 38906—2020[S]. 北京：中国标准出版社，2020.

[5] 中国商业联合会. 绿色商场 GB/T 38849—2020[S]. 北京：中国标准出版社，2020.

[6] 中国标准化研究院. 公共机构节水管理规范 GB/T 37813—2019[S]. 北京：中国标准出版社，2019.

[7] 中国建筑科学研究院有限公司，上海市建筑科学研究院（集团）有限公司. 绿色建筑评价标准 GB/T 50378—2019[S]. 北京：中国建筑工业出版社，2019.

[8] 中国城市科学研究会. 绿色校园评价标准 GB/T 51356—2019[S]. 北京：中国建筑工业出版社，2019.

[9] 华东建筑集团股份有限公司. 建筑给水排水设计标准 GB 50015—2019[S]. 北京：中国计划出版社，2019.

[10] 国家标准化管理委员会. 水嘴水效限定值及水效等级 GB 25501—2019[S]. 北京：中国标准出版社，2019.

[11] 国家标准化管理委员会. 小便器水效限定值及水效等级 GB 28377—2019[S]. 北京：中国标准质检出版社，2020.

[12] 国家标准化管理委员会. 蹲便器水效限定值及水效等级 GB 30717—2019[S]. 北京：国家市场监督管理总局 国家标准化管理委员会，2019.

[13] 国家标准化管理委员会. 洗碗机能效水效限定值及等级 GB 38383—2019[S]. 北京：中国标准出版社，2019.

[14] 国家标准化管理委员会. 反渗透净水机水效限定值及水效等级 GB 34914—2017[S]. 北京：中国标准出版社，2017.

[15] 中国标准化研究院. 节水型企业评价导则 GB/T 7119—2018[S]. 北京：中国标准出版社，2019.

[16] 中国建设科技集团有限公司，中国城镇供水排水协会，北京建筑科技大学. 海绵城市建设评价标准 GB/T 51345—2018[S]. 北京：中国建筑工业出版社，2019.

[17] 中国灌溉排水发展中心. 节水灌溉工程技术标准 GB/T 50363—2018[S]. 北京：中国计划出版社，2018.

[18] 中国人民解放军军事科学院国防工程研究院. 建筑中水设计标准 GB 50336—2018[S]. 北京：中国建筑工业出版社，2018.

[19] 中国标准化研究院. 项目节水量计算导则 GB/T 34148—2017[S]. 北京：中国标准出版社，2017.

[20] 水利部水资源管理中心，中国标准化研究院. 合同节水管理技术通则 GB/T 34149—2017[S]. 北京：中国标准出版社，2017.

[21] 上海市建筑科学研究院(集团)有限公司. 建筑节水产品术语 GB/T 35577—2017[S]. 北京：中国标准出版社，2017.

[22] 中国建筑科学研究院. 绿色博览建筑评价标准 GB/T 51148—2016[S]. 北京：中国建筑工业出版社，2016.

[23] 住房和城乡建设部科技发展中心，中国饭店协会. 绿色饭店建筑评价标准 GB/T 51165—2016[S]. 北京：中国建筑工业出版社，2016.

[24] 中国建筑科学研究院. 公共建筑节能设计标准 GB 50189—2015[S]. 北京：中国建筑工业出版社，2015.

[25] 中国建筑材料联合会. 节水型卫生洁具 GB/T 31436—2015[S]. 北京：中国标准出版社，2015.

[26] 中国建筑科学研究院. 绿色商店建筑评价标准 GB/T 51100—2015[S]. 北京：中国建筑工业出版社，2015.

[27] 中国建筑科学研究院，住房和城乡建设部科技发展促进中心. 既有建筑绿色改造评价标准 GB/T 51141—2015[S]. 北京：中国建筑工业出版社，2016.

[28] 中国建筑科学研究院，住房和城乡建设部科技与产业化发展中心. 绿色医院建筑评价标准 GB/T 51153—2015[S]. 北京：中国计划出版社，2016.

[29] 中国建筑材料联合会. 卫生陶瓷 GB 6952—2015[S]. 北京：中国标准出版社，2015.

[30] 北京建筑大学，中国城镇供水排水协会. 城市节水评价标准 GB/T 51083—2015[S]. 北京：中国建筑工业出版社，2015.

[31] 中国城镇供水排水协会. 城镇供水服务 GB/T 32063—2015[S]. 北京：中国标准出版社，2015.

[32] 中海油天津化工研究设计院. 循环冷却水节水技术规范 GB/T 31329—2014[S]. 北京：中国标准出版社，2015.

[33] 水利部水资源管理中心，中国标准化研究院. 洗车场所节水技术规范 GB/T 30681—2014[S]. 北京：中国标准出版社，2015.

[34] 水利部水资源管理中心，中国标准化研究院. 洗浴场所节水技术规范 GB/T 30682—2014[S]. 北京：中国标准出版社，2015.

[35] 水利部水资源管理中心，中国标准化研究院. 室外人工滑雪场节水技术规范 GB/T 30683—2014[S]. 北京：中国标准出版社，2015.

[36] 水利部水资源管理中心，中国标准化研究院. 高尔夫球场节水技术规范 GB/T 30684—2014[S]. 北京：中国标准质检出版社，2015.

[37] 住房和城乡建设部科技发展促进中心. 绿色办公建筑评价标准 GB/T 50908—2013[S]. 北京：中国建筑工业出版社，2014.

[38] 中国标准化研究院. 电动洗衣机能效水效限定值及等级 GB 12021.4—2013[S]. 北京：中国标准出版社，2013.

[39] 中国标准化研究院. 公共机构能源资源计量器具配备和管理要求 GB/T 2914—2012[S]. 北京：中国标准出版社，2013.

[40] 中国标准化研究院、中国计量科学研究院. 公共机构能源资源计量器具配备和管理要求 GB/T 29149—2012[S]. 北京：中国标准出版社，2013.

[41] 全国工业节水标准化技术委员会用水产品和器具用水效率分技术委员会. 便器冲洗阀用水效率限定值及用水效率等级 GB 28379—2012[S]. 北京：中国标准出版社，2013.

[42] 中国建筑科学研究院. 民用建筑供暖通风与空气调节设计规范 GB 50736—2012[S]. 北京：中国建筑工业出版社，2012.

[43] 南京水利科学研究院、水利部水资源司、水资源中心. 节水型社会评价指标体系和评价方法 GB/T 28284—2012[S]. 北京：中国标准出版社，2012.

[44] 中国锅炉水处理协会. 工业蒸汽锅炉节水降耗技术导则 GB/T 29052—2012[S]. 北京：中国标准出版社，2013.

[45] 全国节约用水办公室. 节水型产品通用技术条件 GB/T 18870—2011[S]. 北京：中国标准质检出版社，2012.

[46] 中国标准化研究院、深圳市标准技术研究院. 服务业节水型单位评价导则 GB/T 26922—2011[S]. 北京：中国标准出版社，2012.

[47] 中国标准化研究院、深圳市标准技术研究院. 节水型社区评价导则 GB/T 26928—2011[S]. 北京：中国标准出版社，2012.

[48] 中国建筑设计研究院. 民用建筑节水设计标准 GB 50555—2010[S]. 北京：中国建筑工业出版社，2010.

[49] 中国灌溉排水发展中心. 雨水集蓄利用工程技术规范 GB/T 50596—2010[S]. 北京：中国计划出版社，2011.

[50] 大庆油田工程有限公司，中国石油集团工程技术研究院. 埋地钢质管道防腐保温层技术标准 GB/T 50538—2020[S]. 北京：中国计划出版社，2021.

[51] 中国标准化研究院. 用水单位水计量器具配备和管理通则 GB/T 24789—2009[S]. 北京：中国标准出版社，2010.

[52] 建筑材料工业技术监督研究中心. 设备及管道绝热技术通则 GB/T 4272—2008[S]. 北京：中国标准出版社，2009.

[53] 中国标准化研究院. 企业水平衡测试通则 GB/T 12452—2008[S]. 北京：中国标准出版社，2008.

[54] 中国标准化研究院. 节水型企业评价导则 GB/T 7119—2018[S]. 北京：中国标准出版社，2019.

[55] 中国建筑科学研究院. 住宅建筑规范 GB 50368—2005[S]. 北京：中国建筑工业出版社，2006.

[56] 建设部城市建设司. 城市居民生活用水计量标准 GB/T 50331—2002[S]. 北京：中国建筑工业出版社，2002.

[57] 中国市政工程东北设计研究院有限公司，上海市政工程设计研究总院(集团)有限公司. 城镇污水再生利用工程设计规范 GB 50335—2016[S]. 北京：中国建筑工业出版社，2017.

[58] 北京市环境保护科学研究院. 污水综合排放标准 GB 8978—1996[S]. 北京：中国标准出版社，1998.

[59] 宁夏回族自治区质量技术监督局. 节水型城市评价标准 DB64/T 1530—2017[S]. 银川：宁夏人民出版社，2019.

[60] 宁夏回族自治区质量技术监督局. 节水型县(区)评价标准 DB64/T 1531—2017[S]. 银川：宁夏

人民出版社，2019.

[61] 宁夏回族自治区质量技术监督局. 节水型工业园区评价标准 DB64/T 1532—2017 [S]. 银川：宁夏人民出版社，2019.

[62] 宁夏回族自治区质量技术监督局. 节水型公共机构评价标准 DB64/T 1533—2017[S]. 银川：宁夏人民出版社，2019.

[63] 宁夏回族自治区质量技术监督局. 节水型企业评价标准 DB64/T 1534—2017[S]. 银川：宁夏人民出版社，2019.

[64] 宁夏回族自治区质量技术监督局. 节水型居民小区评价标准 DB64/T 1535—2017 [S]. 银川：宁夏人民出版社，2019.

[65] 宁夏回族自治区质量技术监督局. 节水型灌区评价标准 DB64/T 1536—2017[S]. 银川：宁夏人民出版社，2019.

[66] 北京城建科技促进会，公共建筑给水排水系统节能运行管理技术规程 DB11/T 1248—2015[S]. 四川：西南交大出版社，2016.

[67] 中国建筑西南设计研究院有限公司，四川省建筑设计研究院. 四川省绿色建筑设计标准DBJ51/T 037—2015[S]. 四川：西南交大出版社，2015.

[68] 河南省城镇供水协会，河南省城镇公共供水行业服务规范 DBJ41/T 105—2010[S]. 郑州：河南省住房和城乡建设厅，2010.

[69] 中国建筑科学研究院有限公司，中国建筑技术集团有限公司. 绿色港口客运站建筑评价标准 T/CECS 829—2021[S]. 北京：中国建筑工业出版社，2021.

[70] 天津大学. 绿色建筑被动式设计导则 T/CECS 870—2021[S]. 北京：中国建筑工业出版社，2021.

[71] 深圳市绿色建筑协会. 深圳市中小学绿色校园评价标准 T/SGBA 001—2020[S]. 深圳：深圳市绿色建筑协会，2020.

[72] 上海市建筑科学研究院有限公司，上海申通地铁集团有限公司技术中心. 绿色城市轨道交通建筑评价标准 T/CECS 724—2020[S]. 北京：中国建筑工业出版社，2020.

[73] 上海市建筑科学研究院有限公司，住房和城乡建设部科技与产业化发展中心. 绿色超高层建筑评价标准 T/CECS 727—2020[S]. 北京：中国建筑工业出版社，2020.

[74] 中关村乐家智慧居住区产业技术联盟，青岛亿联信息科技股份有限公司. 绿色智慧产业园区评价标准 T/CECS 774—2020 [S]. 北京：中国计划出版社，2021.

[75] 中国建筑科学研究院有限公司. 绿色养老建筑评价标准 T/CECS 584—2019[S]. 北京：中国建筑工业出版社，2019.

[76] 住房和城乡建设部科技与产业化发展中心，上海市建筑科学研究院. 绿色建筑运营后评估标准 T/CECS 608—2019[S]. 北京：中国建筑工业出版社，2019.

[77] 中国建筑技术集团有限公司，中国建筑科学研究院有限公司. 医院建筑绿色改造技术规程 T/CECS 609—2019[S]. 北京：中国建筑工业出版社，2020.

[78] 北京城建设计发展集团股份有限公司. 绿色城市轨道交通车站评价标准 T/CAMET 02001—2019 [S]. 北京：中国建筑工业出版社，2019.

[79] 国家档案局档案科学技术研究所. 绿色档案馆建筑评价标准 DA/T 76—2019[S]. 北京：国家档案局，2019.

[80] 清华大学. 民用建筑绿色性能计算标准 JGJ/T 449—2018[S]. 北京：中国建筑工业出版社，2018.

[81] 中国建筑科学研究院. 既有建筑绿色改造技术规程 T/CECS 465—2017[S]. 北京：中国计划出版社，2017.

[82] 中国建筑设计院有限公司，贵州建工集团第一建筑工程有限责任公司. 游泳池给水排水工程技术规程 CJJ122—2017[S]. 北京：中国建筑工业出版社，2017.

[83] 中国城镇供水排水协会，北京市自来水集团有限责任公司. 城市供水管网漏损控制及评定标准 CJJ92—2016[S]. 北京：中国建筑工业出版社，2017.

[84] 中国建筑科学研究院. 绿色建筑运行维护技术规范 JGJ/T 391—2016[S]. 北京：中国建筑工业出版社，2017.

[85] 住房和城乡建设部标准定额研究所. 节水型生活用水器具 CJ/T 164—2014[S]. 北京：中国标准出版社，2014.

[86] 磐安县佳成塑料有限公司，中国标准化可靠性专业委员会. 便携式节水洗车器 CAB 1023—2014[S]. 北京：中国标准出版社，2014.

[87] 中国建筑设计研究院. 建筑碳排放计量标准 CECS 374：2014[S]. 北京：中国计划出版社，2014.

[88] 铁道部经济规划研究院，清华大学. 绿色铁路客站评价标准 TB/T 10429—2014[S]. 北京：中国铁道出版社，2014.

[89] 中国商业联合会沐浴专业委员会. 沐浴企业节水技术要求 SB/T 11014—2013[S]. 北京：中国标准出版社，2013.

[90] 中国建筑科学研究院，深圳市建筑科学研究院有限公司. 民用建筑绿色设计规范 JGJ/T 229—2010[S]. 北京：中国建筑工业出版社，2011.

[91] 北京市建筑设计研究院. 体育建筑设计规范 JGJ 31—2003[S]. 北京：中国建筑工业出版社，2004.

[92] 太原市节约用水管理中心. 山西省太原市非工业企业水平衡测试报告书编制指南 DB14/T 861—2014. 北京：中国建筑工业出版社，2014.

[93] 深圳市节约用水办公室，哈尔滨工业大学深圳研究生院. 单位用户水量平衡测试技术指南 SZDB/Z 34—2011[S]. 深圳：深圳市市场监督管理局，2011.

[94] 中国水利学会. 公共机构合同节水管理项目实施导则 T/CHES 20—2018[S]. 北京：中国水利水电出版社，2018.

[95] 水利部综合事业局. 节水型高校评价标准 T/CHES 32—2019[S]. 北京：中国水利水电出版社，2019.

[96] 水利部综合事业局. 高校合同节水项目实施导则 T/CHES 33—2019[S]. 北京：中国水利水电出版社，2019.

[97] 中国建筑科学研究院有限公司，上海市建筑科学研究院（集团）有限公司. 绿色建筑评价标准 GB/T 50378—2019[S]. 北京：中国建筑工业出版社，2019.

[98] 欧心泉，周乐，张国华，等. 城市连绵地区轨道交通服务层级构建[J]. 城市交通，2013，11(01)：33～39.

[99] 屈强，张雨山，王静等. 新加坡水资源开发与海水利用技术[J]. 海洋开发与管理，2008(08)：

41～45.

[100] 何京. 德国水资源综合利用管理技术[J]. 水利天地，2005，000（006）：27～29.

[101] 王学睿. 日本对水资源的精细化管理及利用[J]. 全球科技经济瞭望，2013，28（011）：19～25.

[102] 康洁. 美国节水发展的历史、现状及趋势[J]. 海河水利，2005（06）：65～66.

[103] 钟素娟，刘德明，许静菊等. 国外雨水综合利用先进理念和技术[J]. 福建建设科技，2014（02）：77～79.

[104] 陈晓婷，王树堂，李浩婷等. 澳大利亚水环境管理对中国的启示[J]. 环境保护，2014，42（19）：66～68.

[105] 金秋. 新建高校的节水特性研究[D]. 北京：北京建筑大学，2018.

[106] 屈利娟，王靖华，陈伟等. 高等院校典型建筑用水量特征分析与探讨[J]. 给水排水，2015（09）：60～64.

[107] 郑瀚，张治江，胡勇等. 高校节水实施路径探索与思考[J]. 大众科技，2019，021（010）：141～143.

[108] 刘强，刘宏博，傅金祥等. 医院用水量影响因素的研究[J]. 沈阳建筑大学学报（自然科学版），2012（01）：150～155.

[109] 范朋博. 医院建筑用水规律及二次供水系统的节能优化研究[D]. 天津：天津大学，2015.

[110] 陆毅，赵金辉，徐斌等. 高层宾馆建筑用水调查与节水措施探讨[J]. 给水排水，2015，000（011）：70～73.

[111] 张海迎. 上海市商务楼宇用水定额制定及建筑节水适用标准比较研究[D]. 上海：华东师范大学，2013.

[112] 王莹，陈远生，翁建武等. 北京市城市公共生活用水特征分析[J]. 给水排水，2008，34（11）：138～143.

[113] 韩丹. 建筑节水改造及评价体系的研究[D]. 天津：天津大学，2009.

[114] 李培国. 城市建设节水利用的现状分析[J]. 中国建设信息，2008，000（002）：42～43.

[115] 郭华，王军林，张立勇等. 村镇绿色建筑水系统规划设计[J]. 江苏农业科学，2015，43（011）：502～504.

[116] 周红波，姜琦. 大型公共建筑安全运营风险管理与应急处置[J]. 上海城市管理，2015，24（05）：31～34.

[117] 段立英，王志勇，卜晖等. 绿色建筑节水措施与增量成本分析[J]. 湖南城市学院学报（自然科学版），2019，028（003）：31～34.

[118] 赵锂，刘振印. 建筑节水关键技术与实施[J]. 给水排水，2008（09）：1～3.

[119] 胡梦婷，白雪，蔡榕. 我国节水标准化现状，问题和建议[J]. 标准科学，2020，No.548（01）：8～11.

[120] 万远志，李淑斌，李华洋. 水平衡测试在公共机构用水管理中的应用与分析[J]. 中国计量，2020（09）：33～36.

[121] 张志章，孙淑云，董四方等.《节水型社会评价标准（试行）》评价与完善建议[J]. 中国水利，2020（23）：18～20+23.

[122] 水利部综合事业局、水利部水资源管理中心. 工业企业水平衡测试技术与方法[M]. 北京：中国水利水电出版社，2017.

［123］ 崔玉川. 水平衡测试方法及报告书模式［M］. 北京：化学工业出版社，2016.

［124］ 马建清. 节水技术在综合性学校建筑中的应用［J］. 建筑节能，2009，37(12)：57～61.

［125］ 关松生. 一种用于热水的新型节水龙头［P］. 中华人民共和国，Int. CI5 F16K11/00(2006. 01)I；F16K31/44(2006. 01)I；F16K27/00(2006. 01)I；F16K51/00(2006. 01)I；E03C1/08(2006. 01)I，2018105552976. 2018-08-31.

［126］ 梁磊，吕伟娅等. 节水与减碳指标初探——以花桥低碳国际商贸城为例［J］. 环境科学与技术，2010，33(S2)：563～565.

［127］ 赵锂，陈永，李建业等. 二次供水水质安全与节水关键技术研究与示范［J］. 建设科技，2017(20)：19～24.

［128］ 中国电力企业联合会. 工业循环 冷却设计规范 GB/T 50102—2014［S］. 北京：中国计划出版社，2014.